新能源（能源化学）新兴领域
"十四五"高等教育教材

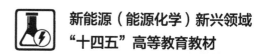

能源材料化学

主　编　张　瑛

副主编　吴志杰　王雅君

孙晓华　张　英

Chemistry
of Energy
Materials

中国教育出版传媒集团

高等教育出版社·北京

内容提要

　　本书为新能源(能源化学)新兴领域"十四五"高等教育教材,在材料化学理论基础上重点聚焦新能源材料领域。全书共八章,除绪论外,介绍了能源材料合成方法、电池电极材料、电催化材料、聚合物电解质材料、光催化材料、储氢材料和生物能源材料,主要阐述材料的结构设计、合成化学、表征,以及结构与性能的关系等内容。同时,本书配套了丰富的数字资源,包括视频、动画、图片、文字等类型的拓展资料,供读者学习参考。

　　本书可作为高等学校新能源科学与工程、储能科学与工程、材料科学与工程、化学、应用化学等专业相关课程教材,也可供其他专业师生参考。

图书在版编目（CIP）数据

能源材料化学 / 张瑛主编；吴志杰等副主编.
北京 ： 高等教育出版社，2025. 2. -- ISBN 978-7-04
-063622-2
　　Ⅰ．TB3
中国国家版本馆 CIP 数据核字第 2025RU5686 号

Nengyuan Cailiao Huaxue

策划编辑	陈梦恬	责任编辑 陈梦恬	封面设计 李树龙	版式设计	李彩丽
责任绘图	黄云燕	责任校对 胡美萍	责任印制 高　峰		

出版发行	高等教育出版社	网　　址	http://www.hep.edu.cn
社　　址	北京市西城区德外大街 4 号		http://www.hep.com.cn
邮政编码	100120	网上订购	http://www.hepmall.com.cn
印　　刷	固安县铭成印刷有限公司		http://www.hepmall.com
开　　本	787 mm×1092 mm　1/16		http://www.hepmall.cn
印　　张	15.5		
字　　数	300 千字	版　　次	2025 年 2 月第 1 版
购书热线	010-58581118	印　　次	2025 年 2 月第 1 次印刷
咨询电话	400-810-0598	定　　价	39.80 元

序　言

  碳中和目标下的能源结构转型、绿电绿氢等可再生能源与传统流程工业的深度融合,催生了跨行业、跨专业复合型人才培养的新需求!为全面贯彻党的二十大精神,深化新工科建设,加强高等学校战略性新兴领域卓越工程师培养,中国石油大学(北京)新能源(能源化学)虚拟教研室根据教育部办公厅《关于组织开展战略性新兴领域"十四五"高等教育教材体系建设工作的通知》要求,充分发挥教材作为人才培养关键要素的重要作用,着力破解能源新兴领域高等教育教材整体规划性不强、部分内容陈旧、更新迭代速度慢等问题,建设了《有机化学》《物理化学》《基础化学实验》《能源材料化学》《能源电化学》《氢能源化学》《能源大数据与人工智能》共七部新能源(能源化学)新兴领域教材,努力体现时代精神、能源特色,融汇产学共识、凸显数字赋能,着力打造具有战略性新兴领域特色的高等教育专业教材体系,牵引带动相关领域核心课程、重点实践项目、高水平教学团队建设,重在提升人才自主培养质量。

徐春明

中国科学院院士

2024 年 8 月

前　言

　　能源是经济社会发展的基础和动力源泉,对国家繁荣发展、人民生活水平提高和社会长治久安至关重要。能源和材料是当代人类文明的支柱,同时也是确保社会进步的重要物质基础。自21世纪以来,随着全球经济的飞速增长和人口的不断增加,世界对能源的需求大幅度增长。然而,传统的化石燃料,例如石油、煤炭和天然气,已经无法满足持续增长的全球经济需求。同时,这些传统能源产业还导致大量有害气体的排放和废弃物的产生,加剧了全球环境问题。面对这一严峻的能源挑战,全球开始积极推动各种新型能源和能源材料的研发与应用。

　　能源材料化学的研究与应用能够推动能源技术的创新和进步,从而解决能源安全、气候变化和环境污染等问题,促进人类社会的可持续发展。随着全球能源需求的不断增长和对可再生能源需求的日益增加,能源材料化学为开发高效、可持续的能源转换和存储技术提供了理论基础。例如,太阳能电池、燃料电池、锂离子电池涉及的新型能源材料的研究和应用,为实现清洁能源转换和高效能源存储提供了重要途径。此外,能源材料化学还促进了新能源技术的商业化和产业化,推动了经济发展和社会进步。

　　为了深化新工科建设,加强高等学校战略性新兴领域卓越工程师培养,我们启动了本书的编写工作。本书为新能源(能源化学)新兴领域"十四五"高等教育教材,重点聚焦新能源材料领域,介绍了能源材料合成方法、电池电极材料、电催化材料、聚合物电解质材料、光催化材料、储氢材料和生物能源材料,阐述了各类材料的结构设计和制备方法,突出了构效关系规律。本书致力于贯彻落实"双碳"理念,融汇科学前沿进展,体现数字赋能,并助力人才自主培养质量的提升。

　　参加本书编写工作的有:张瑛(第一、五章)、吴志杰(第二、四章)、李振兴(第三章)、王雅君(第六章)、彭丹丹(第七章)、孙晓华(第八章)。全书由张瑛统稿。中国石化大连石油化工研究院新能源领域首席专家、高级工程师张英审阅本书并给出了有价值的修改意见;高等教育出版社陈梦恬编辑对本书的编写和出版给予大力支持和帮助,在此谨致衷心的谢意。

由于编者学识水平有限,书中难免有疏漏和不妥之处,恳请广大读者和同行指正,编者不胜感激。

编者

2024 年 6 月于北京

目　录

第一章
绪论

能源和环境问题是 21 世纪人类面临的两大基本问题,发展无污染、可再生的新能源是解决这两大问题的必经之路。推动能源生产,利用技术变革发展高效可持续的低碳清洁新能源已成为当今世界能源发展的主题。根据国际能源署发布的《2023 年世界能源展望》报告,预计到 2030 年,全球能源系统将经历重大变革。清洁能源技术将发挥更为重要的作用,可再生能源在全球电力结构中的比重预计将接近 50%。太阳能、风能和热泵等清洁能源技术将迅速发展,重塑从工厂、车辆到家用电器和供暖系统等各种能源供给方式。具体来说,热泵和其他电加热系统的销量预计将超过化石燃料锅炉。此外,新建海上风电项目的投资将达到新建燃煤和燃气发电厂的三倍。报告还指出,到 2030 年,化石燃料在全球能源供应中的份额预计将下降至 73%,全球与能源相关的二氧化碳排放量预计将在 2025 年达到峰值。全球未来能源行业将继续朝着更加可持续的方向发展,以应对气候变化和能源安全的挑战。

材料在能源领域的应用与发展是实现能源转型和可持续发展的重要手段。太阳能、风能、氢能、燃料电池、储能等领域的新材料不断涌现和发展,为能源领域的可持续发展提供了有力的支持。例如,硅基薄膜太阳能电池具有柔软、轻薄、可弯曲的特点,在建筑一体化、便携式充电设备等方面具有广阔的应用前景;采用石墨烯材料的风力涡轮叶片具有出色的强度和轻量化的特点,可以更好地应对恶劣环境和提高发电效率;新材料的研发使得锂离子电池的能量密度和循环寿命有了显著提高。

通常能源材料分为新能源材料、能量转换与储能材料、节能材料等,其中,新能源材料是指核能、太阳能、氢能、风能、海洋潮汐能等新能源技术所使用的材料,包括太阳能电池材料、光催化材料、电催化材料、锂离子电池材料、燃料电池材料、储氢材料、生物质能源材料、核能材料等(如图 1-1 所示)。

1.1 能源材料的发展历史及重要作用

在人类文明的早期阶段,人们主要依赖自然资源中的可燃物质来满足生存需要。最

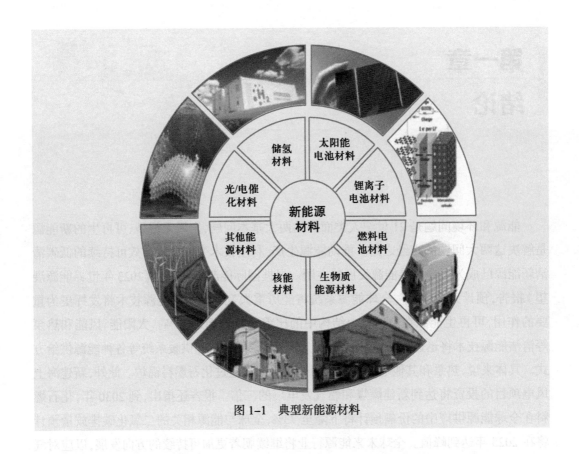

图 1-1　典型新能源材料

早的能源材料包括木材、干草、动物油脂等,用于满足生火取暖、照明和烹饪等基本需求。随着农业的发展,人们开始利用农作物秸秆等生物质作为燃料,推动了农耕社会的发展。工业革命的到来标志着人类进入了化石燃料时代。18 世纪末期至 19 世纪初期,煤炭成为主要的能源材料,被广泛用于工业生产、铁路运输和城市供暖等领域。随后,石油和天然气等化石能源逐渐被发现和开采,成为工业化进程中的重要能源来源。

　　随着人类社会对能源需求的不断增长,以及对环境污染和气候变化的关注,人们开始寻求更加清洁、高效和可再生的能源替代传统的化石能源,这推动了新能源材料的兴起和发展。新能源材料是指可以转化、存储和利用能源的材料,被广泛用于太阳能、风能、水能、氢能等各种新能源领域,例如光伏材料、风能转换材料、生物质能材料、电池电极材料等。光伏材料是用于制造太阳能光伏电池的材料,可以将太阳能转化为电能。常见的光伏材料包括硅、硒化镉、铜铟镓硒等。风能转换材料是用于制造风力发电设备的材料,可以将风能转化为电能。常见的风能转换材料包括玻璃纤维、碳纤维、铝合金等。生物质能材料是指可再生生物质资源经过加工利用后产生的能源材料,包括生物质颗粒、生物柴油、生物乙醇等。电池电极材料负责在充放电过程中储存和释放电能,对应着电池的两极,在很大程度上决定了电池的性能(如能量密度、循环寿命和安全性等)。

　　新能源材料的发展为能源行业带来了新的技术革新和发展方向。光伏材料的发展推动了太阳能光伏发电技术的普及和成熟;风能转换材料的进步推动了风能发电技术的发展;生物质能材料的利用为生物质能发电和生物燃料的生产提供了重要支撑;电池电极材料的不断发展推动了电这种清洁能源更广泛的使用及新能源汽车的飞速发展,减少了化石燃料的使用。此外,新能源材料的应用还推动了能源的多样化和可再生化,有助于减少对传统化石燃料的依赖,减少环境污染和温室气体排放。总的来说,新能源材料在能源领域的发展历史中扮演着重要角色,推动了能源产业的创新和发展,为人类社会的可持续发展作出了重要贡献。

1.2　新能源材料的分类及基本概况

　　新能源材料覆盖了电池电极材料、电催化材料、聚合物电解质材料、光催化材料、储氢材料、生物能源材料及其他新能源材料。新能源材料的基础是材料科学与工程基于新能源理念的演化与发展。

1.2.1　电池电极材料

　　电池电极材料是电池的重要组成部分,在储能和能量释放过程中起着关键作用。电池电极材料的特性直接影响电池的性能、能量密度、寿命和可持续性。目前常见的电池主要有锂离子电池、镍氢电池、固体氧化物燃料电池及太阳能电池,典型的电池电极材料如图 1-2 所示。

　　锂离子电池的发展至今已超过 30 年,凭借高能量密度、高功率密度、高安全性能等

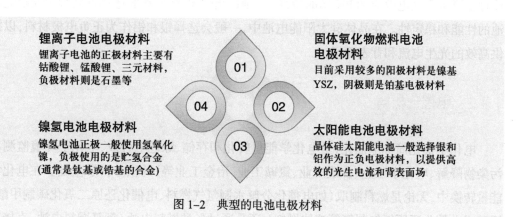

图 1-2　典型的电池电极材料

核心优势,在消费电子、电动工具、电力储能、航空航天等领域占据重要地位,是目前发展最快、最具应用前景的新型储能技术,同时也是平衡能源与环境问题、推进实现双碳目标的重要技术。镍氢电池是一种利用氢的储存和释放实现电能和化学能相互转换的储能装置,因其常温下优异的电化学性能和安全性已实现商业化应用。随着清洁能源和环保理念的深入人心,镍氢电池作为一种高效环保的能源储存解决方案,其市场需求将持续扩大,特别是在电动汽车、储能系统等领域,镍氢电池的应用将越来越广泛。燃料电池是一种将化学能直接转换为电能的装置,它利用氢气或含氢化合物与氧气在电化学反应中发生氧化还原,从而产生电能和水。质子交换膜燃料电池具有高能量转化效率和高比功率等优点,这使其具有广阔的应用前景。但是,质子交换膜燃料电池存在成本高和寿命短等问题,这严重限制了其商业化发展。晶体硅太阳能电池是目前广泛应用的太阳能电池技术之一,尽管在效率和可靠性方面取得了显著进展,但进一步提高其性能仍然是目前研究和发展的主要关注点。

电池电极材料是构成电池的关键材料,各种电池电极材料都有其特点和应用领域。锂离子电池的正极材料主要有钴酸锂($LiCoO_2$)、锰酸锂($LiMn_2O_4$)和三元材料($LiNiMnCoO_2$),其中三元材料具有较高的能量密度和循环寿命,成为商业化电池正极材料的主流选择之一。商业化锂离子电池的负极材料常采用石墨,其具有良好的循环稳定性和较高的能量密度,然而容量有限无法满足高能量密度的需求。镍氢电池的正极材料一般使用氢氧化镍[$Ni(OH)_2$],其具有良好的化学稳定性和循环寿命,能够有效地嵌入/脱出氢离子;负极材料使用贮氢合金(通常是钛基或锆基的合金),起到吸收和释放氢气的作用,实现充放电过程。

对于固体氧化物燃料电池而言,目前采用较多的阳极材料是镍基钇稳定氧化锆(YSZ),YSZ的加入有效地增加了阳极的离子电导率,提高了电池工作时的稳定性。Pt基电极材料因其极高的催化活性,常被用于燃料电池的阴极材料,但由于成本太高,限制了燃料电池的发展。晶体硅太阳能电池是利用晶体硅材料制成的一种太阳能电池,其工作原理主要基于光电效应和PN结的特性。太阳能电池电极材料的选择直接影响太阳能电池的性能和稳定性。在晶体硅太阳能电池中,一般会选择银和铝作为正负电极材料,以提供高效的光生电流和背表面场。

1.2.2   电催化材料

电化学催化简称电催化,是电化学能量转化和存储、绿色电合成、电化学环境监测和污染物降解、电化学工业(合成工业、氯碱工业、冶金工业等)的核心科学基础。在电化学能量转换中,无论是燃料制取(如电催化分解水制氢气燃料、电催化还原二氧化碳制甲酸、甲醇或电催化还原氮气制氨等液体燃料),还是通过各类燃料电池(氢氧燃料电池、直接有机燃料电池、直接氨燃料电池等)把燃料分子中的化学能转化为电能输出,电催化都发挥着决定性的作用。在电化学能量存储中,无论是对于金属离子电池的转化型电极反应,还是锂硫电池、锂空气电池等下一代高比能量电池的正极反应,电催化都是提高电能存储和释放效率的关键过程。

与热催化通过改变反应温度和压力调控催化体系的活化能垒相比较,电催化的优势十分明显:不仅可在常温、常压下调控固液界面电催化反应的活化能垒,还可以方便地通过改变电极电位有效地控制反应方向和速率。电催化反应发生在催化剂表界面,涉及表面吸附、成键、解离、转化、电荷转移、反应物(到达)和产物(离开)的传输、反应中间体生成与转化等过程。理想的电催化材料应具有优良的电导率、高表面积、良好的化学稳定性和催化活性。常见的电催化材料包括贵金属如铂、钯、铑等,以及非贵金属材料如碳材料、金属氧化物、氮化物等。研究和开发高效、廉价的电催化材料对于提高能源转换效率、降低能源成本及实现清洁能源的可持续利用具有重要意义。

1.2.3 聚合物电解质材料

聚合物电解质可根据形态分为凝胶聚合物电解质和固态聚合物电解质。凝胶聚合物电解质是由聚合物网状物在增塑剂中膨胀而形成的体系,其中增塑剂的溶解为离子传导迁移提供了连续的非晶相导电通道,而聚合物网络则起到包覆溶剂防止逸出的作用。因此,凝胶聚合物电解质既具有聚合物支撑网络性能,又表现出更快的离子传导性能。然而,由于其对液态增塑剂的依赖性较大,也存在类似电解液的安全隐患。

固态聚合物电解质材料通常包括聚合物固态电解质和复合聚合物电解质。聚合物固态电解质如聚氧化乙烯(PEO)电解质,具有优异的柔韧性和可加工性,但存在室温离子电导率低、机械强度差、热稳定性差等问题,严重限制了其应用。研究者们将聚合物、金属盐和填料混合形成复合聚合物电解质,它不仅具有聚合物电解质的优异柔韧性和可加工性,同时由于填料的加入,实现了离子电导率的提高,弥补了聚合物电解质的缺陷。典型的复合聚合物电解质有 PEO-LiTFSI 和 PEO-LiClO$_4$-Al$_2$O$_3$。自 1973 年英国 Wright 等人首次发现 PEO 与碱金属盐形成的络合物具有离子导电性并进行报道以来,对复合聚合物电解质的研究逐步展开。1978 年,Armand 等人提议将复合聚合物电解质应用于电池领域,这引起了科学家们对聚合物电解质材料研究的广泛兴趣,展示了其巨大的应用潜力。

聚合物电解质材料在电化学领域有着广泛的应用,并且在商业化方面也取得了一定的进展。聚合物电解质材料已经成为锂离子电池、固态电池、离子交换膜燃料电池中的重要组成部分。相比传统的液态电解质,聚合物电解质具有更高的机械强度、更好的耐化学性和更低的导电性能,同时也可以实现电池的柔性设计。

1.2.4 光催化材料

通过光催化技术将可再生太阳能转化为化学能,是应对能源和环境挑战的有效途径。光催化技术是一种经济、环保的技术,具有广阔的应用前景,但高效光催化剂的发展充满挑战。光催化剂表面上的光生电子和空穴的复合速率非常快,而表面电荷捕获和转移速率相对缓慢。因此,光催化剂表面光诱导载流子的捕获、转移和反应是光催化过程的速率决定步骤。可见光利用效率低、光生载流子复合率高和表面活性位点的缺乏是制约光催化剂性能提升的主要因素。目前已经研发了许多新型半导体光催化材料,发展了多种光催化剂改性策略,以提高催化剂的光催化性能,实现高效的光催化反应。

光催化材料的发展经历了从传统的钛白粉、二氧化钛等无机材料到纳米材料、半导体光催化剂、有机光催化剂等新型材料的转变。随着纳米技术、材料化学和表界面科学的不断发展,光催化材料的设计和合成也变得越来越精密和高效。光催化材料在水处理、空气净化、环境治理、能源生产等方面具有广泛的应用前景。例如,光催化材料可以用于水中有机污染物的降解和废水的处理,以及空气中有害气体的去除。此外,光催化材料还可以应用于太阳能光伏电池、光催化水分解制氢等能源转换和储存领域。目前已有一些光催化产品进入市场并得到商业应用,例如光催化水处理设备、空气净化器、太阳能光伏电池和光催化水分解制氢设备等。这些产品在提高环境治理效率、减少能源消耗、实现可持续发展等方面具有重要的意义。

1.2.5 储氢材料

氢能因具有能量密度高、资源丰富和清洁环保等特性,被认为是解决传统化石燃料资源消耗和环境污染问题的理想选择。目前,储氢是实现氢能大规模应用所面临的最大挑战之一。相比高压储氢和液态储氢,固态储氢因具有储氢密度高、安全性好、稳定性高等优势而受到广泛关注。固态储氢是指氢气通过化学或物理方式嵌入固体材料中进行储存的技术。固态储氢材料的研发目标是通过开发新材料和设计新结构,提高氢气的吸附容量、降低操作温度和压力,以及提高吸附、解吸附速率。

固态储氢材料按照储氢机制可分为化学吸附储氢材料和物理吸附储氢材料(如图 1–3 所示)。化学吸附储氢材料吸附的是原子态的氢,包括间隙氢化物、复合氢化物和以氨硼烷为代表的储氢化合物;物理吸附材料则吸附分子氢,包括碳纳米管、金属有机骨架(MOFs)材料和沸石等。通过不断改进储氢材料,可以降低氢能源的成本,提高储氢系统的性能,并推动氢燃料电池、氢能源储存和氢气运输等领域的发展。这对于减少碳排放、推动可持续能源利用及实现氢经济具有重大意义。

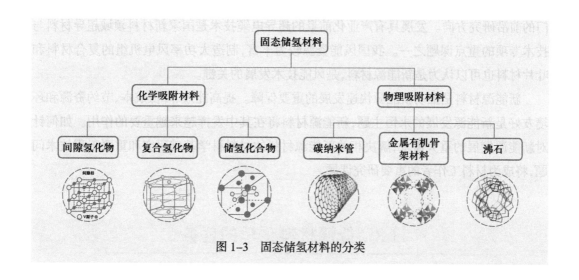

图 1-3 固态储氢材料的分类

1.2.6 生物能源材料

生物能源材料是指从生物质中提取或制备出的能够用于能源生产和利用的材料。生物能源材料的主要来源是生物质,如木材、农作物废弃物、食品废弃物等。这些生物质可以通过生物质热解、生物质发酵、生物质气化等方法转化为生物燃料,如生物柴油、生物乙醇、生物气体等,用于发电、供热、交通等领域。除了直接用于能源生产外,生物能源材料还可以用于制备生物基材料,如生物塑料、生物纤维、生物涂料等。这些材料通常具有可降解、可再生、环保等优点,逐渐替代传统的化石燃料基材料,应用于包装、建筑、纺织等领域。生物能源材料还可以用于生物质发电技术,如生物质燃烧发电、生物气化发电、生物乙醇发电等。这些技术可以利用废弃生物质资源,实现能源的再生利用,减少对化石燃料的依赖。生物能源材料的商业化应用已经取得了一定的进展,例如,生物柴油、生物乙醇等生物燃料已经在一些国家得到广泛应用,并且有相应的生产和销售市场。生物塑料、生物纤维等生物基材料也逐渐在包装、纺织等领域取得商业成功。但是,生物能源材料的推广应用仍然面临着一些挑战,如生产成本高、技术成熟度低、市场竞争激烈等。随着对可再生能源和环保技术的需求增加,生物能源材料的应用前景广阔,有望成为未来能源和材料产业的重要发展方向。

1.2.7 其他新能源材料

随着新材料技术的发展和新能源含义的拓展,一些新的热电转换材料也被当作新能源材料。此外,节能储能技术发展也使得相关的关键能源材料研究迅速发展。利用相变材料的相变潜热来实现能量的储存和利用,是近年来能源科学和材料科学领域中十分热门的前沿研究方向。发展具有产业化前景的超导电缆技术是国家新材料领域超导材料与技术专项的重点课题之一。我国风能资源较为丰富,制造大功率风电机组的复合材料和叶片材料也可以认为是新能源材料,是风能技术发展的关键。

新能源材料是推动新能源快速发展的重要保障。提高能效、降低成本、节约资源和环境友好是新能源发展的永恒主题,新能源材料将在其中发挥越来越重要的作用。如何针对新能源发展的重大需求,解决相关新能源材料的材料科学基础研究和重要工程技术问题,将成为材料工作者的重要研究课题。

1.3 能源材料化学的任务

能源材料化学是一门综合性的学科,它主要研究能源转换、储存和利用过程中所涉及的材料、化学反应及过程控制。该学科不仅涵盖了化学、物理和材料科学的基础知识,还结合了现代能源技术的前沿发展,为解决能源危机和环境问题提供了有力的理论基础和技术支持。能源材料化学的任务是研究和开发能够提供高效、可持续、清洁能源的材料,并且探索材料的结构、性能和反应机理,以实现对能源的有效转换、存储和利用,内容包括合成规律和方法的研究、开发新型能源材料、优化能源转换和存储过程、改善能源利用效率、实现能源的可持续利用等(如图 1-4 所示),具体研究方法如下。

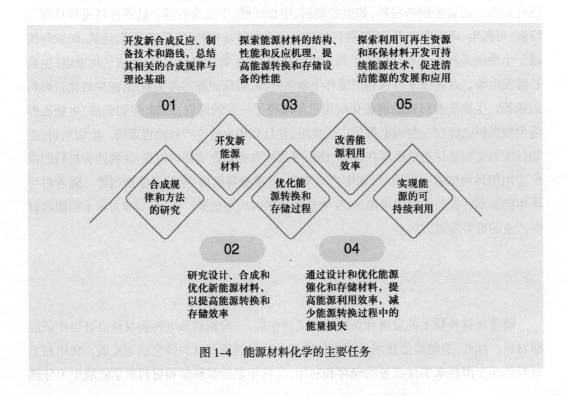

图 1-4 能源材料化学的主要任务

（1）合成规律和方法的研究。开发新合成反应、制备技术和路线,将新能源材料设计开发成具有优异性能的特定结构,总结其相关的合成规律与理论基础,并进一步以此来指导特定结构的新能源材料的合成。

（2）开发新能源材料。设计、合成和优化新能源材料,包括但不限于太阳能电池材料、锂离子电池材料、燃料电池催化剂、光催化材料、超级电容器材料等,以提高能源转换和存储效率。

（3）优化能源转换和存储过程。探索能源材料的结构、性能和反应机理,提高能源转换和存储设备的性能,例如,改进太阳能电池的光吸收和电子传输效率、优化锂离子电池的充放电性能、提高燃料电池的催化活性等。

（4）改善能源利用效率。通过设计和优化能源催化和存储材料,优化能源利用过程中的化学反应,提高能源利用效率,减少能源转换过程中的能量损失。

（5）实现能源的可持续利用。探索利用可再生资源和环保材料开发可持续能源技术,减少对有限资源的依赖,降低对环境的影响,促进清洁能源的发展和应用。

思考题

1-1　简述能源材料的定义及其分类。

1-2　选择一种新能源材料进行介绍。

1-3　简述能源材料化学的任务。

思考题参考答案

参考文献

第二章
能源材料合成方法

软化学
合成

近年来,随着科学技术的发展,科学家对材料的物理性质和应用性能之间"构–效关系"的认识越加深入,对材料的微观结构和表面性质的精准调控显得尤为迫切,所以新的材料合成方法和技术备受关注。其中,以合成纳米材料为代表的"软化学"(soft chemistry)合成方法在进入 21 世纪后逐渐成为材料合成方法的主流。软化学是相对于传统的高温固相反应的"硬化学"提出的概念,它是通过化学反应克服固相反应过程中的反应能垒,在温和条件下,控制化学反应的速率和程度,制备新材料或调变材料的物理性质(形貌、粒径、晶型等)。本章介绍能源材料的合成方法,主要论述如何通过"硬化学"和"软化学"方法控制材料合成的规律及其应用。

2.1 高 温 合 成

一般通过化学反应进行材料合成,合成方法设计的合理性可以基于热力学的可能及经济性分析。通过化学反应热力学分析,可以判断在指定条件下化学反应能否发生、计算反应的热效应和产物平衡收率等,这对于合成新的能源材料或寻找传统能源材料新的合成方法、设计反应器(传质和传热控制)、设计强化合成效率的方法(如微波、超声波、等离子体辅助等外场强化)等都具有重要的指导意义。

2.1.1 吉布斯–亥姆霍兹方程的应用

吉布斯–
亥姆霍兹
方程对化
学合成的
指导意义

吉布斯(Gibbs)自由能于 1876 年由 Gibbs 提出,用符号 G 表示。等温过程的吉布斯自由能可由吉布斯–亥姆霍兹(Gibbs-Helmholtz)方程获得:

$$\Delta G = \Delta H - T\Delta S \tag{2-1}$$

可见,反应过程中焓和熵对化学反应进行的方向都能够产生影响,不同条件下产生的影响程度不同。当等温等压条件下化学反应的 $\Delta G < 0$ 时,正反应自发进行。能源材料制备过程绝大多数都涉及化学反应,遵循吉布斯–亥姆霍

兹方程。

当一个化学反应 A 的 $\Delta G_A>0$，反应基本上不能进行。此时，若将该反应与另一个化学反应 B（$\Delta G_B<0$）合并，同时化学反应 B 又满足以下两个条件：

（1）化学反应 B 能把化学反应 A 中不需要的产物消耗掉；

（2）化学反应 B 的 ΔG_B 的绝对值大于 ΔG_A。

则合并后总反应的 ΔG 为

$$\Delta G = \Delta G_A + \Delta G_B<0 \qquad (2\text{-}2)$$

这种将原来不能单独自发进行的化学反应 A 与化学反应 B 耦合，促使反应自发进行的总反应，称为耦合反应（coupled reaction）。例如，工业上生产 $TiCl_4$，可以将金红石（TiO_2）在碳存在条件下于 1000 ℃左右氯化得到。

耦合反应

TiO_2 与氯气直接反应 [$TiO_2(s)+2Cl_2(g)\longrightarrow TiCl_4(1)+O_2(g)$] 时，反应 $\Delta G_{298K}^{\ominus} = 161.9\,kJ\cdot mol^{-1}>0$，反应不能发生。利用耦合反应，在反应原料中引入碳，利用 $C(s)+O_2(g)\longrightarrow CO_2(g)$ 反应使 $\Delta G_{298K}^{\ominus} = -394.4\,kJ\cdot mol^{-1}<0$，耦合反应为 $TiO_2(s)+2Cl_2(g)+C(s)\longrightarrow TiCl_4(1)+CO_2(g)$（$\Delta G_{298K}^{\ominus} = -232.4\,kJ\cdot mol^{-1}<0$），可以促使 $TiCl_4$ 生成。

在金属材料合成领域，对冶金合成具有重要指导意义的 Ellingham 图就是耦合反应应用的成功案例。Ellingham（埃林厄姆）将氧化物、硫化物、氯化物和氟化物等物质的标准生成自由能对温度作图，获得自由能–温度图，即 Ellingham 图。Ellingham 图（图 2-1）是以单质消耗 1 mol O_2 生成氧化物反应的自由能变化为标准对温度进行作图，获得 $\Delta G^{\ominus}$–T 线性方程。结合式（2-1），直线的截距可近似地等于氧化物的标准生成焓，斜率为 $-\Delta S^{\ominus}$。当反应物或生成物发生相变（如熔化、气化）时，熵发生改变，直线斜率发生变化。例如图 2-1 中，CaO，MgO 的自由能曲线（分别表示 Ca$\longrightarrow$CaO 和 Mg$\longrightarrow$MgO 过程），由于 Ca，Mg 的熔化引起熵变，直线斜率发生改变。

Ellingham 图的作用如下。

1. 判断氧化物的稳定性

根据 Ellingham 图上各种曲线的位置的高低，可判断出氧化物稳定性的相对大小，即曲线位置越靠下，氧化物越稳定。

2. 比较还原剂的强弱

Ellingham 图可以比较还原剂对不同金属氧化物的还原能力或氧化剂对不同金属的氧化能力强弱。图中位于下面的金属还原性强于上面的金属还原性。例如，常见还原剂（如 C，H_2，CO 等）在 750 ℃左右对金属氧化物还原的相对强弱次序为

Ca>Mg>Al>Ti>Si>Mn>Cr>Zn>Fe

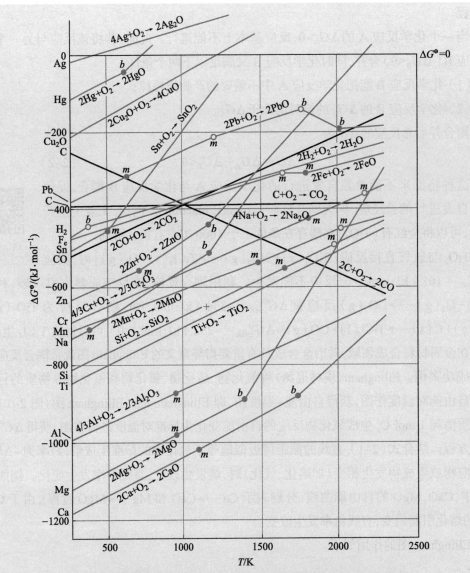

(ΔG$^{\ominus}$表示金属生成氧化物和 C,CO 氧化过程的标准自由能;m 表示熔化温度;b 表示沸腾温度;●表示元素;○表示氧化物;+表示相转变)

图 2-1 典型的还原金属氧化物的 Ellingham 图

常见氧化剂(如 O_2 等)在 750 ℃左右对金属的氧化强弱次序为

$$HgO>Ag_2O>Fe_2O_3>Cu_2O>NiO>Fe_3O_4>CoO$$

3. 估算还原反应温度

对大多数金属氧化物的生成而言(如 $2M+O_2 \longrightarrow 2MO$),消耗氧气就是气体中的 O 物种被固定到固体晶格中,是熵减少的反应,自由能直线斜率为正。与之相反,常用还原剂 C 的反应[如 $2C(s)+O_2(g) \longrightarrow 2CO(g)$],是熵增反应,故 C$\longrightarrow$CO 线的斜率为负值。图 2-1 中,C$\longrightarrow$CO 线与许多自由能曲线会在某一温度时相交,低于这一温度时,CO 不如金属氧化物稳定;高于该温度时,CO 的稳定性大于该金属氧化物的稳定性,此时 C 可以将该金属从其氧化物中还原出来。

以 SiO_2 还原制 Si 为例,采用 C 为还原剂,在低温时,CO 的生成自由能大于 SiO_2 的生成自由能,C$\longrightarrow$CO 线和 Si$\longrightarrow$$SiO_2$ 线在 1500 ℃ 左右相交,超过此温度时,CO 的生成自由能低于 SiO_2 的生成自由能,因此 C 还原 SiO_2 的还原温度在 1500 ℃ 以上,说明采用 SiO_2 为原料,利用冶金法获得硅粉材料的反应温度高,能量消耗多。

4. 筛选金属还原方法

根据 Ellingham 图可以选择金属氧化物还原方法。

（1）氧化物热分解法

若某温度时 $\Delta G^{\ominus} > 0$,氧化物不稳定,氧化物的分解反应自发进行。例如 Ag$\longrightarrow$$Ag_2O$,在 250 ℃ 时,$\Delta G^{\ominus} > 0$,说明 Ag_2O 在此温度下会自发分解。

（2）C 还原法

图 2-1 中,C$\longrightarrow$$CO_2$ 线斜率为 0,平行于温度坐标轴;C$\longrightarrow$CO 线斜率为负,且温度越高,$\Delta G^{\ominus}$ 越负,说明 CO 的稳定性提高。两线交点的温度为 700 ℃ 左右,这说明当 $T<700$ ℃ 时,$\Delta G^{\ominus}(CO_2) < \Delta G^{\ominus}(CO)$,C 氧化时倾向于生成 CO_2;当 $T>700$ ℃ 时,$\Delta G^{\ominus}(CO_2) > \Delta G^{\ominus}(CO)$,C 氧化时倾向于生成 CO。即温度升高后,C 氧化生成 CO 的反应 $\Delta G^{\ominus}$ 减少,其在高温条件下可还原大多数金属氧化物。可见,C$\longrightarrow$CO 线斜率为负,与多数斜率为正的金属-氧化物线能够相交,这些金属氧化物在超过相交点的温度时能被 C 还原。

（3）CO 还原法

与 C 还原相比,在 700 ℃ 以下,CO 的还原能力比 C 的还原能力强(CO$\longrightarrow$$CO_2$ 线位于 C$\longrightarrow$CO 线及 C$\longrightarrow$$CO_2$ 线下);在 700 ℃ 以上,C 的还原能力比 CO 强(C$\longrightarrow$CO 线位于 CO$\longrightarrow$$CO_2$ 线之下)。

（4）活泼金属还原法

图 2-1 中,下方线上的金属可从上方的氧化物中将金属还原出来,常用的金属还原剂有 Mg,Al,Na,Ca 等。

（5）氢还原法

$H_2$$\longrightarrow$$H_2O$ 线的位置较高,位于 $H_2$$\longrightarrow$$H_2O$ 线上方的 M$\longrightarrow$MO 线少,而且其斜率为正,与 M$\longrightarrow$MO 线相交的可能性低,这说明 H_2 并不是一个好的还原剂,只有少数几种氧化物如 Cu_2O,CoO,NiO 等可被 H_2 还原。

（6）电解还原法

图 2-1 中,位于最下方的金属氧化物(MgO,CaO)的 $\Delta G^{\ominus} < 0$ 且绝对值大,难以通过

金属,C,CO 及氢气作还原剂还原获得金属单质。因此,工业上这类金属氧化物的还原产物常采用电解的方法获得。除了 Mg 和 Ca 之外,还有 Na,Al,K 等金属。

2015 年以来,高熵合金因其优异的导电性和独特的高熵效应,在催化、热电、超离子导电和储能等领域受到广泛关注。例如,将高熵效应引入合金型负极材料中,有效缓解了锂离子电池负极材料面临的首次库仑效率低及体积膨胀导致容量快速衰减等问题。图 2-2 给出了利用 Ellingham 图指导高熵纳米颗粒电极材料的热化学合成案例。靠近图 2-2(c)顶部的元素,如贵金属和 Fe,Co,Cu,氧化电位较小,容易被还原,可以通过高温合成合金纳米颗粒;靠近图表底部的元素,如 Zr,Ti,Hf 和 Nb,具有较大的氧化电

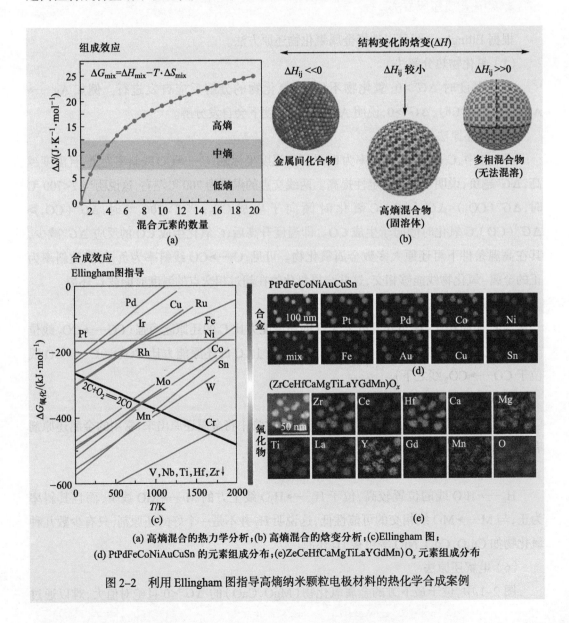

(a) 高熵混合的热力学分析;(b) 高熵混合的焓变分析;(c)Ellingham 图;
(d) PtPdFeCoNiAuCuSn 的元素组成分布;(e)ZeCeHfCaMgTiLaYGdMn)O$_x$ 元素组成分布

图 2-2　利用 Ellingham 图指导高熵纳米颗粒电极材料的热化学合成案例

位,更倾向于形成高熵氧化物纳米颗粒。

2.1.2 高温固相反应特点和原理

固相合成按其加工的工艺特点可分为机械粉碎法和固相反应法两类。机械粉碎法是用粉碎机将原料直接研磨成超细粉;而固相反应法是把金属盐或金属氧化物按配方充分混合,经研磨后再进行煅烧发生固相反应后,直接得到或再研磨后得到超细粉。其中,高温固相反应在制备陶瓷材料、金属合金、光电子材料和半导体材料等方面应用广泛。高温固相反应是指在高温条件下,固态物质之间发生化学反应的过程。由于反应一般在1000 ℃以上进行,常被称为高温热固反应。

高温固相反应主要分为高温固相合成反应、高温气固合成反应、化学转移反应等。其中化学转移反应通常是利用升华过程去除杂质,主要用于分离提纯物质。高温下的气固反应,通常是用还原气体还原金属氧化物的高温热还原反应,可用于绝大多数金属及部分非金属的制备,反应的热力学如上述 Ellingham 图所示。目前,大多数的能源固体材料合成主要是以高温固相合成反应及基于固相反应衍生的自蔓延高温合成技术,这是本节论述的重点。实际上,在材料化学领域,许多教材和参考资料所述的高温固相合成反应常常特指高温固相反应,本章下述内容也用高温固相反应指代高温固相合成反应。

高温固相反应可合成具有特殊性能的无机功能材料和化合物,如复杂的氧化物,含氧酸盐类,二元或多元金属陶瓷化合物,碳、硼、硅、磷或硫族化合物等。合成的基本过程如下:首先使反应物混合均匀,生成一种无定形或晶形中间产物,然后控制高温处理条件,使反应进行完全并使产物晶化。固相反应中,由于固体质点间作用力大,质点在固体内扩散受限制,而且反应只能在界面进行。这导致固相反应活性低、反应速率慢。因此,对反应物进行必要的研磨混合处理,减小固体尺寸,增大表面积,提高固体间接触面积,是提高固相反应速率最常见的方法。

尖晶石
介绍

图 2-3 给出了高温固相反应合成具有 AB_2O_4 结构的尖晶石的“扩散—反应—成核—生长”反应机理。二价金属氧化物(AO,如 ZnO)和三价金属氧化物(B_2O_3,如 Fe_2O_3)在两者界面处发生反应,生成 AB_2O_4(如 $ZnFe_2O_4$)。此时生成的 AB_2O_4 产物分子分散在固体反应物中,只能当作一种 AO 或 B_2O_3 中杂质或缺陷的存在,随着热处理时间的延长,反应继续进行,AB_2O_4 物种数量增加,当集聚到一定大小并排列成一定的结构时,开始形成“晶胚”,继续生长则可获得晶核,此为成核过程。随着晶核的长大,达到一定的尺寸后,产物开始出现独立尖晶石结构晶相,即 AB_2O_4 层,这是生长过程。在生长过程中,反应物种是通过离子形式在 AB_2O_4 层扩散,需要保持电中性。此时,离子扩散的方式有三种:$3A^{2+}$ 和 $2B^{3+}$ 反方向扩散、一个 A^{2+} 与一个 O^{2-} 一起朝向 B_2O_3 端扩散和 $2B^{3+}$ 和 $3O^{2-}$ 一起朝 AO 端扩散。这些离子的传输主要通过 AB_2O_4 晶体的晶格内部、表面、晶界、位错或晶体

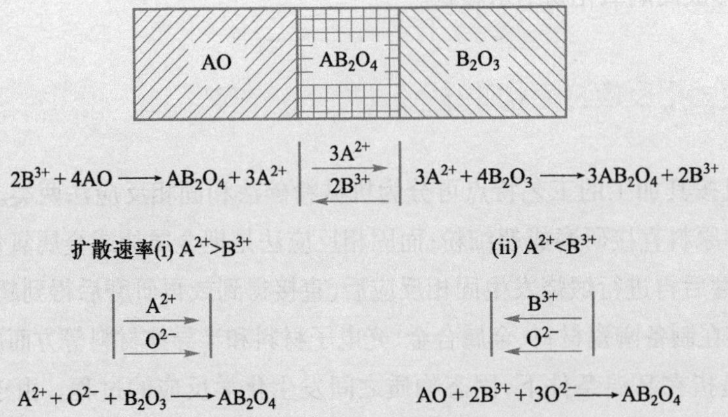

图 2-3　AB_2O_4 结构尖晶石固相合成反应机理

裴缝进行,具体以哪种扩散方式为主,则取决于 AB_2O_4 层的晶体结构及反应物离子的性质。当金属离子通过 AB_2O_4 产物层的扩散速率远大于接触面的化学反应速率时,过程的总速率由化学反应速率控制,AB_2O_4 产物层厚度增加。当产物层的厚度增加到一定阈值时,金属离子在产物层中的扩散路径变长,扩散速率变缓,此时整个反应的速率由扩散控制,扩散层的生长速率会逐渐减缓,甚至停止。因此,AB_2O_4 的生长速率在成核结束后的晶体生长初期很快,随着 AB_2O_4 产物层厚度增加,金属离子在固体中的扩散路径逐渐增长,反应速率逐渐变缓。当产物层厚度达到一定值,金属离子无法从一端扩散到产物层另一端时,产物层不再增长,反应达到平衡。可见,固相反应的速率取决于以下三要素:反应物固体的表面积和反应物间的接触面积;生成物相的成核速率;通过生成物相层的离子扩散速率。

上文提及的通过研磨混合提高反应速率的方法,在实际固相合成过程中,常常采用间歇式研磨方式,有利于破坏产品层厚度,改善未反应的反应物的接触情况,推进反应进行。当然,通过选择适宜的反应物原料,提高离子的扩散能力,也能提高固相反应速率。例如,将高熔点氧化物替换成熔点较低的熔融盐或金属盐,使体系在研磨温度或反应温度下处于熔融态,可以促进反应物种的扩散与传输。

除了研磨过程,高温处理也是影响固相产物性质的关键因素。高温处理过程包括煅烧(calcination)、烧结(sintering)和退火(annealing)三个过程。其中,煅烧是决定产物组成和结构的关键过程,主要发生热分解反应、固相反应或相变等三种变化过程。对于煅烧过程而言,煅烧温度和气氛是合成材料的关键控制参数。结合上面关于图 2-1 所示的 Ellingham 图论述,温度和气氛能够影响固相反应的标准吉布斯自由能,决定反应的平衡常数。例如,热分解反应往往是吸热反应和体积增大的反应,提高温度有利于分解反应进行完全,降低压力(如抽真空或惰性气体稀释降低分压)能促使分解完全。实际煅烧过程中,往往需要选择在空气或惰性气流中,在反应物热分解温度或相变温度进行煅烧,此时通过控制升温速率、气体的空速、煅烧时间等参数来调变固相反应的速率,进而实现目标产品物性的调控。煅烧气氛的选择很重要,在高温煅烧条件下,离子热运动容易形成晶格缺陷,甚至导致晶格缺陷吸入外来离子,影响产品的纯度。引入不同属性的气氛(氧化、还原或惰性气体),会影响气体的解吸、杂质的去除及氧化物的还原和解离,进而影响产物的晶相结构、比表面积和孔结构等物性。例如,在真空中煅烧时,产品发生烧结温度高,产品比表面积较大,而机械强度较低;在空气中煅烧时,烧结温度较低,产品比表面积较小,但机械强度较高。

烧结是另一种重要的热处理过程,对产品的机械强度、电导率、导热率、介电性能、热膨胀行为和光学透明度都有显著影响。当固体加热到低于熔点的某一温度时,固体微晶或颗粒黏结成聚集体的过程称为烧结。需要注意的是,煅烧过程的热解反应或相变反应温度高,在生成目标产品的过程中,同样会发生结晶或重结晶,也涉及晶体的长大,即烧结过程。因此,煅烧与烧结在高温固相反应中常常被相互联系起来,不是完全分开的。温度是影响烧结的主要因素,在研究过程中需要注意区分以下三个容易混淆的温度。

(1) Huttig 温度(哈蒂格温度,$T = 1/3\ T_m$,T_m 为金属熔点)。颗粒表面粒子扩散、表面重整、形成或消失介稳表面的温度,即“表面自光滑”温度。

(2) 转晶温度($T = 0.4 \sim 0.6\ T_m$,半熔点)。体相粒子扩散、晶型转变、形成或消失晶格缺陷的温度。

(3) Tammann 温度(塔曼温度,$T > 1/2\ T_m$)。相邻粒子界面发生熔合反应、粒子聚集生长的温度,即“烧结”温度。烧结时晶粒或颗粒生长过程,往往伴随着孔径增大、比表面积和孔体积减小和机械强度提高的过程。烧结的程度主要取决于温度、时间和气氛,同时与固体中杂质的存在相关。例如,当固体中混入低熔点杂质时,整个体系熔点降低,烧结速率提高。纯石灰石在 1400 ℃高温下煅烧仍保持活性,而含有 8% SiO_2 的石灰石在 1000 ℃下煅烧就变成没有活性的死灰。

烧结

退火

目前,普遍认可的烧结机理主要有两种:① 微晶直接迁移,然后碰撞聚集而烧结;② 微晶物种迁移,然后沉积到大微晶上面生长。第一种机理本质就是微晶在固体界面的扩散,扩散速率决定反应速率,与固体界面间键的强度相关:微晶尺寸越大,界面键能越强,扩散越慢,因此小颗粒容易烧结,大颗粒不易烧结。第二种机理主要遵循 Ostwald 熟化(Ostwald ripening)机制:小微晶溶解,原子或分子态物种从微晶迁移出来,在气相或吸附相中产生高度分散的原子或分子态物种,这些物种在浓度梯度驱动下,碰撞聚集为大的微晶,沉积在大微晶上定向生长。在多数的研究中,Ostwald 熟化机制与实验现象吻合,因此常被报道。

退火是另一种固体热处理过程,它是指在一定温度下加热材料,消除样品的晶格缺陷、表面缺陷、线位错、残余应力等。对于金属和合金,退火还可以降低硬度、去除残余应力、提高延展性。

2.1.3 高温固相反应在合成电极材料中的应用

锂离子
电池

锂离子电池负极材料是锂离子电池中脱嵌锂的主体,是锂离子电池的重要组成部分和关键材料之一。在充放电过程中,钛酸锂电极通过发生 $Li_4Ti_5O_{12}$ 和 $Li_7Ti_5O_{12}$ 的可逆反应来实现 Li^+ 的嵌脱和保持电位平衡。其中,$Li_4Ti_5O_{12}$ 负极材料被认为是"零应变"材料,相比于目前常用的碳负极材料,具有稳定性高、寿命长的优点。

固相法是目前工业化生产 $Li_4Ti_5O_{12}$ 的主要方法,其合成的影响因素主要有物料配比($n_{(Li/Ti)}$)、煅烧时间、煅烧温度、原料混合方式等。Babu 等围绕 $Li_4Ti_5O_{12}$ 的物相组成、微观形貌、充放电性能等展开研究,发现 850 ℃煅烧处理 16 h 是最适宜的条件。杨建文等采用正交试验法探究几种因素对 $Li_4Ti_5O_{12}$ 循环性能的影响程度,结果表明,影响因素从大到小的顺序为温度、时间、物料配比、原料特性等,确认最佳物料配比为 $n_{(Li/Ti)} = 0.84$。王浩等探究不同气氛对制备 $Li_4Ti_5O_{12}$ 的影响。实验采用两步固相法在交替气氛(空气预烧、氮气煅烧)下合成 $Li_4Ti_5O_{12}$,考察不同气氛(空气、氮气)下对不同合成阶段(预烧、煅烧)的影响,发现经不同气氛和不同合成阶段(空气预烧、氮气煅烧)煅烧所得的样品,在 5C 倍率下首次放电比容量为 128 mA·h·g^{-1},100 次循环后的容量保持率为 94.5%,电化学性能明显优于单气氛煅烧所得样品。袁敏娟等以纳米二氧化钛、碳酸锂、蔗糖为原料,以去离子水为溶剂在氩气保护下采用高温固相法合成了 $Li_4Ti_5O_{12}$/C 材料。结果表明,与传统固相法所合成的 $Li_4Ti_5O_{12}$ 相比,$Li_4Ti_5O_{12}$/C 颗粒粒径小,平均粒度为 82 nm,在 0.1C,1C 和 5C 倍率下的比容量分别为 171.3 mA·h·g^{-1},162.3 mA·h·g^{-1} 和 157.8 mA·h·g^{-1},20 次充放电循环后的容量保持率为 100%。为了在低温下制备 $Li_4Ti_5O_{12}$,高利亭等以低温共熔锂盐 0.38 $LiOH·H_2O$–0.62 $LiNO_3$ 为锂源和熔盐,纳米 TiO_2 为钛源,通过熔盐辅助固相法制备出了纳米 $Li_4Ti_5O_{12}$。结果表明,前驱体经预烧、压片、800 ℃热处理 1 h 所得的 $Li_4Ti_5O_{12}$ 在 1C,5C 和 10C 倍率下的放电比容量分别为 152.7 mA·h·g^{-1},139.8 mA·h·g^{-1} 和 127 mA·h·g^{-1},表现出优异的倍率性能且能耗较低。

2.1.4 自蔓延高温合成

自蔓延高温合成(self-propagating high temperature synthesis,简称 SHS 或燃烧合成技术)是由苏联的 Merzhanov 等人于 1967 年提出的一种利用燃烧反应自身放热制备材料的新技术。如图 2-4 所示,SHS 反应体系要通过一定的方式点燃,达到体系着火温度后,才能开始强烈燃烧合成反应。因此,点燃技术是 SHS 的关键技术。目前常用的点火方式有电弧点燃法、电炉加热点燃法、光点燃法、高频加热点燃法和微波加热点燃法。当粉末混合物预热达到着火温度时,整个反应体系开始被引燃,反应区的剧烈反应放出的大量热量使靠近反应区的未反应区预热,当预热区达到着火温度时又开始反应,从而使燃烧波推移前进,燃烧波的蔓延过程可以看作逐层瞬间点火过程。自蔓延高温合成方法的特点是燃烧温度高,一般为 1000~3000 ℃,最高可达 4500 ℃左右,化学反应完全,而且对杂质有自净化作用,产品纯度高;燃烧波传播速度快,一般为 0.1~20 mm·s^{-1},反应

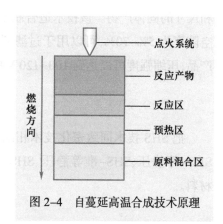

图 2-4 自蔓延高温合成技术原理

时间为秒级,生产效率高;体系内部在燃烧过程中有大量的热释放,反应物一经点燃,就不需要外界提供能量,可节约能源;反应产物一般为凝聚态产物,对环境污染小;可控制产物的冷却速率等工艺系数控制产物结构。

SHS 技术将具有任何化学特征并能生成具有实用价值的凝聚物的放热反应称为燃烧。利用 SHS 技术合成样品时,选用的能够相互作用的物质可以是各种聚集状态,但燃烧产物在冷却之后都是固态物质,如碳化物、硼化物、氮化物等难熔化合物,这些化合物键能高,形成时可释放出大量热量,而且稳定性高。其反应形式主要有直接合成法和铝热、镁热合成法。前者是利用金属、非金属单质在一定条件下直接反应生成难熔金属间化合物和金属陶瓷,如 TiB_2,TiC,BN 等;后者是采用镁、铝等活泼金属把金属或非金属元素从其他氧化物中还原出来,然后通过还原出的元素之间的相互反应来合成所需的化合物。例如:

$$6Mg + Cr_2O_3 + B_2O_3 \longrightarrow 2CrB + 6MgO + Q$$
$$12Al + 4Fe_2O_3 + B_2O_3 \longrightarrow 2FeB + 2Fe_3Al + 5Al_2O_3 + Q$$

在上述反应中,CrB,FeB 和 Fe_3Al 皆为所需要的金属间化合物,而 MgO 和 Al_2O_3 则为反应副产物,由于其密度不同,可依靠重力实现相分离。

自蔓延高温合成技术的应用

自蔓延高温合成技术可以分为 6 种类型:SHS 制粉技术、SHS 烧结技术、SHS 致密化技术、SHS 熔铸技术、SHS 焊接技术、SHS 涂层技术。

1. SHS 制粉技术

反应物料在一定的气氛中燃烧,然后经过粉碎、研磨产物即可得到不同规格的粉末,如利用 Ti 粉和 C 粉制备 TiC,Ti 粉和氮气反应合成 TiN 等。

2. SHS 烧结技术

SHS 烧结技术是指在空气、真空或特殊气氛中通过固相反应烧结,从而获得一定形状

和尺寸的固体产物。该技术适合制备高熔点难熔化合物。SHS烧结体往往具有多孔结构，空隙率为5%~70%，可以用于过滤器、催化剂载体和耐火材料。例如，55%空隙率的TiC产品，压缩强度可以达到100~120 MPa，而且其强度受温度变化的影响不大。

3. SHS致密化技术

把SHS技术同致密化技术相结合，可以获得致密产品。常用的SHS致密化技术有SHS-等静压、SHS-准等静压、SHS-加压法、SHS-挤压法等技术，可用于制备硬质合金材料。

4. SHS熔铸技术

SHS熔铸技术是指通过选择高放热反应物形成超过产物熔点的燃烧温度，从而获得难熔物质的液相产品，进而进行铸造处理生产难熔化合物的铸件。SHS熔铸包括两个阶段：高温液相制备和液相处理。该技术可用于陶瓷内衬钢管的离心铸造、钻头或刀具的耐磨涂层。

5. SHS焊接技术

以SHS产物为焊接材料，通过SHS反应放出的热量，在焊件对缝中形成高温液相，从而实现焊件的强力结合，解决不易焊接的难熔材料焊接问题，如陶瓷-陶瓷、陶瓷-金属、金属-金属的焊接。

6. SHS涂层技术

利用气相传输SHS可以在金属、陶瓷或石墨等材料表面形成一层2~150 μm厚的耐磨耐腐蚀涂层。对于不同的反应物料，可以采用不同的气体载体。例如，氢可以传递碳，卤素气体可以传输金属。

在能源材料合成方面，利用SHS制备的系列MnZn铁氧体材料已大规模生产。最新研究表明，电场、磁场、重力场对SHS工艺及制品的性能会产生影响，外场辅助的SHS研究已经成为制备特殊材料的研究热点。

2.2　低温固相合成

根据固相化学反应发生的温度将固相化学反应分为三类：低于100 ℃的低温固相反应、100~600 ℃的中温固相反应和>600 ℃的高温固相反应。1904年，Pfeiffer等发现低温加热[Cr(en)₃]Cl₃(en指乙二胺)或[Cr(en)₃](SCN)₃即可生成cis-[Cr(en)₂Cl₂]Cl

和 *trans*-[Cr(en)$_2$(SCN)$_2$]SCN。1963 年,Tscherniajew 等使用 K$_2$[PtI$_6$]与 KCN 进行固–固化学反应,制备出 K$_2$[Pt(CN)$_6$]。1988 年,忻新泉等报道"固态配位化学反应研究",探讨了室温或近室温条件下固–固化学反应。1993 年,Mallouk 教授在 Science 上对低温固相反应进行了总结:"传统固相化学反应合成所得是热力学稳定的产物,而介稳中间物或动力学控制的化合物往往只能在较低温度下存在,它们在高温时分解或重组成热力学稳定的产物。为了得到介稳固态相反应产物,并扩大材料的选择范围,有必要降低固相反应温度。"

低温固相合成

2.2.1　低温固相合成的特点

图 2–3 所示的尖晶石生成的反应机理显示,固相反应遵循"扩散—反应—成核—生长"反应机理。在成核步骤涉及反应物种的传质,构成了固相反应特有的潜伏期,即成核诱导期:温度越高,扩散速率越高,成核速率越快,成核诱导期越短。低温固相合成的特点是诱导周期长,反应速率慢。在固相反应中,各固体反应物的晶格是高度有序排列的,晶格分子的移动困难,只有合适取向的晶面上的分子足够靠近时,才能提供合适的反应中心,使得固相反应得以进行,这是固相反应特有的拓扑化学控制原理。对于低温固相合成,反应温度较低,拓扑化学控制的反应特征更加明显。因此,低温固相合成反应适宜具有层状或夹层状结构的固体,如石墨、金属硫化物等容易发生嵌入反应,生成嵌入化合物。

2.2.2　低温固相合成法的应用

低温固相反应在无机合成化学中具有很多的应用,特别是新化合物合成和无机功能材料改性方面。

1. 原子簇化合物

原子簇化学是无机化学、物理化学、结构化学和金属化学相互交叉衍生出的一门新兴学科。Mo(W,V)/S/Cu(Ag,Au)原子簇化合物由于其簇骨架结构的多样性及良好的催化性能、生物活性、卓越的光学限制性能和三阶非线性光学性质,在各种催化、生物和光学功能材料领域具有重要的应用。Mo(W,V)/S/Cu(Ag,Au)原子簇化合物可以由低温固相合成法获得:将一定量的硫代钼(钨、钒)酸盐和 Cu(Ag)的化合物及 Bu$_4$NX'(四丁基铵离子化合物),Et$_4$NX'(四乙基铵离子化合物)或有机膦配体(三苯基膦,PPh$_3$)等按一定比例混合研磨,移入一反应管中,在低于 100 ℃、氮气(或氩气)保护下反应数小时,然后选择适当的溶剂萃取,过滤,将滤液在空气中挥发

原子簇化合物

或在上层加入某种扩散剂(如异丙醇、正戊醇等),静置数日,即可获得原子簇化合物。目前报道的 Mo(W,V)/S/Cu(Ag,Au)原子簇化合物有三百多个,分属二十三种骨架类型,其中通过液相反应合成的有一百二十多个,分属二十种骨架类型。通过低温固相反应法已合成二百多个簇合物,如核数最大的二十核笼状结构簇合物 $(n\text{-}Bu_4N)_4[Mo_8Cu_{12}S_{32}]$、双鸟巢状结构簇合物 $(Et_4N)_2[Mo_2Cu_6O_2S_6Br_2I_4]$ 及半开口类立方烷结构簇合物 $(Et_4N)_3[MoOS_3Cu_3Br_3(\mu_2\text{-}Br)]_2 \cdot 2H_2O$。

2. 固配化合物

低温固相反应可以使那些在常规溶剂中很难溶解的化合物发生新的反应,获得溶液条件下得不到的化合物——"固配化合物"。1995 年,姚学斌等报道了一种固配化合物:将 $CuCl_2 \cdot 2H_2O$ 与 2-氨基嘧啶(AP)在固相中反应生成固配化合物 $Cu(AP)_2Cl_2$。$CuCl_2 \cdot 2H_2O$ 与 AP 在溶液中反应只能得到物质的量比为 1∶1 的黄绿色产物 $Cu(AP)Cl_2$;将 $CuCl_2 \cdot 2H_2O$ 与 AP 以物质的量比 1∶2 混合研磨,首先观察到颜色由蓝色转变成黄绿色,继续研磨 10 min,产物变成深绿色,即为固相化合物 $Cu(AP)_2Cl_2$,该化合物在溶剂中不稳定。类似地,$CuCl_2 \cdot 2H_2O$ 与 8-羟基喹啉(HQ)在溶液中反应只能得到 $Cu(HQ)_2Cl_2$,利用固相反应可以得到 $Cu(HQ)Cl_2$。

3. 电池材料合成

基于产物形貌结构可控的优点,低温固相反应已经广泛用于电池材料的合成,例如锰系列电池的正极材料、高能量 Zn-Ni 电池的正负极材料、直接醇类燃料电池的催化剂、电化学电容器材料、锂离子电池的正负极材料和电解质等。

(1)MnO_2 是锌锰电池、碱锰电池、锂锰电池等的正极材料,开发性能优良、价格低廉的二氧化锰材料对于电池行业的发展具有重要的意义。利用低热固相氧化还原反应可以合成纳米 MnO_2:将 $KMnO_4$ 分别与 $Mn(OAc)_2 \cdot 4H_2O$,$MnCl_2 \cdot 4H_2O$,$MnSO_4$ 及 $MnCO_3$ 按一定比例于玛瑙研钵中混合,充分研磨 30 min 后置于 60~70 ℃的恒温水浴中恒温数小时,固相产物经洗涤抽滤后于真空干燥箱内 80 ℃下恒温数小时,即可获得粒径为 30 nm 的 MnO_2 粉末。用醋酸锰分别与柠檬酸、草酸和 8-羟基喹啉在室温及低温下发生固相反应生成锰络合物,经热分解和酸处理后可获得 20~30 nm 的 $\gamma\text{-}MnO_2$。将碳酸钠与醋酸锰按 1∶1 的物质的量比于玛瑙研钵中混合均匀,充分研磨 30 min 以上,再置于 50~60 ℃的恒温水浴中恒温反应 10 h,经蒸馏水洗涤、抽滤,在 80 ℃左右烘干,然后在马弗炉中于 500 ℃煅烧 5 h,产物经酸处理得到小于 50 nm 的球形纳米 $\alpha\text{-}MnO_2$ 样品。上述的 MnO_2 样品中,纳米 $\gamma\text{-}MnO_2$ 在碱性电解液中具有优良的电化学活性。

(2)镍系列电池是碱性二次电池中最重要的一种电池。典型的镍系列电池有 Cd-Ni,Zn-Ni,Fe-Ni,MH-Ni 电池。利用 $NiOOH/Ni(OH)_2$ 电化学储能涉及的活性物质在碱性介质中具有不溶解及寿命长的优点，氢氧化镍是最常用的镍系列二次电池的正极材料。制备高容量、高活性的 $Ni(OH)_2$ 是研究的热点。电池用氢氧化镍主要有两种晶型：α-$Ni(OH)_2$ 和 β-$Ni(OH)_2$，对应的充电态分别为 γ-NiOOH 和 β-NiOOH。以 $NiSO_4 \cdot 7H_2O$ 与 NaOH 为原料，通过低温固相反应可以合成纳米级 β-$Ni(OH)_2$。在 Zn-Ni 电池中，NiOOH 是正极材料。可以通过 $NiSO_4 \cdot 7H_2O$，$Ni(NO_3)_2 \cdot 6H_2O$，$NiCl_2 \cdot 6H_2O$ 或 $Ni(OAc)_2 \cdot 4H_2O$ 和 NaOH 为原料，通过固相研磨，在碱性条件下加入适量已研磨的 $(NH_4)_2S_2O_8$ 充分混研，固相产物经抽滤洗涤后于 80 ℃烘干，得到球形 20~40 nm 的纳米 β-NiOOH。

（3）甲醇具有来源丰富、价格低廉、携带和储存安全方便等特点，故以其为原料的直接甲醇燃料电池（DMFC）在燃料电池中占据重要的地位，是未来理想的移动电源。Pt 或 Pt 基合金是直接甲醇燃料电池的阴、阳极催化剂。为提高金属 Pt 的利用率，金属 Pt 常常被负载在具有高表面积和优异导电性能的基质（如石墨、炭黑、活性炭）或金属氧化物（如 TiO_2，MoO_3）上。利用低温固相反应可以直接制备高活性、小粒径的 Pt/C 正极催化剂。例如，称取 80 mg Vulcan XC-72 活性炭粉，加入 26 mL 0.0386 $mol \cdot L^{-1}$ H_2PtCl_4 溶液和一定量的 NaOH 溶液，混合均匀，研磨 10 min，55 ℃真空干燥至溶剂完全脱除，冷却至室温，不断分次少量加入固相还原剂（$NaBH_4$ 或聚甲醛），研磨 4 h，二次水洗至洗出液中无氯离子，过滤、99 ℃真空干燥，即制得 Pt 金属粒径为 38 nm 的 20% Pt/C 催化剂，甲醇氧化峰电流密度为 11.3 $mA \cdot cm^{-2}$。采用 H_2PtCl_4 与甲酸钠为原料，可以通过低温固相反应制备 Pt/MoO_3，甲醇氧化电流密度可以提高到 78.1 $mA \cdot cm^{-2}$。低温固相反应同样可以合成 Pt-Ru 合金催化剂，用于乙醇燃料电池。将一定量的 Vulcan XC-72 活性炭粉，加入 H_2PtCl_4 溶液、$RuCl_3$ 溶液和一定量的 NaOH 溶液，混合均匀后于 55 ℃真空干燥至溶剂完全脱除，冷却至室温，不断分次少量加入固相还原剂聚甲醛，研磨数小时，反应结束后，用三次蒸馏水洗至洗出液中无氯离子，90 ℃真空干燥，即制得 Pt-Ru/C(s) 催化剂。

（4）锂离子电池具有使用电压高、能量密度大、循环寿命长和自放电小等特点。1990年，自从 Sony 公司成功推出了以碳材料为负极，层状结构的 $LiCoO_2$ 为正极的 4V 可充锂离子电池以来，锂离子正极材料逐渐成为锂离子电池的研究热点。$LiCoO_2$，$LiMn_2O_4$，$LiFePO_4$ 是目前研究最多的三种正极材料，它们的合成多数采用了低温固相化学反应的工艺。

目前，商品锂离子电池的正极材料主要是 $LiCoO_2$。传统的 $LiCoO_2$ 合成方法是固相高温反应。以 Li_2CO_3 和 $CoCO_3$（或 CoO，Co_3O_4）为原料，按 Li:Co = 1:1 的物质的量比配制，在 700~900 ℃下，空气氛围中煅烧而成 $LiCoO_2$。低温固相合成也可以获得 $LiCoO_2$。将等物质的量比的 $Co(OAc)_2 \cdot 4H_2O$ 与 $LiOH \cdot H_2O$ 在研钵中研磨，粉末在 40~50 ℃烘箱中加热，得到的中间产物在 0.08 MPa，100 ℃下干燥 6 h，再置于 600 ℃下热处理 16 h，即可得到粒径约 45 nm 的 $LiCoO_2$ 颗粒。

贾殿赠等将 $Li(CH_3COO)\cdot 2H_2O$，$Mn(CH_3COO)_2\cdot 2H_2O$ 和 $H_2C_2O_4\cdot 2H_2O$ 按化学计量比置于玛瑙研钵中充分研磨 1 h 后，放入 90 ℃烘箱中干燥，将干燥后的固体再次研磨，分别在 350 ℃、450 ℃下热处理 6 h，即可得到电化学性能优良的 $LiMn_2O_4$ 粉末。另外，用于提高锂离子电池性能的掺杂型锂钴氧化物也可采用低温固相合成。唐新村等将 0.2 mol 氢氧化锂和 0.2 mol 草酸混合，于玛瑙研钵中研磨 30 min，然后加入 0.16 mol 的醋酸钴和 0.04 mol 的醋酸镍，混合研磨 60 min 得到中间体，中间体在 180 ℃下真空干燥 24 h 获得前驱体，前驱体在不同温度下煅烧制得 $LiCo_{0.8}Ni_{0.2}O_2$ 粉体样品。

（5）锌电极具有优良的电化学性能，如平衡电位低、可逆性好、能量密度高、碱溶液中具有很高的电导率和良好的低温性能等，是高性能、长寿命的碱性系列二次电池研究的热点。锌电极在使用过程中存在容易发生形变、枝晶和腐蚀等问题，人们通常在电极材料中加入金属或金属氧化物添加剂。例如，将一定物质的量比的 $Ca(OAc)_2\cdot H_2O$，$Zn(OAc)_2\cdot 2H_2O$，NaOH 固体样品于玛瑙研钵中混合均匀，研磨 30 min，将样品在 60 ℃油浴中加热 6 h 后取出，用蒸馏水洗涤至滤液的 pH 约为 7，最后用二次水清洗两次，在 60 ℃下干燥后，获得锌酸钙。将其与 PTFE 乳液、PbO 和 Bi_2O_3 按一定比例混合，均匀地涂在处理好的集流体材料上，在 60 ℃温度下以 20 MPa 压力热压 1 min，即可制得锌酸钙电极。

（6）电化学电容器（electrochemical capacitor）是一种介于静电电容器和电池之间的新型储能元件。电化学电容器的电极材料包括碳材料、过渡金属氧化物和导电聚合物。其中，金属氧化物基电容器主要是 RuO_2/H_2SO_4 水溶液体系。采用室温下的低温固相反应可以合成 $RuO_2\cdot xH_2O$：在室温下将 $RuCl_3\cdot xH_2O$ 与碱直接混合反应，可得到 30~40 nm $RuO_2\cdot xH_2O$，通过低温热处理后，可以得到无定形的 $RuO_2\cdot xH_2O$。在 150 ℃温度下继续处理 3 h，$RuO_2\cdot xH_2O$ 的比容量超过晶相的 $RuO_2\cdot xH_2O$。

（7）锂离子电池的电解质主要以锂盐为主，包括 $LiPF_6$（热稳定性差）、$LiAsF_6$（有毒、污染大）、$LiClO_4$（易爆炸、安全性差）、$LiBF_4$（与负极相容性差、热稳定性差、对水敏感）、$LiSO_3CF_3$（电导率低）、$LiN(SO_2CF_3)_2$ 和 $LiC(SO_2CF_3)_3$（对正极的铝集流体产生腐蚀）。开发新型锂盐代替目前商业锂离子电池中的 $LiPF_6$ 是目前研究的热点。例如，硼酸锂络合物及磷酸锂络合物、双乙二酸硼酸锂（LiBOB）和二氟乙二酸硼酸锂（LiODFB）的开发。LiBOB 的制备通常在有机溶液中进行，过程涉及溶解、回流、蒸发等步骤，生产成本较高。利用低温固相反应可以合成 LiBOB：将二水合草酸、氢氧化锂、硼酸按物质的量比 2∶1∶1 在室温下研磨混合均匀，然后将此混合物在 100~120 ℃下热处理一定时间，然后再在 240~280 ℃处理一定时间，便得到 LiBOB。

2.3 水热与溶剂热合成

2.3.1 水热与溶剂热合成的特点

水热与溶剂热合成是指在一定温度（100~1000 ℃）和压力（1~100 MPa）条件下利用溶液中物质化学反应所进行的材料合成。水热与溶剂热合成按反应温度可分为亚临界与超临界合成反应。水热与溶剂热合成的原理是：在高温高压条件下，水或其他溶剂处于临界或超临界状态，物质的物理性能与化学反应性能发生改变（如特殊组成、结构或价态的凝聚态材料或化合物），反应活性提高。上述固相反应是以界面扩散为反应的主要特征，而水热与溶剂热合成解决了反应物扩散的问题，通过液相反应，保证反应物料的均匀混合和反应物种间的传输。同时，反应温度一般低于高温固相反应温度，反应速率可控，能够通过可控制反应条件对产物的结构、形貌和尺度等进行有效调控，是纳米材料的一种常见制备方法。

水热与溶剂热合成简介

水热与溶剂热合成的特点如下：

（1）水热与溶剂热条件下，由于反应物处于临界状态，反应活性会大大提高，有可能代替固相反应，以及难于进行的合成反应；

（2）在水热与溶剂热条件下易于生成中间态、介稳态及特殊物相，可用于特种介稳结构、特种凝聚态的新合成产物；

（3）能够使低熔点化合物、高蒸气压且不能在熔体中生成的物质、高温分解相在此条件下晶化生成；

（4）有利于生长极少缺陷、取向好、完美的晶体，且合成产物结晶度高及易于控制产物晶体的粒度；

（5）易于反应的环境气氛有利于低价态、中间价态与特殊价态化合物的生成，并能均匀地进行掺杂。

基于上述特点，水热与溶剂热合成的反应可以分为以下几种：合成反应、热处理反应、转晶、离子交换、单晶生长、脱水反应、复分解反应、提取反应、沉淀反应、氧化还原反应、晶化、烧结等。

2.3.2 水热与溶剂热合成的反应介质

温度在 100 ℃的水热合成称为低温水热合成；100~250 ℃的水热合成称作中温水

水热/溶剂热条件的作用

热合成,是最经济有效的合成温度,常用于合成各种纳米材料和沸石分子筛;温度>250 ℃的合成称为高温水热合成,可以用于合成单晶或一些介稳态的化合物。水热合成的压力是由水溶液在水热温度下产生的自生压力,通常在1~10 MPa。实际合成过程中,水热合成的自生压力取决于反应釜中的装满度。图 2-5 显示,如果反应釜的物料装满度,即反应混合物占密闭反应釜空间的体积分数>32%,且温度为 374 ℃时,水的密度是 0.32 g·cm⁻³,此时物料完全填满反应釜;当装满度为 80%,温度为 245 ℃时物料完全填满反应釜。为了构建适宜的水热合成压力,保障实验安全,反应釜的装满度一般为 60%~80%。另外,将水溶剂替换成其他溶剂后,需要结合溶剂特性匹配适宜的装满条件。例如,将水换成甲苯溶剂后,装满度为 7%,摩尔体积约 150 mL·mol⁻¹,在 250 ℃下,反应釜的压力为 10 MPa。

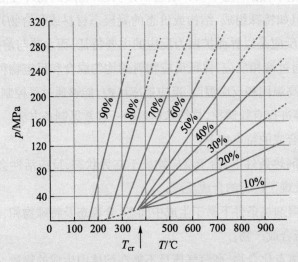

图 2-5　不同水热合成反应釜物料装满度时自生压力与温度的关系

水具有较高的介电常数($\varepsilon = 78.5$,25 ℃),通过解离作用降低了溶液中的阳离子和阴离子之间的静电吸引力,促进金属离子在溶液中的扩散和溶解。水热条件下,温度升高导致介电常数减小,压力升高则有利于介电常数增大。温度升高后,水的介电常数减小,这使得在一般条件下处于解离溶解状态的电解质溶液,能够通过静电作用或化学变化生成在常规反应条件下无法生成的介稳定(metastable)或复杂络合物。图 2-6 显示,温度升高后,密度(ρ)下降,扩散系数(D)升高,水黏度下降,溶液中离子运动变得更加容易,反应速率增加。另外,水的离子积(K_w)随温度的升高而增大,溶液中 H^+ 浓度增加,即 pH 发生变化。总之,在水热条件下,水的蒸气压变高、密度变低、表面张力变低、黏度变低、离子积变高,直接导致金属离子的水解反应加剧、离子间反应加速、氧化还原电势明显变化,这是其能够低温合成无机氧化物材料、金属材料和填隙化合物(硫化物、硒化物、磷化物等)

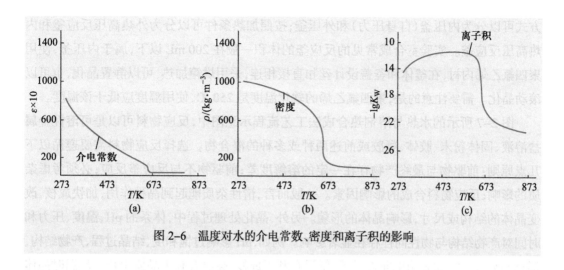

图 2-6 温度对水的介电常数、密度和离子积的影响

的本质原因。

总之,水热与溶剂热条件下,水或有机溶剂的主要作用如下。

(1)作为化学组分发生化学反应;

(2)作为反应促进剂;

(3)起溶剂化作用;

(4)起低熔点物质作用;

(5)起压力传输介质作用;

(6)提高物质的溶解度。

有机溶剂的极性、配位性能、热稳定性与水不同,将水替代为有机溶剂后,反应物的溶解性能、反应的热力学平衡和反应动力学发生改变,可以获得水热条件下无法得到的特定产物。

2.3.3 水热与溶剂热合成的装置和流程

图 2-7 给出了水热与溶剂热合成的基本流程,整个过程涉及原料的选择、反应物料的组成优化和晶化处理过程。高压反应釜是水热与溶剂热合成反应的基本设备,一般采用不锈钢材质合成,釜内衬有化学惰性的材料。在实验室,需要注意釜内衬的材料对合成的影响。常用的内衬材料以聚合物为主,例如聚四氟乙烯(polytetrafluoroethylene,PTFE)和对位聚苯(para-polyphenylene,PPL)。实验中,需要注意材料的杂质对合成的影响。有研究表明,

水热/溶剂热合成工艺和反应釜

PPL 内衬的高压反应釜中,少量玻璃纤维出乎意料地起到硅源的作用,能够用于合成分子筛材料。高压反应釜按照密封方式可以分为自紧式高压反应釜和外紧式高压反应釜;按密封的机械结构可以分为内螺旋塞式、大螺帽式和杠杆压机式高压反应釜;按照压力产生

方式可以分为内压釜(自身压力)和外压釜;按照加热条件可以分为外热高压反应釜和内热高压反应釜。实验室合成常见的反应釜的体积一般在 200 mL 以下,属于内压釜,使用聚四氟乙烯内衬,在釜体和釜盖设计丝扣直接相连,采用烘箱加热,可以静置晶化,也可以滚动晶化。需要注意的是,聚四氟乙烯的软化温度是 250 ℃,使用温度应低于该温度。

图 2-7 所示的水热与溶剂热合成法工艺流程示意图中,反应物料可以是可溶性金属盐溶液、固体粉末、胶体、凝胶或前述两种或多种的混合物。选择反应物料需要遵循以下几点原则:前驱物与最终产物存在一定的溶解度差;前驱物不与反应釜反应;必须考虑杂质的影响;反应物料合成的影响因素。一般而言,惰性杂质能起到晶种作用,加快成核,改变晶体的结构或尺寸,影响晶体的形貌。另外,晶化处理过程中,体系的 pH、温度、压力和时间对产物结构与物性同样存在显著影响。例如,pH 影响过饱和度、结晶过程、产物结构、形态和粒径。温度影响也非常显著,低温有利于成核,高温有利于晶体生长。高温时晶体生长速率快,晶粒尺寸大,粒度分布范围广;与之相反,低温时晶体生长速率慢,结晶度低。压力增加可以增大分子间的碰撞机会,加快反应速率,影响反应物的溶解度,以及产物的形貌和粒径。反应时间和晶粒尺寸呈正相关关系,但时间过长会导致产物结构发生变化。

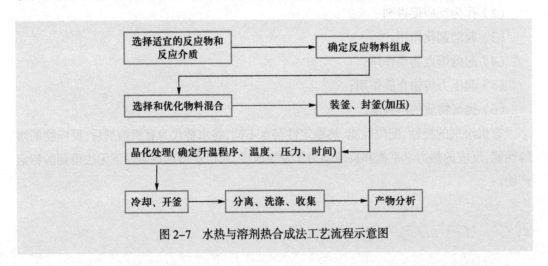

图 2-7 水热与溶剂热合成法工艺流程示意图

总之,经过大量的实验,科学家总结出了以下水热与溶剂热合成的八个基本原则。

(1)以溶液为反应物——考虑均匀性;

(2)创造非平衡条件——成胶与过饱和;

(3)尽量用新鲜沉淀;

(4)避免引入外来离子;

(5)尽量采用表面积大的固体粉末;

(6)利用晶化反应的模板剂和模板作用;

(7)选择合适的溶剂;

(8)尝试各种配料顺序。

2.3.4 水热合成沸石分子筛

水热合成
沸石分子筛

水热与溶剂热合成包括合成反应和晶体生成两个部分,而且合成反应贯穿整个晶体生长过程中。一般水热或溶剂热体系的晶体生长含溶解、成核与生长三个步骤,晶体生长动力学为典型的 S 型曲线。为说明水热(溶剂热)合成过程,下面以水热合成沸石分子筛为例展开论述。

水热合成沸石分子筛的反应是水溶液中硅酸盐和铝酸盐在碱、模板剂、矿化剂存在的条件下,生成硅铝酸盐水凝胶,然后在水热条件下生产沸石分子筛晶体。凝胶的组成常用 $x\text{Na}_2\text{O}:y\text{SiO}_2:\text{Al}_2\text{O}_3:z\text{H}_2\text{O}$ 表示,其中,$\text{SiO}_2/\text{Al}_2\text{O}_3$(投料硅铝比)、$\text{Na}_2\text{O}/\text{SiO}_2$(投料碱硅比,也称碱度)、$\text{H}_2\text{O}/\text{SiO}_2$(水硅比,用于表示溶液中固含量)是关注的重点。沸石分子筛合成的过程如下:首先将硅源和铝源原料溶解在含有矿化剂(如 F^- 离子)和/或模板剂的溶液中,添加无机碱调节碱度,将体系配制成均一的溶胶溶液,然后胶凝并获得凝胶,通过水热合成获得沸石分子筛产品。

组成沸石分子筛的结构是通过硅氧四面体和铝氧四面体为结构单元,在两个结构四面体单元中,每个氧原子是共享的。图 2-8 给出了 FAU 沸石分子筛的合成过程:水热条件下,无定形结构的硅铝凝胶被羟基离子解聚成非特定化的构建单元,这些单元通过水合

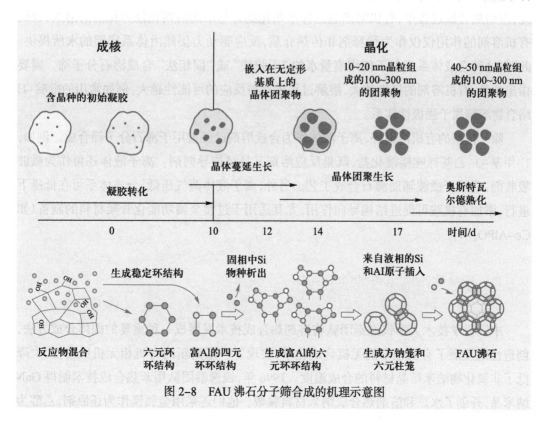

图 2-8 FAU 沸石分子筛合成的机理示意图

阳离子(无机离子如 Na⁺或阳离子有机模板剂)被有序化成多面体建构块,然后建构块连接起来形成总的沸石骨架。从 20 世纪 60 年代开始,有机化合物,特别是季铵盐,被发现具有优异的沸石微孔结构导向作用,被广泛应用于沸石分子筛的合成。这类有机化合物被称作模板剂或结构导向剂:有机基团和无机多孔表面间实现紧密结合,有机基团(疏水基团)在水溶液中的结构决定了沸石的微孔结构。季铵盐类模板剂不仅作为平衡电荷用的阳离子,而且也对沸石骨架电荷密度施加了限制,导致沸石产品中的硅铝比增加,因此季铵盐模板剂常用于高硅沸石的合成。除了采用 OH⁻作为矿化剂外,近年来,以氟离子作为矿化剂的合成体系被广泛报道,该体系可以实现在 pH 较低的条件,甚至是酸性介质中合成沸石分子筛,例如典型的 MFI 沸石的合成,可以在低温、酸性条件下合成纳米薄片沸石。

2.3.5　溶剂热合成沸石分子筛

　　沸石分子筛晶化过程的水介质被极性溶剂替代,被称为沸石的非水溶剂合成。在非水溶剂合成过程中,合成晶化反应在无水介质中进行。1985 年,科学家报道使用乙二醇或丙醇非水溶剂合成全硅型的方钠石,反应中检测到 5-配位的硅乙二醇酸盐(silicoglycolate)络合物。但是氧化硅容易被许多极性有机分子溶剂化,反应活性低。因此,溶剂热合成过程中,有机溶剂应选择溶剂化能力与水的溶剂化能力相当的溶剂,否则有机溶剂的作用仅仅作为稀释剂和传热介质,反应驱动力仍然由体系残留的水所提供。此时,这种合成体系类似于使用痕量水的"干胶法"或"固相法"合成沸石分子筛。需要指出的是,有机溶剂的极性越大,溶解过程中参与反应的可能性越大,例如常用的吡啶-H络合物溶剂属于强极性体系。

　　除了传统的有机溶剂外,离子液体作为合成溶剂已经被用于沸石分子筛合成。例如,1-甲基-3-乙基咪唑鎓溴化盐,既是反应溶剂又是结构导向剂。离子液体还可作为微波吸收剂,适用于微波辅助沸石合成工艺。另外,离子液体蒸气压低,合成体系可在低压下进行,添加有机胺可促进结构导向作用,尤其适用于过渡金属功能化骨架材料的制备(如 Co-AlPO₄-n)。

2.3.6　水热与溶剂热合成法的应用

　　中国科学技术大学钱逸泰团队将溶剂热合成技术发展成一种重要的固体合成方法,创造性地发展了有机相中的无机合成化学,实现了一系列新的有机相无机反应,大大降低了非氧化物纳米结晶材料的合成温度。1996 年,钱逸泰团队用苯热合成技术制得 GaN纳米晶,开创了水热和溶剂热合成纳米材料领域。他们还采用金属镁作为还原剂,乙醇为碳源,在 600 ℃制备出碳纳米管,产率高达 80%。清华大学李亚栋等将溶剂热法用于合成贵金属、磁性/电纳米材料、稀土荧光材料、生物医学、有机光电子半导体和导电聚合物纳米颗粒。金属有机骨架材料(MOFs)是一种典型的有机–无机杂化材料,水热法(溶剂热)是合成 MOFs 的一种常见的有效方法,控制反应物的比例、体系的 pH、温度等因素可以合成优异性能的 MOFs。

依托各种水热合成体系和技术,科学家已经可以成功制备出具有光、电、磁等特殊性质的多种复合氧化物和复合氟化物,包括萤石、钙钛矿、白钨矿、尖晶石和焦绿石等主要结构类型,替代及弥补了目前合成需要高温固相反应条件的不足。澳大利亚蒙纳士大学蒋绪川团队通过长期实验研究,发现利用水热反应(<200 ℃),尤其是控制添加剂如十六烷基三甲基溴化铵与银的比例可以得到壳层厚度可控的类碳–银纳米电缆。此类复合结构材料在同一体系无须分离,也无须添加新的反应物质,仅仅通过降低水热反应温度(如60 ℃),即可得到去掉银核之后的类碳纳米管。

2.4 高 压 合 成

在化学合成领域,利用高压推动化学反应的成功案例有很多,最经典的案例就是 Haber 和 Bosch 开发的对人类粮食安全具有重要意义的高压合成氨技术:利用 Fe 催化剂,在 400 ℃,200 atm(1 atm = 101325 kPa)下实现氮气加氢生产氨气。在固体材料合成方面,高压合成最常被提及的则是 1955 年 Bundy 等人的人工合成金刚石:在2000~3000 ℃,10 GPa 的压力下将碳或石墨转化成金刚石。上述的两个过程,本质都是利用高压改变反应物的状态和反应平衡实现转化。目前,常用的高压固态反应合成范围一般从 1~10 MPa 的低压力合成到几十 GPa(1 GPa ≈ 10000 大气压)的高压合成,本节所指的高压合成为 1 GPa 以上的合成,适合合成在高压下才能出现的高价态、低价态或结构的新材料。

2.4.1 高压固相合成机理

根据吉布斯–亥姆霍兹方程(式 2-1),对于某一特定的化学反应,温度和压力是最重要的热力学参数,决定其中的化学平衡及化学反应的方向。相对于传统的高温固相合成,构建高压和高温的环境有利于改变化合物的配位结构、化学价态和聚集状态,进而获得新型的功能材料。本节主要讨论高温高压下的化学反应,其反应压力和温度对化学平衡的影响。

从微观角度看,压力和温度对材料的影响是相反的。例如,在更高的压力下,材料内部原子间的距离缩短,而在更高的温度下,原子间的距离增大。如图 2-9(a)所示,提高压力和温度可以使得材料内部原子或离子间的间距偏离平衡值,进而提高体系的势能,导致材料变得不稳定,具有更高的反应活性。此时,材料容易发生相变、热分解或者与其他反应物反应生成新物质,该新物质的势能也相应地发生变化。这就是高温高压下化学反应的驱动力。例如,图 2-9(b)显示了温度、体积和压力变化时材料的相变过程。图中,每条曲线的最小值表示相应相态在平衡时的最低势能;曲线的交点表示在此压力和体积下两相具有相同的势能。材料具有相态 I 结构时,具有最低的势能,稳定性最佳,材料体积为 V_I;提高温度后,势能先增加,然后发生相变,相态 I 转变为相态 III,此时体积增加为 V_{III},体系的最低势能高于相态 I。相应地,通过降低温度,相态 III 可以转变为相态 I。另外,通过提高压力,可以实现相态 III—相态 I—相态 II 的变化。总之,三种相态间的变化程度,取决于不同相态最低势能之间的势能差,即反应的吉布斯自由能变化值。总之,高压合成就是指在高压下合成常态时不能生成或难以生成的物质的过程。一个单元系或二元系物质,在常压下可能只有几个稳定的相,但在高压下大部分可变为成分相同的高压相或新成分的高压相;二元系的两相区也能形成新的高压化合物。高压可以有效地改变物质原子间距和原子壳层状态,因此可以采用高压合成新物质。

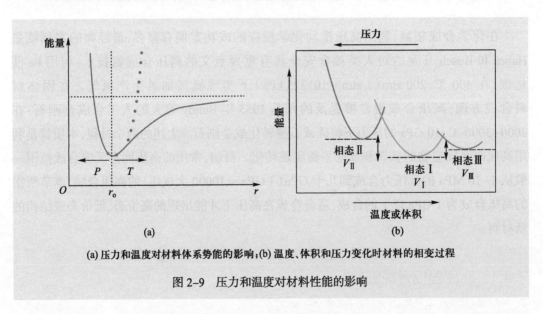

(a) 压力和温度对材料体系势能的影响;(b) 温度、体积和压力变化时材料的相变过程

图 2-9   压力和温度对材料性能的影响

如上所述,对于反应物和产物都为固体的固相反应,提高温度增加了体系内原子或离子间距离,材料体积膨胀;与之相反,提高压力,原子或离子间距离缩短,材料体积缩小。相应地,反应体系的自由能变化,可以认为是压力诱导下的体系体积变化引起的做功变化。结合吉布斯-亥姆霍兹方程(式 2-1),可以认为高压下反应的焓变(ΔH),实质是体系压力或材料体积变化导致的原子或离子间距离,进而引起体系势能的变化。另一方面,目前多数研究的高压固相反应,主要侧重固体材料间的转化,此时,反应体系中的熵变很小,

可以忽略。此时,整个反应的吉布斯自由能的变化主要是反应的焓变引起的,体现为体系的体积变化的做功。吉布斯–亥姆霍兹方程可以重新表述为

$$\Delta G = PdV - SdT \qquad (2\text{-}3)$$

可见,这种只涉及固体的化学反应的平衡,随着压力提高,反应平衡向体积减小的方向移动。图 2-10 给出了高温高压下的固相合成热力学原理。反应物 A 和 B 具有较低的势能,处于稳定状态;提高温度和压力后,A 和 B 的原子或离子间距离发生变化,势能提高。此时,若 A 和 B 仍然未被完全激活,处于惰性状态,相互之间不发生反应,而且 A 和 B 没有发生因高温或高压产生的烧结,则降低压力和温度后,A 和 B 可以回归到初始状态;若

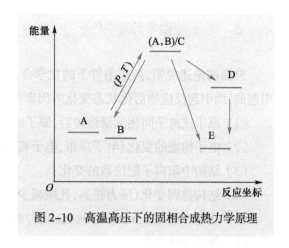

图 2-10 高温高压下的固相合成热力学原理

A 和 B 在高温和高压下处于活化状态,反应生成新物种 C。如果新物种 C 结构稳定,降低温度和压力后,有可能获得常温常压下稳定的 C 产物(势能更低)。如果新物种 C 处于介稳状态,在降低温度和压力的过程中,通过改变材料中原子或离子间的距离,C 产物会重新转化成不同稳定性的新物种 D 和 E。

因此,对于固体材料而言,压力和温度变化都会导致材料内部原子或离子间距离变化,进而引起固体材料的摩尔体积发生变化,体系自由能同时发生改变(如式 2-3)。研究表明,自由能的变化对压力变化更加敏感,约为 $10\ kJ\cdot mol^{-1}\cdot GPa^{-1}$,远远大于温度变化引起的自由能变化($0.1\ kJ\cdot mol^{-1}\cdot K^{-1}$)。另外,压力变化对自由能变化的影响程度更显著。压力变化后,固体内原子或离子间的距离可以偏离初始值的 20%~30%,温度改变大约偏离 10%。一般而言,提高反应压力可以提高固相反应中反应物微晶的接触效果,提高离子在固体反应物中的扩散速率。但是,压力提高后固体体积收缩,固体内部的离子通道缩小,离子在固体内部扩散受到限制。此时,需要通过提高温度改善离子在固体内部的扩散速率。因此,高压固相合成往往需要匹配高温条件,此时需要对反应压力进行优化,用于匹配反应温度。需要注意的是,当反应体系涉及固体/液体/气体、固体/液体、固体/气体反应时,压力的影响更加显著。例如,在高压氧气或氢气条件下,金属可以在较低的温度下转化为氧化物或氢化物。总之,由于固相合成的压力变化范围大(10^{-32}~10^{31} bar),可以通过压力变化改变材料中原子或离子间距离(化学键)、物理状态及晶体或电子结构、孔结构等物性,进而获得特殊物性的新材料。

总而言之,高压合成就是利用外加的高压力,使物质产生多型相转变或发生不同物质间的化合,从而得到新物相、新化合物或新材料。但是,当施加的外高压卸掉之后,大多数

物质的结构和行为会产生可逆变化,又失去高压状态的结构和性质。因此,通常的高压合成都采用高压和高温两种条件交加,目的是寻求经卸压降温以后的合成产物能够在常压常温下保持其高压高温状态时的特殊结构和性能。

2.4.2 高压固相合成的特点

前面的论述说明,高压条件下的化学合成或相变是高压环境改变反应物的活化状态引起的,而引起反应物活化状态变化的因素很多,以下是在研究过程中常涉及的因素。

（1）原子或离子间化学键缩短后,原子或离子间的排斥力变化;

（2）电子构型的变化(电子排布、电子离域)和电荷的转移;

（3）结构中阳离子配位数的变化;

（4）结构排列变化(压力提高,孔隙减少,生成紧密堆积结构,刚性多面体);

（5）几何失措（geometrical frustration）效应和电荷抑制（charge frustration）效应;

（6）振动参数变化。

上述的因素可以用于解释在高温和高压下可以制备新的亚稳态结构或新功能材料,例如 c–BN 和 OsB_2 超硬材料、$MgSiO_3$ 和 $MgGeO_3$ 钙钛矿化合物、$Y_2Ge_2O_7$ 和 $Y_2Mn_2O_7$ 化合物、$Dy_2V_2O_7$ 阳离子材料、高氧化价态的 $SrFeO_3$（Fe 为 +4 价）和 Cs_2CuF_6（Cu 为 +4 价)、低氧化价态的 $CaTiF_3$ 和 $KTiF_3$（Ti 为 +1 价)、具有六配位八面体结构的 Si^{4+}、P^{5+} 和 V^{5+} 离子化合物 [如斯石英（stishovite type SiO_2），$CaCl_2$ 型 $AlPO_4$],萤石型 MgF_2、TiO_2、GeO_2,以及新材料 LaH_{10}、$BiAlO_3$ 和 Bi_2FeCoO_6 等的合成。

2.4.3 高压固相合成的应用

1. 钙钛矿材料合成

钙钛矿型复合氧化物 ABO_3 是一种具有独特物理性质和化学性质的新型无机非金属材料,A 一般是稀土或碱土元素离子,B 为过渡元素离子,A 和 B 皆可被半径相近的其他金属离子部分取代而保持其晶体结构基本不变。这类化合物具有稳定的晶体结构、独特的电磁性能及很高的氧化还原、氢解、异构化、电催化等活性,作为一种新型的功能材料,可被应用在固体燃料电池、固体电解质、传感器、高温加热材料、固体电阻器及替代贵金属的氧化还原催化剂等诸多领域。

高压固相法是合成钙钛矿型结构 ABO_3 化合物的有效方法。Cr^{4+} 的 ABO_3 型含氧酸盐类,如 $CaCrO_3$,$SrCrO_3$,$BaCrO_3$,$PbCrO_3$ 都需要在 6~6.5 GPa 的高压和高温下合成。例如 BaO 和 CrO_2 反应,需要考虑这两种氧化物对水、氧过于敏感的问题。BaO 或 $BaCO_3$

材料需要在 1000~1100 ℃ 的条件下进行真空处理,CrO_2 本身需要 Cr_2O_3 和 CrO_3 通过高压水热合成获得。除了钙钛矿结构,具有尖晶石结构的 Cr^{4+} 强磁性氧酸盐 $K_2Cr_8O_{16}$ 和 $Rb_2Cr_8O_{16}$ 材料可以在 1200 ℃ 和 5.5~7.7 GPa 的高压下通过碱金属的重铬酸盐和 Cr_2O_3 混合制备。

除了通过高压固相反应获得钙钛矿(立方晶系结构)材料,利用高压下的相变,也可以通过相变获得,例如,常温下具有辉石相(pyroxene phase)的 $MgSiO_3$ 可以在 1000 ℃,27 GPa 的压力下转变成钙钛矿。理想的钙钛矿结构属于立方晶系,但在高压条件下,这类结构的晶体却变型为四方、正交晶系,这种变型与晶体的压电、热释电和非线性光学性质有密切关系,已成为一类十分重要的技术晶体,例如 $BaRuO_3$,$Ba_{1-x}Sr_xRuO_3$ 和 $SrRuO_3$ 体系。如图 2-11 所示,具有钙钛矿结构的 ABO_3 复合氧化物中,A 指代像 Ba 和 Sr 一样的阳离子,B 指代像 Ru 一样具有 d 电子层的过渡金属离子。A 为二价阳离子时,B 为四价阳离子;A 为一价阳

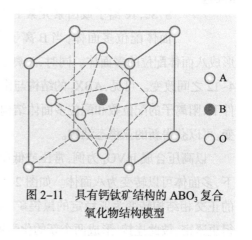

图 2-11　具有钙钛矿结构的 ABO_3 复合氧化物结构模型

离子时,B 为五价阳离子。这种复合氧化物结构中,O^{2-} 和 A 离子按照立方密堆积排列,但由于离子半径不相等,会形成近似密堆积结构。B 离子半径小,配位数为 6,位于阳离子堆积成的八面体空隙中,形成[BO_6]八面体,八面体之间以顶角相连,而 A 离子的配位数为 12,位于八个[BO_6]八面体的空隙中。在高压条件下,若 B 离子沿着[BO_6]八面体的纵轴方向位移,立方晶系结构的钙钛矿畸变成四方晶系。若发生晶胞伸缩,可以畸变成正交晶系,甚至是三方晶系。畸变降低了晶体的对称性,可促使晶体变成具有自发偶极矩的铁电体。这种相变过程中晶体结构并没有发生大的改动,仅仅是通过 A 和 B 离子的位置变化。因此,通过控制相变的温度和压力,可以获得不同结构的 ABO_3 复合氧化物。例如,$Ba_{1-x}Sr_xRuO_3$ 随着 Sr 含量的增加,可以通过相变获得钙钛矿的 $SrRuO_3$,在高压下,可以转变成六方密堆积。

目前,含有稀土的具有化学计量的钙钛矿 ABO_3 型化合物和尖晶石型 AB_2O_4 化合物已经可以通过高压合成法,实现高价态和低价态的稀土氧化物的控制合成,并成为新一代高性能功能材料(如高 T_c 的稀土氧化物超导体等),在光电转化和利用领域具有广泛的用途。

2. ABX₄ 型化合物

ABX_4 型化合物在地球上广泛存在,如天然锆石、白钨矿、铁角石、黑钨矿、独居石、重晶石、金红石和萤石相关结构。近年来,科学家通过理论计算和实验研究,发现 $NaAlSb_4$,

拓扑材料
介绍

热电材料
介绍

$NaGaSb_4$，$CsInSb_4$ 和 $RETaO_4$（$RE = Y$，La，Sm，Eu，Dy，Er）可作为热电材料（thermoelectrics materials），$La_{1-x}Nd_xTaO_4$ 和 $ZrTiSe_4$ 等可作为拓扑材料。在 ABX_4 型化合物中，阳离子 A 和 B 的选择非常宽泛，可以有不同价态。例如，A 离子可以是碱金属 K，Na，Cs 及碱土金属 Ba，Sr 等离子，也可以是稀土金属 Y，La，Sm，Eu，Dy，Er 等高价离子，B 离子可以为 B^{3+}，Ga^{3+}，Si^{4+}，Ge^{4+}，Zr^{4+}，Hf^{4+}，P^{5+}，V^{5+}，Cr^{6+}，S^{6+}，Se^{6+}，W^{6+}，Mo^{6+}，Te^{6+}，Tc^{6+}，Re^{6+} 等离子，X 离子为氧族元素 O，S，Se，Te 离子或卤素元素 F 离子。当 B 离子半径较小时，在它们周围形成四面体配位多面体，当 B 离子半径较大（如 W^{6+}，Mo^{6+}，Te^{6+}，Tc^{6+}，Re^{6+}）时，则可形成八面体配位的多面体。同时，A 离子周围的配位多面体因其阳离子半径的变化可在 4～12 之间改变。可见，ABX_4 的结构与阳离子周围的配位多面体及其堆积有关，在高压条件下，阳离子的配位数和配位多面体结构随着离子间距离缩短发生变化，晶体结构发生相变，可以获得新的亚稳态结构。

以高压合成 $InVO_4$ 为例，常压或低压下，V^{5+} 周围稳定的配位多面体是四面体，在高压下，多面体可以转变为八面体。如图 2-12 所示，$InVO_4$ 在 6 GPa 压力下，晶体结构从稳定的正交相结构转变为亚稳定的黑钨矿相。在高压下，晶体的晶格被压缩，四面体 VO_4 变得更紧密，彼此连接，形成两个新的化学键，获得 VO_6 八面体，与 InO_6 连接。

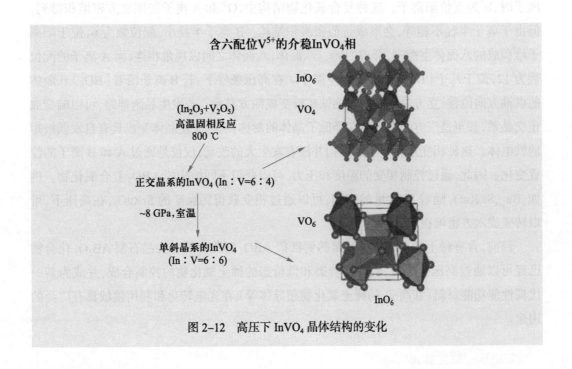

含六配位 V^{5+} 的介稳 $InVO_4$ 相

InO_6

VO_4

$(In_2O_3+V_2O_5)$
高温固相反应
800 ℃

正交晶系的 $InVO_4$（In：V=6：4）

~8 GPa，室温

单斜晶系的 $InVO_4$
（In：V=6：6）

VO_6

InO_6

图 2-12　高压下 $InVO_4$ 晶体结构的变化

3. 亚稳定化合物

准晶材料因其独特的物理和化学性质，在多个领域展现出广泛的应用前景。准晶材料可用于生产高效节能的电池、太阳能电池和 LED 等器件。高压熔态淬火是获取准晶材料的经典方法。1986 年,苏文辉等在 1.0~5.0 GPa 的高压作用下,采用 100 ℃/s 的冷却速率处理稀土元素 Tb 掺杂的 $Al_{70}Co_{15}Ni_{10}Tb_5$ 合金,获得九种十次准晶相。目前,通过高压合成技术已经在 Al–Mn–Yb 和 Al–Co–Tb–Ni 合金系中发现了十次对称结构的准晶相。

2.5 有机聚合物的合成

高分子材料科学的发展依赖于聚合物种类的不断开发。聚合物是由许多相同或不同的单体通过共价键相连形成的高分子化合物。作为有机化学的重要分支,聚合物合成技术广泛应用于材料、医药、能源等领域。

2.5.1 有机聚合物的合成方法

1. 串联聚合

串联聚合是通过将单体分子的双键依次连接起来形成线型长链聚合物的方法,其中最常见的是自由基聚合。自由基聚合是指将单体与引发剂进行反应,引发剂会引发单体分子中的双键发生自由基聚合反应,形成长链聚合物。此外,还有阴离子聚合、阳离子聚合等方法。

2. 交联聚合

交联聚合是指将聚合物链之间的主链或侧链通过化学反应或物理作用进行交联,形成网络状聚合物。其中最常用的方法是通过引发剂引发或热引发交联反应,交联聚合可以提高聚合物的力学性能和热稳定性。

3. 缩聚

缩聚是指将两个或多个单体分子通过特定反应连接在一起,形成聚合物。常见的缩聚反应有酯化反应、酰胺反应、酰亚胺反应等。缩聚反应可以合成分子量较小的聚合物。

4. 偶联聚合

过渡金属催化的有机反应,特别是交叉偶联反应,是有机合成中形成 C—C 键最有效的方法之一。偶联聚合可以通过氧化反应形成自由基,而后双基偶联形成聚合物,例如酚或取代酚的氧化偶联聚合。偶联聚合反应可以是端基聚合物之间的偶联,也可以加入第三种小分子作偶联剂与聚合物端基的功能团发生偶联反应,如用于合成嵌段和星型聚合物及环氧树脂的固化等。山本偶联聚合反应被认为是构建共轭聚合物最高效的方法之一,在合成质子交换膜、太阳能电池、发光二极管等领域的关键材料方面有着广泛的应用。该体系采用卤化镍–锌(NiX$_2$–Zn,X = Cl,Br)催化剂体系,锌与卤化镍反应生成 Ni(O),后者参与芳香二卤化物偶联聚合,得到共轭聚合物,生成的卤化镍再回到循环中,逐步得到更高分子量的聚合物,催化循环如图 2–13 所示。

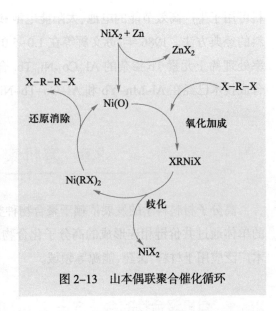

图 2–13 山本偶联聚合催化循环

Nafion 是由杜邦公司开发的全氟磺酸聚合物,通常在高相对湿度和低温下表现出良好的化学稳定性和质子传导性,但这些磺化烃聚合物在长期稳定性下具有化学降解的缺点,因为它们的主链上连接有酸官能团和可能被亲核试剂攻击的醚键。Jang 等在氮气氛围下通过溴化镍、锌粉、三苯基膦及 1,6–二氯–2,5–二苯甲酰苯单体的聚合得到聚合物 PBPP,重均分子量为 114000~122000,再通过氯磺酸进行磺化得到 SPBPP,离子交换容量为 1.47~2.51 meq·g^{-1},吸水率为 54.1%~88.4%,质子电导率为 80.6~108.6 mS·cm^{-1},具有比 Nafion 更高的热稳定性。

Nafion 介绍

2.5.2 典型有机聚合物的合成

1. 聚合物电解质合成

聚合物介绍

离子电池因其质量轻、能量密度高(250 Wh·kg^{-1},650 Wh·L^{-1})、电荷损失低、使用寿命长、充放电循环次数多和无记忆效应等优点,在便携式电子设备、电动汽车等领域得到了大规模应用。根据化学组成的不同,锂离子电池中常见的电解质分为有机小分子液体电解质、无机电解质和聚合物电解质等。目前商业化锂离子电池电解质是溶解 LiPF$_6$ 锂盐的环状和线型有机碳酸酯(如碳酸乙烯酯、碳酸二甲酯和碳酸乙基甲酯)混合溶液,属于小分子液体电解质,该电解质存在电化学稳定性与安全性差的问题。聚合物电解质不但可以很好地解决电池的安全问题,抑制锂枝晶的生长,提高电池能量密度,还具有容易加工、性价比高、质量轻和可用于制备柔性器件等优势,是新一代更高能量密度锂电池的适宜电解质。

1973 年，Wright 等人首先发现半结晶的聚环氧乙烷（PEO）-钾盐复合物具有导离子性质。1983 年，Armand 等人将 PEO 应用到锂电池中，成功制备了全固态锂金属电池。按照聚合物化学组成分类，聚合物电解质可以分为聚醚型、聚偏氟乙烯型、聚丙烯腈型、聚甲基丙烯酸酯型和聚吡咯烷酮型等均聚物电解质，以及它们之间的共聚和共混物电解质。其中，由于对锂盐的高溶解性和电化学稳定性，聚醚可能是聚合物电解质中聚合物基质的最佳选择。其中，PEO 大量的乙氧基和氧原子对锂离子优异的相容性，以及 PEO 成熟的商业化生产水平，使其成为聚醚中最理想的聚合物电解质基质。

基于 PEO 的电解质是研究最早的一类聚合物电解质，早期研究中所用到的 PEO 主要是环氧乙烷的线型均聚物，例如聚乙二醇。线型聚环氧乙烷的合成属于串联聚合，是在有机金属化合物引发下，环氧乙烷经历阴离子配位完成聚合。聚合技术的关键是"金属–氧–金属"结构的催化活性中心的构筑，通过配位键和化学键的转化，促使聚合物链与单体相对位置的转化而实现聚合物的链增长。如图 2-14 所示，M 为金属原子，I 为刚与 1 个单体反应完的状态，R 是氢基、甲基、苯基等。聚合的第一步：I→II，包含 1 个活性中心与单体的配位过程。通过单体的旋转，II 形成 III，同时伴随碳原子与氧原子极性变化的中间态；通过电子的变化，III 产生 IV，成为下一个单体分子又加入 I。用于 PEO 聚合的催化剂主要有烃氧基铝（三异丙氧基铝化合物）、烃基铝（三乙基铝化合物）、有机镁催化剂（烃基镁化合物）、有机钙催化剂（钙的酰胺化合物和酰胺烃氧基化合物）和有机锌（二乙基锌或二丁基锌）等。

PEO 介绍

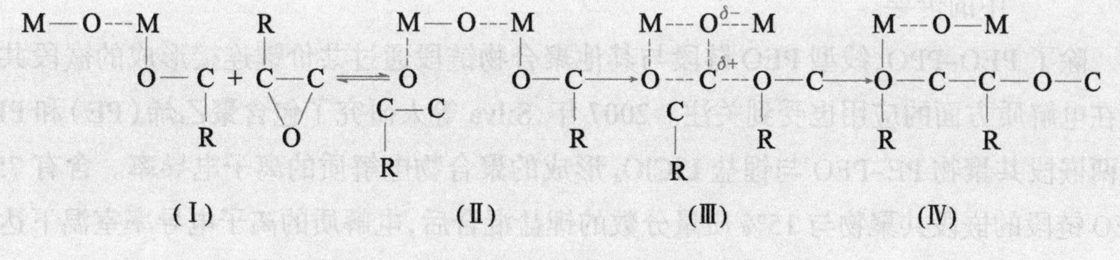

图 2-14 阴离子配位聚合机理的链增长过程

除了将线型 PEO 直接用作聚合物电解质外，在环氧乙烷（EO）开环聚合过程中加入其他环氧单体共聚可以得到无规共聚物，如环氧乙烷（EO）和环氧丙烷（PO）无规共聚物 PEO-PPO，可以用作聚合物电解质。EO 与 PO 的共聚按活性阴离子逐步聚合机理进行，包括链引发、链增长反应、无链终止，副反应主要是活性链向 PO 进行的链转移及 PO 端基转化为双键端基的反应。在这个活性阴离子共聚合过程中，链增长反应包括四个同时进行的增长反应，反应式如下：

$$RO\{CH_2CH(R')O\}_nCH_2CH_2O^- + H_2C\overset{O}{\overline{}}CH_2 \overset{k_1}{\longrightarrow}$$

$$RO \xleftarrow{} CH_2CH(R')O \xrightarrow{}_n CH_2CH_2OCH_2CH_2O^-$$

$$RO \xleftarrow{} CH_2CH(R')O \xrightarrow{}_n CH_2CH_2O^- + H_2C \overset{O}{\underset{}{\diagdown}} CHCH_3 \xrightarrow{k_2}$$

$$RO \xleftarrow{} CH_2CH(R')O \xrightarrow{}_n CH_2CH_2OCH_2CH(CH_3)O^-$$

$$RO \xleftarrow{} CH_2CH(R')O \xrightarrow{}_n CH_2CH(CH_3)O^- + H_2C \overset{O}{\underset{}{\diagdown}} CH_2 \xrightarrow{k_3}$$

$$RO \xleftarrow{} CH_2CH(R')O \xrightarrow{}_n CH_2CH(CH_3)OCH_2CH_2O^-$$

$$RO \xleftarrow{} CH_2CH(R')O \xrightarrow{}_n CH_2CH(CH_3)O^- + H_2C \overset{O}{\underset{}{\diagdown}} CHCH_3 \xrightarrow{k_4}$$

$$RO \xleftarrow{} CH_2CH(R')O \xrightarrow{}_n CH_2CH(CH_3)OCH_2CH(CH)_3O^-$$

k_1, k_2, k_3 和 k_4 为相应链增长反应速率常数。根据竞聚率定义,则有 $r_1 = k_1/k_2, r_2 = k_3/k_4$。$r_1, r_2$ 分别为 EO,PO 的竞聚率,r_1, r_2 数值的大小表示 EO,PO 反应活性的高低,以及 EO,PO 进入聚醚大分子链段能力的强弱。结合共聚合机理与影响聚醚分子结构的因素分析,就可以达到分子结构设计的目的。研究表明,以组成相同的 EO,PO 混合单体为原料,因起始剂种类、体系含水量、温度、加料方式及端基结构等不同,所合成的共聚物具

嵌段共聚
物介绍

有不同的分子结构,能产生不同的性能。Passiniemi 等人研究了 PEO-PPO 无规共聚物与锂盐 LiClO$_4$ 共混制备的电解质的性质,发现当 EO 与 PO 的比例为 1:1 时,电解质具有最高的离子电导率。聚合物中由环氧丙烷引入的甲基可以有效地降低聚合物的结晶,从而形成更多的无定形区,有利于离子在聚合物中的传导。

除了 PEO-PPO,线型 PEO 链段与其他聚合物链段通过共价键连接形成的嵌段共聚物在电解质方面的应用也受到关注。2007 年,Silva 等人研究了包含聚乙烯(PE)和 PEO 的两嵌段共聚物 PE-PEO 与锂盐 LiClO$_4$ 形成的聚合物电解质的离子电导率。含有 75% PEO 链段的嵌段共聚物与 15% 质量分数的锂盐混合后,电解质的离子电导率室温下达到 10^{-5} S·cm^{-1}。在实验中,可以用正丁基锂作引发剂(n-BuLi),三异丁基铝为添加剂,通过单体活化顺序负离子聚合,由丁二烯和环氧乙烷合成聚丁二烯-6-聚环氧乙烷嵌段共聚物,然后采用对甲苯磺酰肼进行常压加氢反应,得到一系列窄分子量分布的 PE-PEO 嵌段共聚物。

聚合物的支化结构可以有效地抑制结晶,通过向线型聚合物中引入侧链来提高聚合物支化度,从而增加电解质离子电导率的方法被广泛应用在 PEO 基的聚合物电解质中。比如,Bannister 等人利用大分子单体寡聚乙二醇甲基丙烯酸酯(POEM)聚合得到了具有大量 PEG 支链的支化聚合物。通过将聚合物与锂盐 LiSO$_3$CF$_3$ 混合制备电解质,发现当温度高于 70 ℃ 时,其离子电导率与线型 PEO 和 LiSO$_3$CF$_3$ 混合制备的电解质的离子电导率相当,但是在 20 ℃ 时其离子电导率却比 PEO 基电解质高出两个数量级,达到了 2×10^{-5} S·cm^{-1},

分析发现电导率的巨大差别是由线型 PEO–LiSO$_3$CF$_3$ 中 PEO 室温下的结晶造成的。

除了 PEO,聚偏氟乙烯(PVDF)是另外一类聚合物电解质基质,包括其衍生共聚物,如 PVDF–HFP(HFP,六氟丙烯),PVDF–TrFE(HFP,三氟乙烯)和 PVDF–CTFE(CTFP,三氟氯乙烯)等。PVDF 的高介电常数($\varepsilon = 8.4$)及聚合物链中大量的吸电子基团(—C,—F)可以促进锂盐的电离,有利于提高电解质中电荷载体的浓度。生成共聚物后可以进一步提高聚合物中氟的含量,同时降低聚合物的结晶性,有利于提高聚合物电解质的离子电导率。另外,还有基于聚丙烯腈(PAN)类和聚甲基丙烯酸酯(PMMA)类的电解质也是常见的锂离子电解质。

2. 聚合物电极合成

商用锂离子电池的电极材料大多仍由无机材料组成,它们可以可逆地脱除/重新嵌入 Li$^+$。无机材料固有的块状颗粒中相对缓慢的锂离子扩散特性限制了电极材料比容量,并容易导致安全问题。无机插层电极材料可以在中等速率(1C 或 5C)下显示出高容量,但在极端的充放电条件下失效。由 C,S,O 和 N 等元素组成的有机氧化还原材料可以作为无机电极材料合适的替代物,其在电池反应中可发生多电子氧化还原反应,比容量高。而且有机材料具有开放结构,不受阳离子大小的限制,离子扩散速率快。迄今为止,已报道了许多有机分子作为锂离子电池的电极材料,包括导电聚合物、有机羰基化合物、有机自由基化合物和有机硫化物。其中羰基材料因具有较快的电化学反应,以及较高的能量密度成为研究热点,如醌衍生物。

Man Z 等人通过绿色环保的原位溶剂热缩合反应合成聚亚胺–蒽醌,由氧化还原活性分子作为连接基团组成,将电活性微分子引入聚合物骨架中,所以锂插入具有丰富的电化学活性储存位点。由于材料的高度导电和不溶于有机电解质的特性,表现出了出色的可逆比容量(200 mA·g^{-1} 下为 1231 mA·h·g^{-1}),以及长期循环稳定性(1 mA·g^{-1} 下为 486 mA·h·g^{-1},1000 个循环)。随着人们对绿色能源和柔性可穿戴电池的迫切需求,基于有机聚合物的柔性电极材料备受关注。例如,为了解决酰亚胺的刚性本质,可将聚酰亚胺作为柔软材料,增加其官能团,同时使用静电纺丝法制备缠绕着碳纳米管的聚酰亚胺膜。不含黏合剂和集电器的聚合物电极具有高达 80% 的活性相,可释放出接近理论的容量,并具有高达 200 个非常稳定的循环。

研究者们通过原位聚合或真空过滤法将聚醌或聚酰亚胺聚合物与碳纳米管或石墨烯混合,制备了有机电极。这类聚合物由高共轭双键连接的高共轭芳环组成,由于其固有的刚性特征,仍然表现出非柔性的缺点。为解决柔性问题,许多学者开发了非共轭的自由基聚合物,但这种非共轭结构往往需要添加多达 80% 的碳材料作为导电剂组成电极,碳材料添加量难以降低到 60% 以下,所以会影响电极的性能,这个问题目前仍然是柔性有机电极材料开发的挑战。

🔧 思考题

2-1　什么是"软化学"合成方法?

2-2　什么是耦合反应,它具有什么特点?

2-3　Ellingham 图的作用有哪些? 为什么 Ellingham 图中 CO 的直线向下倾斜?

2-4　扩散常常是固相反应的决速步骤,请说明 MgO 和 Al_2O_3 固相反应制备尖晶 MgAl$_2$O$_4$ 的原理。

2-5　什么是自蔓延高温合成? 该方法有什么特点? 其关键技术是什么?

2-6　什么是水热与溶剂热合成? 该方法有什么特点?

2-7　影响水热与溶剂热合成的因素有哪些?

2-8　请根据本章内容,结合文献资料,论述一下在水热与溶剂热合成分子筛等微孔材料中,往往加入矿化剂、有机模板剂、孔道填充剂、缓冲剂、金属离子或有机阳离子,各自作用是什么?

2-9　从物理化学原理说明高压合成的机理。

2-10　为什么高压合成时常常要辅以高温?

思考题参考答案

📖 参考文献

第三章
电池电极材料

3.1 电池电极材料概述

电池是一种电化学设备,可以将储存的化学能转化为电能,并通过反向过程释放出来。作为能量储存的重要组成部分,电池在研究和商业化方面取得了巨大的成功,并广泛应用于家庭和工业领域。电池的发展推动了能源、电子产品、便携式设备、医疗和军事等领域的进步和创新。

然而,传统电池存在一些问题,例如质量大、价格昂贵、环境影响大等。因此,改进后的电池需要具备较长的循环寿命、较高的能量密度、卓越的性能和功率密度等优点,同时还必须是可装卸和轻便的。

电池的基本组件包括正极、负极、电解液和隔膜。正极和负极是储存电荷的薄片或涂层,它们之间由电解液分隔开来。电解液是一种含有离子的液体,通过其中的离子运动来实现电荷的输送。隔膜则起到隔离正负极的作用,可以避免短路和电池内部反应的混合。

根据使用方式的不同,电池可以分为原电池和充电电池。原电池为一次性使用电池,当电池中的化学物质耗尽后,就无法再继续工作。而充电电池可以通过外部电源重新充电,以便反复使用。

电池的能量存储遵循离子插入和提取机制。在放电过程中,正极发生氧化反应并释放出电子,这些电子通过外部电路流动,同时离子也通过电解液移动到负极。在充电过程中,外部电源提供电压,使电子从负极回到正极,同时离子被转移到正极,恢复电池的初始状态。

总之,电池作为一项重要的能量储存技术,不断推动着科技的进步和各行各业的发展。通过不断改进和创新,未来有望实现更加高效、环保、可靠的电池技术,满足不同领域对电源的需求。

3.1.1 锂离子电池电极材料发展历史

锂离子电池具有高能量密度、大功率密度、长寿命和环保等特点,这使得它从小型便携式设备到电子动力汽车等领域有着广泛的应用前景。与传统的氧化还原反应发电不同,锂离子电池的工作原理是通过锂离子在阳极和阴极之间来回移动,并迫使电子随之移动,从而完成充放电过程。一般来说,锂离子电池由阴极、阳极、电解液和隔膜组成,同时还包括覆盖塑料、电子控制单元和保护性金属外壳等部件。因此,锂离子电池以其独特的性能和结构特点,以及对环境友好的优势,成为当前电池领域中备受关注的一种重要技术。

在商用电池中,通常使用碳作为阳极材料。尽管也可以使用其他负极材料,但是非常少见。实际上,活性材料是通过聚合物黏合剂黏合在铜导体板上的。尽管目前对阳极结构进行了大量研究,但这些研究通常侧重于改变结构特性,而不是改变材料本身。

商用锂离子电池使用各种类型的阴极材料,包括含锂氧化物的材料,如锂钴氧化物($LiCoO_2$)、锂锰氧化物($LiMn_2O_4$)、锂镍氧化物($LiNiO_2$)、锂钒氧化物(LiV_2O_3)、$Li(NiCoMn)O_2$、$LiNiPO_4/C$ 和 $LiFePO_4$。近年来,最受欢迎的阴极材料是 $LiFePO_4$,但目前最常用的阴极材料仍然是 $LiCoO_2$,因为它在高比能量密度和耐用性方面表现出色。活性电极材料由颗粒组成,并通过黏合剂连接到集电板上。黏合剂材料通常选择聚偏氟乙烯,因为其具有耐热性和稳定性。

1. 锂离子电池正极材料

锂离子电池正极材料的开发是一个具有挑战性的领域,因为现有的材料如层状过渡金属氧化物、橄榄石型或尖晶石型材料等都有其优缺点。以层状氧化物 $LiCoO_2$ 为例,其不稳定性限制了其潜在应用,并且钴基材料具有毒性和高生产成本,这些都是不可取的。另一方面,富锂层状氧化物 $Li_{1+x}M_{1-x}O_2$(其中 M 是过渡金属镍、锰和钴的混合物)具有很大的应用前景。这些材料可以在大于 4.5 V 的高放电电压下工作,并提供高比容量。然而,其在循环过程中存在较大的电压衰减,并且在第一个循环中存在较高的不可逆容量损失,这限制了它们的使用。此外,橄榄石型材料 $LiFePO_4$ 具有较高的热稳定性和结构稳定性,在高温条件下具有超越层状氧化物稳定性的竞争力。然而,其较低的电子和离子导电性阻碍了在高能量锂离子电池中的应用。为了克服当前的挑战,需要进一步探索和开发新型材料,以提高材料的稳定性、容量和循环寿命,并提升电子和离子导电性。同时,降低材料的成本和毒性也是一个重要的目标。这些措施可以推动锂离子电池技术的发展,并实现更高性能和更可持续的能源储存解决方案。

在循环过程中,研究阴极内部电化学性能的变化对于理解材料在工作条件下发生故障的原因至关重要。为了改善这些材料,研究者需要同时解决与电化学性能相关的问题、安全问题和成本问题。为此,可以采取以下策略。首先,设计具有可控形态的纳米结构材料可以提高材料的性能。其次,在纳米结构材料中引入人工缺陷也是一种有效的方法。此外,通过掺杂或在表面涂层使用纳米结构复合物可进一步改善材料的性能。最后,进行表面改性以减少电解质-阴极界面上的不良副反应也是关键的策略之一。除了上述策略外,人们还致力于寻找能够在性能和环境要求之间取得平衡的新型阴极材料,并对不同阴极材料的性能进行分析。通过对这些材料的研究,研究者可以更好地了解它们在电极循环过程中的行为,并在未来的研究中寻找到更优化的解决方案。

2. 锂离子电池负极材料

电池技术已成为制约可再生能源利用和电动汽车广泛应用的一个瓶颈,就像数据存储或处理能力一样。经过多年的发展,锂离子电池(LIB)化学体系凭借其寿命、能量和功率密度的独特组合,在高性能应用的电池市场上占据主导地位。此外,随着大规模生产的市场成功,锂基负极的严重问题已得到解决,索尼公司于1991年首次商业化了其碳基锂插层材料,锂离子电池开始投入大规模生产。从软碳(更准确地说是焦炭)开始,通过对硬碳和石墨烯碳负极材料的不断改进,该材料类型的研究取得了显著进展。这一突破对于这项技术的广泛商业化至关重要,因为基于锂金属的电池容易发生灾难性故障,不适合作为消费品。自锂离子电池首次商业化以来已经过去了30余年,至今石墨仍然几乎是锂离子电池中唯一使用的负极材料。石墨已被证明是一种成本效益高、安全可靠的材料。然而,石墨面临着被其他竞争材料取代的重大挑战。

20世纪70年代,锂离子电池的研究取得了重要突破,当时Whittingham展示了在带有锂金属阳极的二次电池中使用二硫化钛(TiS_2)阴极。此后,Whittingham与Gamble,Besenhard等进行了深入研究,探讨了插层化学在能量存储应用中的可能性。在1977至1979年期间,埃克森公司推出了用于手表和其他小型电子设备的纽扣电池,其正负极材料分别为LiAl和TiS_2。此外,Haering等人利用MoS_2作为阴极,锂金属作为阳极,进一步推动了可充电锂电池的商业化,特别是锂金属电池(LMB),这种电池后来被Moli Energy电池所采用。然而,由于锂枝晶生长引起的安全问题,这些电池很快被召回。1990年,Dahn等人开发了一种使用$LiNiO_2$正极和碳负极的电池。然而,由于$Li_{1-x}NiO$相的热稳定性较差,存在较高的安全风险,阻碍了其最终的商业化。因此锂离子电池的发展历程经历了多次重要的进步和挑战。

Goodenough等人提出将Li_xCoO_2用作正极材料后,索尼公司宣布推出了第一款商用锂离子电池,其中采用钴酸锂(LCO)正极和非石墨化碳负极。碳取代锂金属作为负极的想法源自Basu,Besenhard,Yazami,Armand等人在石墨中的插层研究,随后由贝尔实验室的Lazzari等人及Base所继续。这些研究成果推动了更安全的锂电池化学的发展,因为相对于在锂金属电极上形成高表面积锂(HSAL)的可能性来说,通过在石墨中形成LiC_6的过程更为稳定。石墨中的锂插层电压略高,对于大众市场而言更加适用,这使得这一技术更容易被接受。这一突破对于石墨基负极LIB技术的大规模商业化起到了至关重要的推动作用。从那时起,该技术就能与目前可用于便携式应用的可充电电池技术(镍镉和镍氢)相媲美。有趣的是,尽管锂电池首次商业化已有30多年,而阳极研发工作进行的时间更长,但迄今为止,碳(尤其是石墨)仍然是锂离子电池的主要阳极材料。这表明石墨在锂离子电池领域具有重要地位,以及其在商业化过程中的不可或缺性。

通常情况下,大多数碳材料具有良好的锂插层可逆性,但其质量和数量在很大程度上取决于各种特性,例如结晶度、结构、表面积、表面和主体成分及形态等。为了优化碳质材料的电化学性能,人们进行了许多尝试,包括利用复杂的纳米结构、热解不同的前驱体、表面改性或与高容量材料相结合等方法。近年来,碳纳米管(CNT)和纳米结构碳因其高比表面积、高电子传导性和更好的离子扩散性备受研究关注。然而,它们也存在一些缺点,例如制造成本高、有毒的残留金属杂质和高表面积导致的不可逆电解质分解,形成大量固体电解质界面(SEI)层。由于这些缺点,商业化的可行性仍然有限。自2004年石墨烯被发现以来,由于其独特的物理和化学性质,成为电池研究中被广泛研究的碳基材料。总的来说,石墨烯已被证明是一种低成本效益、高能效、安全可靠的材料,石墨烯阳极的简要发展历史如图3-1所示。

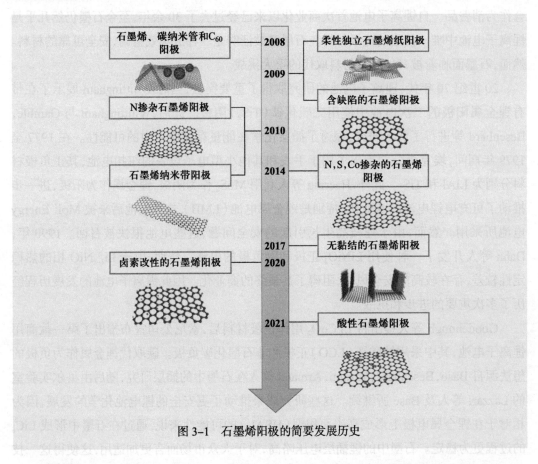

图3-1 石墨烯阳极的简要发展历史

尽管如此,电池行业普遍认为,石墨的比容量适中,其理论最大比容量为 $372 \ mA \cdot h \cdot g^{-1}$。未石墨化的石墨质量及 LiC_6 成分使得石墨的比容量已经接近了物理极限。此外,低的容量密度(仅为 $787 \ mA \cdot h \cdot cm^{-3}$)及需要烦琐的优化策略(例如减小电极孔隙率和非交联材料的比例)也是其中的限制因素。由于石墨已接近其化学和物理极限,因此开展研究,以寻找更高容量的"超越"碳插层材料,金属和金属间化合物已被广泛考虑。在这方面,出现了一系列的工作,旨在开发更高容量的材料来替代石墨。

3.1.2 镍氢电池电极材料发展历史

镍氢电池在商业产品市场上已经发展成熟,其应用领域涵盖便携式设备、汽车和医疗设备等多个领域。这种类型的电池在输出容量、使用寿命、可靠性、成本和对环境的影响方面都具有重要意义。尤其是在近年来,镍氢电池作为混合动力电动汽车的主要动力源得到越来越广泛的应用。当然,也需要指出使用这些电池存在的缺点,例如循环寿命的缩短、高压导致失效和高自放电等问题。不过,目前许多生产商致力于开发大容量的固定电池,用于存储太阳能和风能产生的电能。由于镍氢电池对环境的影响相对较小,因此可以随时替代镍镉电池。这说明镍氢电池在未来的发展潜力巨大,将继续在商业和环保领域发挥重要作用。

镍氢电池可以分为七种类型,每种类型具有不同的外壳结构。这七种类型分别是带金属外壳的棱柱电池、带塑料外壳的棱柱电池、袋装电池、淹没式电池、纽扣电池、棒状电池和带金属外壳的圆柱形电池。除了纽扣电池和袋装电池外,其他类型的镍氢电池都配备了一个安全阀,用于避免气体形成造成危险。这个安全阀的设计是为了在充电过程中防止氢气产生过量压力。在镍氢电池的充电过程中,金属将与氢原子发生还原反应,而二价镍则会被氧化成三价状态。在高效的镍氢电池技术中,正极由锌、钴、镍和一些黏合剂沉积的球状氢氧化物制成的活性材料组成,并粘贴在泡沫镍上。特别是近年来,采用无黏合剂的泡沫镍上涂覆干燥粉末,并立即进行压缩的方法已被用于提高电池的能量密度和功率密度。旧款的镍氢电池正极采用基于不锈钢板的纤维状镍,这种结构在高温下仍然可使用。而立体颗粒钴涂层及添加剂(例如正极混合物中的金属钴或氧化钴及稀土元素氧化物)也变得越来越受欢迎。

负极使用的金属氢化物合金是一种基于稀土元素的 AB_5 合金。目前,研究人员已经开始研究基于稀土元素的 A_2B_7 金属氢化物合金,该合金可用于高能量和低自放电的消费型应用。在最新的镍/金属氢化物电池负极材料制备方法中,研究人员通过将金属氢化物粉末直接干压在镍网、铜网、膨胀镍、泡沫镍或膨胀铜基板上来制备负极,而无须使用黏合剂。

研究人员选择了氢氧化钾溶液(30%)作为镍氢电池的电解液。选择氢氧化钾溶液的原因是它既具有良好的导电性,又具有较低的冰点温度。此外,研究人员还尝试了不同浓度的碱金属氢氧化物,并进行了比较。他们发现,添加少量氢氧化锂可以提高金属氢化物合金在低温下的性能,因为氢氧化锂具有更高的化学反应活性。然而,在高温应用中,为了减少腐蚀问题,研究人员使用反应性较低的物质替代了氢氧化钾。在镍氢电池的标准批量生产中,电解液中不添加特殊添加剂。而现在,接枝聚丙烯/聚乙烯无纺布作为标准隔膜材料被广泛使用。这种普通隔膜具有低自放电的优点,因为它可以捕获氧化还原过程中产生的含氮物质。

1. 镍氢电池正极材料

自 1901 年 Waldemar Jungner 和 Edison 获得第一个镍(Ni)基电池专利以来,Ni 作为正极材料被广泛应用于可充电电池已有 120 多年的历史。作为第一个商业化的镍基电池,镍铁电池早在 1910 年就应用于动力电动汽车上。然而,它们逐渐被能量密度和功率密度更高的镍镉(Ni–Cd)电池所取代。随着电极和电池设计技术发展,20 世纪 70 年代,具有烧结多孔阴极的可移植密封镍镉电池得到了全面开发,以较低的成本提供了优异的能量密度和速率性能。

尽管镍镉电池因其坚固耐用的特性,一直是航空业首选的电池系统,但由于 Cd 的毒性,故已退出计算机、通信和消费电子市场。作为 Cd 阳极的环保替代品,1967 年,一种吸氢或金属氢化物(MH)铝合金由 Battelle–Geneva 研究中心引入镍基电池系统。镍氢电池的能量密度比标准镍镉电池高出 40%,在 20 世纪 90 年代中期首次在丰田普锐斯汽车上大规模使用。在此之前,以氢氧化镍[$Ni(OH)_2$]为阴极的镍基电池是便携式电子产品中占主导地位的可充电电池,也是最有前途的汽车电源,其反应机理、结构和面临的挑战如图 3-2 所示。这些创新的发展使得镍基电池系统在不同领域中发挥了越来越重要的作用,并为电动汽车和便携式电子产品的发展提供了可靠的能源来源。

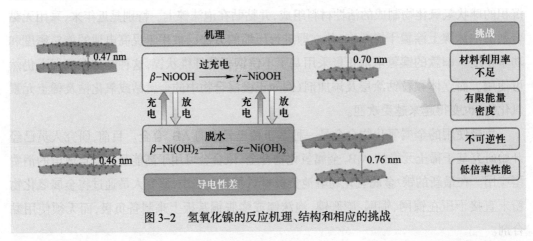

图 3-2　氢氧化镍的反应机理、结构和相应的挑战

1991 年,索尼将 4V 锂电池商业化,并最初用于摄像机。在锂电池的早期阶段,镍主要是在隔膜中使用,例如电极标签和不锈钢外壳,而 $LiCoO_2$ 是当时锂电池中主要的阴极材料选择。然而,随着对电池性能要求的不断提高,有研究提出了 $LiNiO_2$(LNO)作为 $LiCoO_2$ 的镍基同质化合物的替代材料,并且早在 20 世纪 90 年代初就已经出现。由于镍

拥有有利的电子结构,LNO 能够提供比 $LiCoO_2$ 更高的实际容量,并且镍是地球上的常见元素,相比较钴而言,镍也更加便宜。然而,LNO 的缺点在于其容易发生锂失配或锂镍无序现象,这严重降低了材料的热稳定性和循环性能,导致镍基正极材料的研究在一段时间内停滞不前。正是由于这些问题,镍在电池技术中的作用暂时变得不那么重要,高能量密度的锂电池迅速取代了镍氢电池的地位。随着锂电池技术的不断完善,未来人们也许会重新审视镍在锂电池中的作用,以期能够在电池技术的发展中再度发挥重要作用。

随着 21 世纪初全球电动汽车的数量急剧增加,锂电池中镍基阴极材料的新机遇已经到来。人们对低成本、高能量的电池的需求日益增加,而镍基正极材料可以满足这种需求。从最初的三元层状氧化物正极材料 $LiNi_{1/3}Mn_{1/3}Co_{1/3}O_2$(NCM111)开始,镍逐步重新成为高能量电池的重要组成部分。镍在以低原材料成本提供高能量密度和大容量方面发挥着关键作用,而钴可以抑制锂镍无序,锰则可以稳定晶体结构。从 NCM111 到 NCM523,NCM622 和 NCM811,以及正在开发中的 NCM900505,阴极中使用的镍越来越多。随着富镍阴极的组成越来越接近 LNO,科学家们再次面临着 20 世纪 90 年代曾经遇到的挑战,即热不稳定性和循环性能差。为解决富镍阴极中的问题,科学家们致力于进行从原子尺度(通过阳离子掺杂)到纳米尺度(通过表面稳定)和微米尺度(通过二次粒子形态控制)的材料工程研究。可以预见,在未来的十年里,镍在电动汽车电池中的应用将继续增长,并且随着科学家们对镍基正极材料的研究不断深入,电池技术也将取得更大的突破。

2. 镍氢电池负极材料

镍氢电池是目前最成熟的可充电电池技术之一。与锂离子电池相比,镍氢电池是一种更安全的选择,因为它的水性电解质固有的不可燃性。此外,离子在水溶液中比在有机电解质中更具流动性,因此镍氢电池具有比 LIB 更好的低温(例如-20 ℃)性能。因此,镍氢电池凭借其可靠性成为汽车紧急救援呼叫系统(eCall)应用的主要候选者,预计到 2026 年,eCall 市场将达到 3206 亿美元。

在选择用于镍氢电池的 MH 合金时,重要的是评估氢化物形成热(ΔH),这是衡量金属-氢键强度的一种方法。有三种不同类型的氢键机制:离子键、共价键和金属键。其中,镍氢电池中使用的 MH 合金只有金属键的强度适合,而离子键和共价键的强度太大,无法提供适当的可逆容量。此外,根据室温 Ni/MH 操作所需的 ΔH 范围($-40\sim-30\ kJ\cdot mol^{-1}\ H_2$),只有昂贵的金属,如 Pd 和 V,在所有纯金属键系统中具有合适的 ΔH,如图 3-3 所示。因此,MH 合金的开发基于多元素金属间化合物,其组成是通过平衡氢化物形成物的数量来确定的($\Delta H<0$),以及修饰物($\Delta H>0$)来满足性能要求。

目前,稀土基 AB_5、过渡金属基 AB_2 和稀土基超晶格合金是研究最为广泛的镍氢电池负极材料。其中,稀土基 AB_5 MH 合金是应用最为广泛的一种,其主要由稀土元素(如

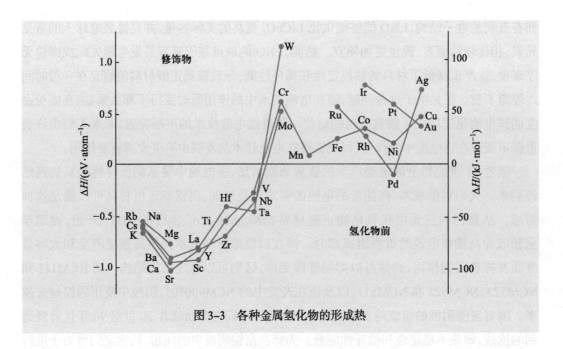

图 3-3　各种金属氢化物的形成热

镧、铈、镨、钕）构成 A 位元素，过渡金属（如镍、锰、铝、钴）构成 B 位元素。在过去的几十年里，针对 AB_5 MH 合金的成分、结构、制备工艺及电极制造等方面进行了许多改进。这些改进包括提高其循环寿命、充放电速率、稳定性和能量密度等方面的性能。对于过渡金属基 AB_2 和稀土基晶格合金，也进行了一系列的研究和改进，以期望提高其电池性能，满足不断增长的需求。这些材料的深入研究和改进有望为未来发展更先进的镍氢电池技术提供有力支持。

AB_2 MH 合金是一种典型的镍氢电池负极材料，完全由过渡金属组成。在这种合金中，A 位元素通常是钛和锆，而常用的 B 位元素包括钒、铬、锰、钴、镍和铝。相比之下，AB_5 MH 合金通常具有约 320 mA·h·g^{-1} 的比容量，而由于 AB_2 MH 合金中氢化物形成物浓度较高，它的重力能量密度约高出 15%（甚至可高达 45%）。此外，用于镍氢电池的 AB_2 MH 合金由属于拉弗斯相的材料家族的主相和其他次要相组成。拉弗斯相的化学计量学为 AB_2，具有六边形 C14 相、立方 C15 相和六方 C36 相三种类型。AB_2 MH 合金的多相特性使其在合金设计上具有更大的灵活性，包括过渡金属和非过渡金属的应用、化学计量的变化等，因此近年来 Ovonic 电池公司和巴斯夫公司对其进行了广泛的研究。这些研究有望为未来更先进的镍氢电池技术的发展提供有力支持。

3.1.3　燃料电池电极材料发展历史

燃料电池是一个复杂的系统，用于各种复杂的应用中，这些应用也可以被视为组件。根据具体应用（如固定式、移动式或便携式）的不同，燃料电池具有多种功能。总的来说，燃料电池是一种将燃料和助燃气一起转化为电能和热能的设备。燃料可以使用纯氢、几乎所有已知的碳氢化合物及纯碳。而助燃气或氧化剂通常是含氧气的空气。除了产生电能和热能,燃料电池还会产生燃烧产物。根据燃料电池的类型,燃烧产物通常是水或水蒸气。碱性燃料电池的基本结构及工作原理如图3-4所示。

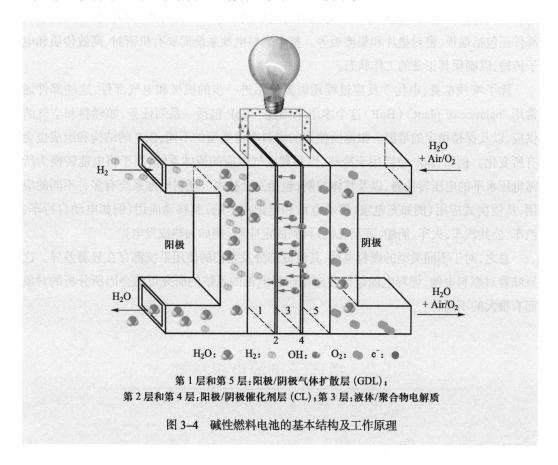

第1层和第5层:阳极/阴极气体扩散层(GDL);
第2层和第4层:阳极/阴极催化剂层(CL);第3层:液体/聚合物电解质

图3-4 碱性燃料电池的基本结构及工作原理

正如之前提到的,燃料电池存在不同的类型。它们之间的主要区别在于所使用的材料、内部离子传导的电解质、使用的燃烧气体或面。不同类型的燃料电池适用于不同的应用场景和需求。

在电解质方面,燃料电池使用不同的材料来传导离子。例如,质子交换膜燃料电池(PEMFC)利用可导电的聚合物膜来传导氢离子;固体氧化物燃料电池(SOFC)则采用固体电解质材料传导氧离子。除了电解质,燃料电池也采用不同的燃烧气体或液体燃料。例如,直接甲醇燃料电池(DMFC)使用甲醇作为燃料,而固体氧化物燃料电池可以使用多种燃气,如氢气、天然气和生物气体。通过选择不同的燃料,燃料电池可以适应不同的供应和应用需求。

燃料电池还包含多个组件。以质子交换膜燃料电池为例,单个电池由一个质子传导的聚合物薄膜,也就是质子传导膜组成。该膜作为阳极和阴极催化剂之间的电解质,而催化剂则含有贵金属,用来启动反应。此外,与催化剂连接的还有导电气体扩散层。电子通过气体扩散层流向双极板或端板。因此,PEMFC 由双极板、气体扩散层、阳极催化剂、膜、阴极催化剂、气体扩散层和双极板共同组成。此外,密封件也是必不可少的。在燃料电池系统中,通常还需要一个燃料电池堆,该堆由单个单元组成,这些单元通过电连接模块化组合成具有所需输出容量的单元。总输出容量取决于单个单元的数量和面积。其他组成部件还包括端板、密封垫片和集流板等。整个燃料电池系统需要有机密封、高效传质和电子传输,以确保其正常的工作状态。

除了堆栈本身,电化学反应过程还需要使用进一步的机械和电气部件,这些部件通常用 "balance of plant"(BoP)这个术语来描述。BoP 包括一系列任务,如燃料和空气的供应,以及保持稳定的堆温。根据所使用的燃料电池类型的不同,BoP 的结构和组成也会有所变化。例如,BoP 包括用于冷却、燃料和空气供应的流体系统,用于将电能转换为所需电压水平的电压转换器,以及整体控制,包括安全技术。燃料电池系统有多种不同的应用,从便携式应用(例如充电宝、移动电话和笔记本电脑)到移动应用(例如电动自行车、汽车、公共汽车、火车、船舶,甚至飞机)再到固定应用(例如加热或发电)。

总之,对于不同类型的燃料电池,其组成部分及它们的使用系统都存在显著差异。这意味着对燃料电池、燃料电池组件及应用燃料电池的系统的研究可能会因所分析的对象而有很大的不同。

3.2   锂离子电池电极材料

3.2.1   锂离子电池正极材料

在锂离子电池充放电过程中,正极材料会发生电化学氧化/还原反应,锂离子反复地在材料中嵌入和脱出。为了保证良好的电化学性能,对正极材料要求如下:

（1）金属 M^{n+} 具有高的氧化还原电位,使电池具有高工作电压;

（2）比容量较高,使电池具有高能量密度;

（3）氧化还原电位在充放电过程中的变化应尽可能小,使电池具有更长的充放电平台;

（4）在充放电过程中结构没有或很少发生变化,使电池具有良好的循环性能;

（5）具有较高的电子电导率和离子电导率,从而降低电极极化,使电池具有良好的倍率放电性能;

（6）化学稳定性好,不与电解质等发生副反应;

（7）具有价格低廉和环境友好等特点。

科学家们研究过的锂离子电池正极材料种类繁多,满足上述要求且实现商业化的正极材料分类主要有 $LiCoO_2$,NCM,$LiMn_2O_4$ 和 $LiFePO_4$,如表 3-1 所示。

表 3-1　四种典型的正极材料的主要性能参数

正极材料种类		$LiCoO_2$	NCM	$LiMn_2O_4$	$LiFePO_4$
结构		层状结构	层状结构	尖晶石结构	橄榄石结构
理化性能	真密度/$(g \cdot cm^{-3})$	5.05	4.70	4.20	3.6
	振实密度/$(g \cdot cm^{-3})$	2.8~3.0	2.6~2.8	2.2~2.4	0.6~1.4
	压实密度/$(g \cdot cm^{-3})$	3.6~4.2	>3.40	>3.0	2.20~2.50
	比表面积/$(m^2 \cdot g^{-1})$	0.10~0.6	0.2~0.6	0.4~0.8	8~20
	粒度 d_{50}/μm	4.0~20.0	—	—	0.6~8
电化学性能	理论比容量/$(mA \cdot h \cdot g^{-1})$	274	273~285	148	170
	实际比容量/$(mA \cdot h \cdot g^{-1})$	135~150	150~215	100~120	130~160
	工作电压/V	3.7	3.6	4.0	3.4
	循环性能/次	500~1000	800~2000	500~2000	2000~6000
	安全性能	差	较好	较好	优良

1. 钴酸锂

在层状材料家族中,$LiCoO_2$ 因其悠久的研究历史和成功的商业用途而闻名。它由 Goodenough 小组于 1980 年首次提出,并于 1991 年由索尼公司首次商业应用。

$LiCoO_2$ 具有 $R\bar{3}m$ 空间群,属六方晶系,Co 和 Li 分别位于八面体位置并占据交替层。在一个晶胞中,锂离子与三层过渡金属钴以八面体配位,锂离子和钴离子交替排列在氧阴离子组成的骨架中,呈层状排列,同时具有二维锂离子传输特性。钴酸锂($LiCoO_2$)具有相对较高的理论比容量(约 280 $mA \cdot h \cdot g^{-1}$)和高体积容量(1300 $mA \cdot h \cdot cm^{-3}$)。

然而,当 $LiCoO_2$ 在高于 4.2 V(相对于 Li/Li^+)的电压下进行循环,会表现出明显的结构不稳定和严重的容量衰减。因此,商业 $LiCoO_2$ 的最大容量为 140 $mA \cdot h \cdot g^{-1}$ 左右,大约是理论容量的一半。各种先进的表征技术已经证实这种不可逆容量衰减与相变密切相关。在可逆相变中,锂离子扩散率降低,并且由于机械应变和微裂纹,晶体结构受到严重应力,这是不可逆的。进行深度充电时,Li^+ 电导率下降和机械应力相变会导致容量衰减。因此,商用 $LiCoO_2$ 的充电电压被限制在 4.2 V。

除此之外,$LiCoO_2$ 在高倍率或深度循环下表现出低热稳定性和快速容量衰减,在 4.2 V 以上锂提取水平超过 50%。除了容量和安全性之外,另一个瓶颈是钴的高成本抑制了 $LiCoO_2$ 在电动汽车中的应用。为了获得 $LiCoO_2$ 的结构稳定性和高实际容量,人们通过各种技术进行改进,这些技术可以归结为表面改性和不同元素的掺杂。这些技术使 $LiCoO_2$ 的容量达到 190 mA·h·g^{-1},并将基于 $LiCoO_2$ 的商用锂离子电池的电压从目前的 4.2 V 提高到 4.6 V。

2. 磷酸铁锂

橄榄石型 $LiFePO_4$ 因其低成本、无毒、优异的热稳定性和电化学性能,以及环境友好性而备受关注。它是由 Goodenough 和同事于 1997 年首次发现的。$LiFePO_4$ 的晶体结构如图 3-5 所示。它含有稍微扭曲的 HCP(六方最密堆积)阴离子氧阵列,其中一半的八面体位点被 Fe 占据,八分之一位点被 Li 占据。LiO_6 八面体是共享边的,而 FeO_6 八面体是共享角的。2008 年,Yamada 等人通过高温粉末中子衍射和最大熵方法进一步证实了 Li 离子沿(010)的扩

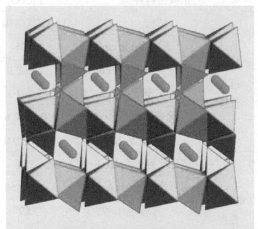

图 3-5 $LiFePO_4$ 的晶体结构

散路径是一条弯曲的一维链。尽管该材料表现出优异的循环性能,但 $LiFePO_4$ 的主要缺点在于受电压限制的低能量密度、一维离子限制的倍率性能差和本征电子电导率差。人们提出了不同的实验方法来解决这些问题:Fe^{3+}/Fe^{2+} 氧化还原电对的低电压可以通过应用其他过渡金属(例如 Co,Mn 和 Ni)氧化还原来克服;为了成功提高导电性,人们提出了两种不同的方法,包括:① 表面改性,即用导电膜涂覆颗粒;② 尺寸修改。

具有良好电子导体的表面修饰可以提高材料的电子电导率,从而提高倍率性能。导电碳是最有效的流行涂层材料之一。Armand 等人证明,通过在 $LiFePO_4$ 上涂覆导电碳层,聚合物电解质电池在 80 ℃时可以实现 90% 以上的理论容量。后来,Nazar 等人发现,通过制作 $LiFePO_4$/C 复合电极,在室温下 0.5C 倍率可以达到 90% 的理论容量,具有良好的倍率性能和稳定性。此外,用其他材料进行表面修饰也可以增强材料的锂离子电导率。Kang 等人提出由于材料的各向异性特性,与纳米级颗粒尺寸的本体相比,活性材料和电解质之间表面的锂离子电导率是速率限制步骤。用具有高离子电导率的磷酸锂玻璃相对表面进行改性,改性后获得了优异的倍率性能,如图 3-6(a)所示。在 50C 下容量高达 130 mA·h·g^{-1},并且即使在 60C 下 50 次循环后也没有降低。

另一种方法是减小颗粒尺寸,以缩短 Li 离子在固态中的扩散长度,并减少反位点缺陷,以提高 Li 离子电导率。由于 $LiFePO_4$ 中的一维 Li 扩散路径,单个固定缺陷将阻碍沿 b 轴的长程扩散。在理想的有序橄榄石结构中,所有 Li 都位于 M1 位点,而所有 Fe 都位于 M2 位点。而无序,也称为反位点缺陷,在 LFP 中非常常见。Amin 等人在水热合成的

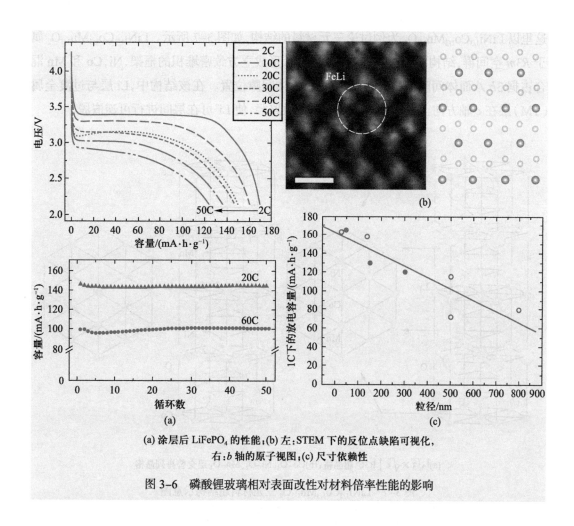

(a) 涂层后 LiFePO$_4$ 的性能；(b) 左：STEM 下的反位点缺陷可视化，
右：b 轴的原子视图；(c) 尺寸依赖性

图 3-6 磷酸锂玻璃相对表面改性对材料倍率性能的影响

样品中，观察到高达 7%~8% 的反位点缺陷。反位点缺陷可以在 STEM 下可视化，如图 3-6（b）所示。Chung 等人通过少量掺杂，可以控制 Li 位点中的铁聚集在一起而不是随机分布，从而阻塞更少的锂通道。后来，Lee 等人发现，Li 位点中 Fe 的偏析可以通过生长和/或退火温度来优化。Gaberscek 等人总结了采用不同的合成方法制备的 LFP 拥有不同的粒径，他们得出结论，容量随着颗粒尺寸的增加而线性下降，如图 3-6（c）所示。

与 LiCoO$_2$ 相比，橄榄石型 LiFePO$_4$ 具有较低的电压和相似的重力能量密度。其低成本、长寿命和环境友好性使该材料具有成为下一代商业化正极材料的巨大潜力。通过用其他过渡金属离子（例如 Mn，Co 或 Ni）（部分）取代 Fe，可以显著提高电压。然而，该系列材料固有的低电导率仍然是关键问题，因为尺寸减小和碳涂层大大增加了合成成本。

3. 三元材料

三元材料 LiNi$_x$Co$_y$Mn$_{1-x-y}$O$_2$,（简称 NCM）与 LiCoO$_2$ 类似，同属 α-NaFeO$_2$ 型层状结构，

这里以 LiNi$_{1/3}$Co$_{1/3}$Mn$_{1/3}$O$_2$ 为例讨论三元材料的结构,如图 3-7 所示。LiNi$_{1/3}$Co$_{1/3}$Mn$_{1/3}$O$_2$ 属于 $R\bar{3}m$ 空间群,结构中 O^{2-} 占据 $R\bar{3}m$ 6c 位置,形成立方致密堆积的框架,Ni,Co 和 Mn 混合占据 3b 八面体间隙位置,Li$^+$ 占据 3a 八面体间隙位置。在该结构中,Li 层与过渡金属(TM)层在 c 轴方向上堆垛,形成二维 Li$^+$ 扩散路径,使 Li$^+$ 可在层间进行可逆嵌脱。

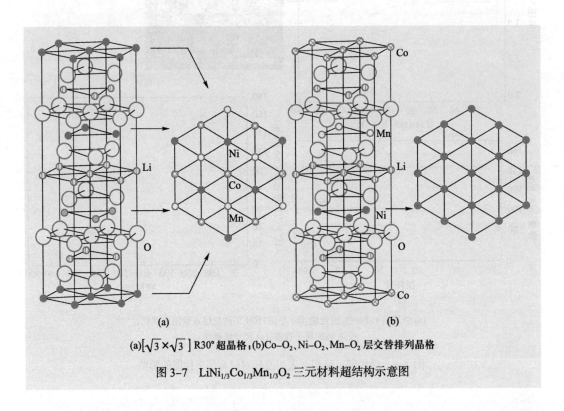

(a)$\left[\sqrt{3}\times\sqrt{3}\,\right]$R30° 超晶格;(b)Co–O$_2$、Ni–O$_2$、Mn–O$_2$ 层交替排列晶格

图 3-7　LiNi$_{1/3}$Co$_{1/3}$Mn$_{1/3}$O$_2$ 三元材料超结构示意图

LiNi$_x$Co$_y$Mn$_{1-x-y}$O$_2$ 被认为是高能锂离子电池的潜在候选者,与 LiCoO$_2$ 相比,具有高比容量、长循环性能和相对较低的成本。LiNi$_x$Co$_y$Mn$_{1-x-y}$O$_2$ 可以通过在 LiCoO$_2$ 中掺杂 Ni 和 Mn 来获得,它表现出比 LiCoO$_2$ 更高的比容量和工作电压,同时调整镍、钴、锰的比例可以改变电池的电化学性能和成本。一般来说,Co 元素可以增加电子传导性,并在高电压下提供容量,Mn 可以稳定结构,Ni 元素 +2 到 +4 价态是其容量的主要来源,增加镍的化学计量比可以提高能量密度并实现更高的容量,比容量可从 LiNi$_{1/3}$Mn$_{1/3}$Co$_{1/3}$O$_2$ 的 160 mA·h·g^{-1}、LiNi$_{0.5}$Mn$_{0.3}$Co$_{0.2}$O$_2$ 的 170 mA·h·g^{-1}、LiNi$_{0.6}$Mn$_{0.2}$Co$_{0.2}$O$_2$ 的 180 mA·h·g^{-1} 增加到 200 mA·h·g^{-1} LiNi$_{0.8}$Mn$_{0.1}$Co$_{0.1}$O$_2$。Ni 含量 ≥80% 的富镍层状材料被认为是锂离子电池比容量最高的正极材料之一。

然而,在高温下容量衰减会逐渐严重,寿命缩短。例如过渡金属溶解、表面氧损失和类岩盐相形成、二次颗粒破裂、晶内开裂和反相边界。为了抑制这些降解现象,人们对其进行了研究,包括掺杂、梯度设计、核壳材料和电解质添加剂。掺杂已被证明是高镍三元正极材料抑制降解现象的有效策略。Doron Aurbach 等人在富镍 NCM 正极材料中进行

B^{3+} 掺杂,能够增加其稳定的循环性能、降低电压迟滞和减少自放电。Schmuch 等人在高镍 NCM 材料中采用 1~2 mol% Mg 作为替代元素,显著提高了电池的循环寿命和热稳定性。然而,镁元素的加入会降低电化学活性容量和比能量。因此,掺杂元素和含量是三元正极材料追求高初始容量和循环稳定性的重要性能指标。随着三元材料中镍含量的不断增加,氧气释放温度会逐渐降低,这意味着正极材料容易分解产生气体,导致锂离子电池热失控。富镍正极的不稳定性主要与结构退化、容量衰减、电压衰减和安全问题有关。高镍正极材料面临着 Ni/Li 混合、Ni^{4+} 与电解质之间的副反应、不可逆相变、湿度敏感性和过渡金属离子溶解等问题。

也就是说,循环和安全问题主要与镍含量的增加有关。高镍三元正极在深度锂化/脱锂过程中会出现体积变化,导致颗粒破裂。高镍含量在导致高容量的同时,也会导致稳定性较低,循环寿命较短。更糟糕的是,由于本征层状的相变,工作电压会使结构下降为尖晶石型。还有文献记载,Co^{4+} 在高工作电位下对晶格氧的稳定性起到了不利作用,从而降低了循环稳定性。研究人员证实,在循环过程中会形成反相边界,并且这些缺陷的长度和宽度会随着长循环而增大。反相边界会发展成类岩盐相并扭曲附近的层状结构,这决定了正极材料的长期性能电化学循环。总的来说,不稳定的脱锂态结构导致了高镍正极的寿命短和安全隐患,极大地阻碍了其广泛应用。

4. 富锂锰基材料

富锂锰基材料 $Li_2MnO_3 \cdot LiMO_2$(M 通常为 Ni,Co,Mn 或 Ni,Co,Mn 的二元或三元层状材料)是以 Li_2MnO_3 为基础的复合正极材料。富锂锰基材料的高可逆理论容量超过 250 mA·h·g^{-1},在高电压操作(3.5~4.4 V)下一次锂离子提取的容量约为 370 mA·h·g^{-1},这使得它成为有前景的高能锂离子电池正极材料。当电压低于 4.4 V(相对于 Li/Li^+)时,富锂锰基层状材料在锂化和脱锂过程中表现出非常稳定的循环,这得益于 Li_2MnO_3 类晶域。如果电压高于 4.4 V,氧阴离子反应被激活,可以提供额外的容量。简而言之,富锂锰基层状材料正极在电化学过程中同时存在金属阳离子氧化还原和氧阴离子氧化还原机制。富锂锰基材料可以在高于 4.5 V 的高电势下提供额外的锂离子,这意味着工作电压和能量密度的提高。产生这种效果是由于富锂层状氧化物具有 O3 型结构,其中板间八面体位置充满锂离子和锰离子(摩尔比为 1∶2)。富锂锰基正极的容量很大程度上取决于伴随的氧化还原反应(分别包括过渡金属和非常规氧阴离子)的共同作用。富锂锰基材料正极的结构演变,特别是阴离子氧化还原的可逆性,导致超出传统理论容量的过剩容量,在电化学性能中起着至关重要的作用。此外,富锂锰基层状材料中锰含量比钴含量更经济、毒性更小,在实际应用中非常有吸引力。

然而,富锂锰基层状材料虽然具有高容量和高电压,但仍面临以下挑战,阻碍了其在电动汽车中的大规模应用:(1)不可逆容量损失大,初始库仑效率低。充电过程中过渡金属离子从 TM 层迁移到脱嵌的 Li^+ 位点，因此，在放电过程中 Li^+ 的可逆嵌入被禁止，导致较大的不可逆容量损失。更重要的是，Li_2MnO_3 在第一次充电时是在 4.45~4.60 V 的高压平台下被激活。Li^+ 是从 Li 中提取出来的层和 TM 层同时伴随着不可逆的 O_2 释放和非电化学活性的 Li_2O，这导致了不可逆的容量损失和低库仑效率。（2）在延长的循环过程中容量和电压快速衰减。Li 和过渡金属迁移及同时不可逆的 O_2 释放导致结构从正常层状结构演变为尖晶石相，更糟糕的是在长时间循环中引起结构崩溃和颗粒破裂，导致电压和容量衰减。（3）低速率能力。Mn^{4+} 的低电子电导率限制了富锂层状材料的脱锂动力学。高工作电压下富锂层状氧化物与电解液之间的界面反应会导致较厚的 SEI 层和表面腐蚀，进一步加剧倍率性能和循环寿命的衰减。而且，包括表面相和体相在内的相变明显影响 Li^+ 扩散速率和离子传输路径。总之，富锂锰基材料的高容量、结构演化和电压衰减机制仍不清楚，实际应用也面临挑战，需要进一步研究。

5. 尖晶石型锰酸锂

$LiMn_2O_4$ 是 Thackeray 等人提出的一种正极材料。$LiMn_2O_4$ 为尖晶石结构，空间群为 $Fd\,3\,m$，其中锰占据八面体位点，锂主要占据四面体位点，单位晶格有 32 个氧原子，氧离子保持面心立方密堆积，如图 3-8 所示（具体颜色见图 3-8 彩图，蓝色为过渡金属离子，红色为锂离子）。锰酸锂由于其成本和毒性较低，作为可充电锂离子电池最有前途的正极材料候选之一被广泛研究，它比 $LiCoO_2$，$LiNiO_2$ 更便宜、更环保。尖晶石型 $LiMn_2O_4$ 在 4.0 V 的电位下可以容纳 148 mA·h·g^{-1}。然而，尖晶石型 $LiMn_2O_4$ 正极材料有严重的容量衰减问题。导致容量衰减的主要原因有两个：① 歧化反应生成的 Mn^{2+} 溶解到电解液中，$2Mn^{3+} \longrightarrow Mn^{4+} + Mn^{2+}$；② 充放电循环过程中新相的生成及相关的微应变。为了解决这个问题，研究发现用其他金属离子替代 Mn 已成为提高尖晶石材料循环性能的重要途径。多种掺杂剂，包括不活泼离子，如 Mg，Al 和 Zn 离子，过渡金属离子，如 Ti，Cr，Fe，

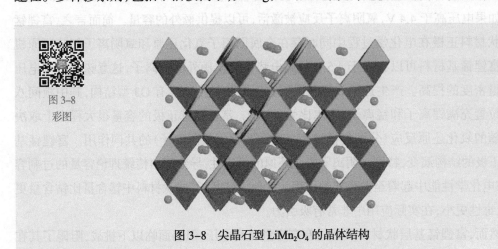

图 3-8
彩图

图 3-8　尖晶石型 $LiMn_2O_4$ 的晶体结构

Co，Ni 和 Cu 离子，以及稀土金属离子，如 Nd 和 La 离子已被研究。$LiNi_{0.5}Mn_{1.5}O_4$ 展现出上述材料中最好的电化学性能。

$LiNi_{0.5}Mn_{1.5}O_4$ 遵循 $LiMn_2O_4$ 的尖晶石结构，其中 Ni 离子位于原来的 Mn 离子位置。在不同的合成条件下，$LiNi_{0.5}Mn_{1.5}O_4$ 可以具有两种不同的结构对称性，即空间群 $P4_332$ 的有序结构和空间群 $Fd\bar{3}m$ 的无序结构。在有序的 $LiNi_{0.5}Mn_{1.5}O_4$ 中，Ni 离子占据 4b 位点，Mn 离子占据 12d 位点，形成有序图案，而在无序 $LiNi_{0.5}Mn_{1.5}O_4$ 中，Ni 离子和 Mn 离子随机分布在 16d 位点。在化学计量的 $LiNi_{0.5}Mn_{1.5}O_4$ 中，Ni 离子的价态为 +2，将所有 Mn 离子推向 Mn^{4+}。与 $LiMn_2O_4$ 尖晶石相比，$LiNi_{0.5}Mn_{1.5}O_4$ 的氧化还原电对从 Mn^{3+}/Mn^{4+} 转变为 Ni^{2+}/Ni^{4+}，电压从 4.1V 提升到 4.7 V。高的放电电压不仅增大了能量密度，而且使得该材料可与安全性好但电压相对较高的负极材料（$Li_4Ti_5O_{12}$ 等）偶合。但是纯相的 $LiNi_{0.5}Mn_{1.5}O_4$ 很难合成，因为通常存在镍氧化物或锂镍氧化物等杂质。作为一种替代方法，合成了采用无序结构的非化学计量材料 $LiNi_{0.5}Mn_{1.5}O_{4-x}$。在 $LiNi_{0.5}Mn_{1.5}O_{4-x}$ 中，存在少量 Mn^{3+} 作为氧损失的电荷补偿。因此，$LiNi_{0.5}Mn_{1.5}O_{4-x}$ 的小电压平台 4 V 归因于 Mn^{3+}/Mn^{4+} 电对。其他掺杂尖晶石材料的电压分布通常由两个不同的平台组成，$LiNi_{0.5}Mn_{1.5}O_4$ 为 4.7 V，$LiNi_{0.5}Mn_{1.5}O_{4-x}$ 在半锂浓度时出现小电压阶跃。$LiNi_{0.5}Mn_{1.5}O_4$ 的理论容量经计算为 147 mA·h·g^{-1}，实验上可以获得超过 140 mA·h·g^{-1} 的可逆容量。由于大多数 Mn 离子在循环过程中保持 Mn^{4+} 不变，有序和无序 $LiNi_{0.5}Mn_{1.5}O_4$ 均表现出良好的循环性能和较低的倍率性能，在室温下循环 50 次后容量衰减很小。无序 $LiNi_{0.5}Mn_{1.5}O_{4-x}$ 比有序 $LiNi_{0.5}Mn_{1.5}O_4$ 显示出更好的倍率性能，因为少量 Mn^{3+} 增强了材料的电子电导率。离子电导率被认为是另一个速率限制因素。$LiNi_{0.5}Mn_{1.5}O_4$ 的锂扩散系数在 10^{-10} cm^2·s^{-1} 和 10^{-16} cm^2·s^{-1} 之间，具体取决于不同的成分和材料形态。

综上所述，尖晶石材料由于其高能量密度、高结构稳定性，以及在某些材料改性下良好的循环性能而具有广阔的前景。然而，高电压超出了当前电解质的电压窗口，导致电解质分解并在循环过程中，在复合正极侧容易形成不稳定的 SEI 膜。需要指出的是，该材料的可逆容量目前仅限于每 MO_2 配方 0.5 Li，虽然与 $LiCoO_2$ 的实际容量相似，但与锂镍锰层状化合物相比仍然明显较低。

3.2.2 锂离子电池正极材料合成方法

1. 水热法

水热法是在密闭的高温高压环境下进行的化学反应方法，其原理是前驱体在体系中发生溶解-再结晶的过程。水热法具有成本低、易于放大、产品纯度和结晶度可控等独特的优点。但是水热反应设备昂贵，制备过程安全系数低，工业化生产成本较高，还需要改进以取消额外的后热处理工艺来进一步降低制造成本。

Chen 等使用水热法在低温下向前驱体中加入具有还原性的糖或抗坏血酸（阻止铁氧化），成功合成了 $LiFePO_4$。当 50 次循环后，容量衰减 10%。Yue 等以氧化锰/碳复合材料的前驱体和 $0.1 \, mol \cdot L^{-1}$ 的 LiOH 溶液为原料，采用水热法制备了结晶良好的 $LiMn_2O_4/C$ 复合材料，避免了传统煅烧方法中 C 与 $LiMn_2O_4$ 之间的反应。电化学测试表明，$LiMn_2O_4/C$ 复合材料具有优异的倍率性能，它具有 $83 \, mA \cdot h \cdot g^{-1}$ 的高比容量，在 $2 \, A \cdot g^{-1}$ 电流密度下循环 200 次后仍保持 92% 的初始容量。

2. 共沉淀法

共沉淀法是以可溶性锂盐、镍盐、锰盐或铁盐为原料，再加入络合剂、共沉淀剂等，通过控制反应温度、pH 及搅拌速率等条件，得到前驱体，再经过滤，洗涤，干燥，以及高温烧结后得到三元 NCM 材料或 $LiFePO_4$ 材料。共沉淀法可解决高温固相法中材料难以按化学计量比达到分子级、原子级混合的难题，且操作较简单，制备的产品形貌均匀、粒径较小、振实密度高。

Wu 等采用乙醇为溶剂的共沉淀法，合成了结晶度和分散性良好的超微米 $LiNi_{0.5}Co_{0.2}Mn_{0.3}O_2$（NCM523）粒子，研究了 NCM523 在不同 pH 条件下的结构和性能。研究发现在 pH = 8 下合成的 NCM523（NCM523-8）表现出约 300 nm 的均匀粒度，且具有良好的结晶性。NCM523-8 具有优异的高电位循环性能，在电压为 3.0~4.5 V，0.2C 初始放电容量为 $193.6 \, mA \cdot h \cdot g^{-1}$，100 次循环后容量保持率为 91%。它还显示出优异的倍率性能，可逆容量为 $130 \, mA \cdot h \cdot g^{-1}$。

3. 高温固相法

高温固相法是应用较广泛的一种方法，是将 Li 和 Ni，Co，Mn 等原料按一定的化学计量比均匀混合，在高温条件下烧结得到粉末状产物。高温固相法工艺简单，易于工业化生产，但是采用机械手段对原料进行混合，容易混合得不均匀，粒度大小不一样，导致材料电化学性能较差。

Xiao 等以不同过渡金属的醋酸盐为原料，通过不同的合成工艺在不同的合成条件下合成了 $LiNi_{0.8}Co_{0.1}Mn_{0.1}O_2$ 正极材料。结果表明，在不同的合成条件下，不同的锂源制备的 $LiNi_{0.8}Co_{0.1}Mn_{0.1}O_2$ 表现出不同的充放电性能。在 550 ℃下加热碳酸锂和过渡金属醋酸盐后，通过 800 ℃烧结制备的样品在 0.2C 下的前 20 次循环中获得了 $200.8 \, mA \cdot h \cdot g^{-1}$ 的最高容量。

3.2.3 锂离子电池负极材料

在锂离子电池充放电过程中，锂离子反复地在负极材料中嵌入和脱出，发生电化学氧化/还原反应。为了保证良好的电化学性能,对负极材料一般具有如下要求。

（1）锂离子嵌入和脱出时电压较低,使电池具有高工作电压;

（2）比容量较高,使电池具有高能量密度;

（3）材料结构稳定,表面形成固体电解质界面（SEI）膜稳定,使电池具有良好的循环性能;

（4）比表面积小,不可逆损失小,使电池具有高充放电效率;

（5）具有良好的离子和电子导电能力,有利于减小极化,使电池具有大功率特性和容量;

（6）安全性能好,使电池具有良好的安全性能;

（7）浆料制备容易、压实密度高、反弹小,具有良好加工性能;

（8）具有价格低廉和环境友好等特点。

人们研究过的锂离子电池负极材料种类繁多,能够满足上述要求且实现商业化的负极材料主要有天然石墨、人造石墨、钛酸锂和硅基复合材料。四种典型的负极材料的主要性能参数见表3-2。

表 3-2　四种典型的负极材料的主要性能参数

负极材料种类	理化性能					电化学性能	
	真密度/$(g \cdot cm^{-3})$	振实密度/$(g \cdot cm^{-3})$	压实密度/$(g \cdot cm^{-3})$	比表面积/$(m^2 \cdot g^{-1})$	粒度/$d50/\mu m$	实际比容量/$(mA \cdot h \cdot g^{-1})$	首次库仑效率/%
天然石墨	2.25	0.95~1.08	1.5~1.9	1.5~2.7	15~19	350~363.4	92.4~95
人造石墨	2.24~2.25	0.8~1.0	1.5~1.8	0.9~1.9	14.5~20.9	345~358	91.2~95.5
钛酸锂	3.5	0.65~0.7	—	6~16	0.7~12	150~155	88~91
硅基复合材料	—	0.8~1.0	1.4~1.87	1.0~4.0	13~19	380~950	89~94

1. 石墨材料

锂离子在石墨材料中的脱嵌/嵌入反应电压主要发生在 0~0.25 V（相对 Li/Li$^+$）,具有良好的充放电电压平台,在有机电解液中,含石墨的锂离子电池的工作电压可达3.8~4.5 V,理论容量为 372 mA·h·g^{-1},它所制备的锂离子电池具有工作电压高且平稳、首次充放电效率高和循环性能好等特点,是目前工业上用量最大的负极材料。石墨材料的种类有很多,可划分为天然石墨材料与人造石墨材料。天然石墨主要是将天然石墨原矿经过一系列的加热提纯,得到高纯度的石墨产品,成本低且国内资源比较丰富;人造石墨负极主要是将焦炭原料在经过高温石墨化的化学处理后加工得到的。

石墨是由碳原子组成的六角网状平面规则平行堆砌而成的层状结构晶体,其中原子在每一层内呈六边形排列,各层按 AB 顺序堆叠。这形成了尺寸为 c = 6.71 Å 和 a = 2.46 Å 的六方晶胞。每个单位晶胞有 4 个原子,每个碳原子以 sp^2 杂化轨道与三个相邻的碳原子以共价键结合,碳碳键的键长为 1.42 Å。

锂离子迁移到石墨负极的过程大致可以分为以下四个步骤:(1)溶剂化锂离子在电解液中扩散,特别是通过弯曲的通道和石墨电极中的微孔。(2)锂离子到达石墨表面,由于绝缘 SEI 的存在,不能立即发生电荷转移。必须剥离锂离子的溶剂化鞘,便于随后的锂离子在 SEI 中的传输,称为"去溶化"过程。(3)裸露的锂离子通过 SEI 扩散进入石墨内部。(4)锂离子在石墨相中的扩散,伴随着电子转移和石墨晶格的重排(从 AB 堆积到 AA 堆积)。当锂离子嵌入石墨形成锂-石墨插层化合物 LiC_6 时,石墨负极达到理论容量 372 mA·h·g^{-1},但实际情况往往不会达到理论容量,其可能的原因如下:(1)锂离子从石墨端面嵌入,通过的路径较长导致不能完全嵌入位点;(2)锂离子在石墨中的扩散动力较小,在大电流放电下迁移困难;(3)石墨负极与电解液相容性差,导致副反应的发生,从而造成锂的损耗;(4)溶剂化锂离子共嵌入导致石墨表层剥离,而且还可能导致石墨的粉化,循环性能变差。因此降低石墨的不可逆容量、提高循环寿命仍是重要的研究方向。同时确保高放电容量、低不可逆容量和长循环寿命也是一个巨大的挑战。

2. 钛氧化物材料

锂离子电池负极材料的钛氧化物一般指钛酸锂(LTO)。钛酸锂具有尖晶石结构,化学通式为 AB_2O_4。氧原子形成四面体和八面体间隙的立方密堆积阵列,部分被 A 和 B 阳离子占据。LTO 最吸引人的特性之一是"零应变"。一般认为,电解质的分解电压低于 1.2 V,锂嵌入 LTO 的相变电势约为 1.55 V。因此,认为在该电势区间内不会发生 SEI 的生长,首次循环库仑效率可达 98.8%。作为 LIC 中的负极材料,LTO 在嵌入/脱嵌过程中的体积变化小于 1%,晶格尺寸几乎没有变化。LTO 的实用性受到其低理论比容量(175 mA·h·g^{-1})和大约 1.5 V(相对于 Li/Li$^+$)的高工作电压的限制,LTO 的电导率和锂离子迁移率较低,与石墨阳极可实现的能量密度相比,其高功率能量密度有待提高。根据锂离子电池的相关研究,离子掺杂及与导电材料的结合可以有效提高离子和电子的传导能力。结构设计和晶粒尺寸减小有利于减少锂离子从电解质到活性材料体相的传输距离。

改变 LTO 电极的结构有望提高其电化学性能。与粘贴到铜箔上的传统阳极薄膜相比,制造 LTO/石墨烯泡沫 3D 复合材料及柔性薄层,可提高 LTO 的比容量。这些结构变化在高充电/放电倍率下提供了出色的比容量,但其实用性通常受到低体积能量密度、长制备加工时间的限制。改变 LTO 电极的结构对提高 LTO 性能是一条有效途径,同时又不降低诱导电解质分解的电位窗口。

LTO 的一个吸引人的特点是其振实密度相对较高,约为 1.8 g·cm^{-3}(真密度 = 3.5 g·cm^{-3}),它弥补了从实验室到工业的差距,因为更高的振实密度可以增加可实现的体积能量密度(通常以牺牲功率密度为代价)。为了在保留功率密度的同时实现高振实密度,可以通过固态反应添加掺杂剂,这是工业上的首选方法,因为这种途径提供了具有增强倍率能力的高振实密度材料,但由于缺乏将掺杂剂纳入 LTO 结构的机制洞察而受到限制。LTO 固有的传输性能理论比容量较低,需要在振实密度和功率密度之间进行仔细调整,因此阻碍了 LTO 在锂离子电池中的广泛使用。

电极材料的温度稳定性是其商业应用可行性的另一个关键指标。对于 LTO 来说,相对较慢的锂传输是商业应用的一个主要问题,特别是在那些需要低温循环稳定性的应用中,LTO 的传输限制被放大。解决这一问题的一种方法是减小颗粒尺寸和增加材料的比表面积(以能量密度为代价),缩小锂扩散距离和增加可进入的锂插入位点的数量。

LTO 的主要安全问题是在充电和放电过程中释放气体(例如 CO_2,CO,H_2),这会导致电极膨胀,阻碍了钛酸锂在动力锂离子电池中的应用。CO_2 是通过将 LTO 浸泡在电解液中产生的,重复充电和放电会产生游离溶剂、H_2 和 CO(以及碳氢化合物气体,例如 C_2H_4,C_2H_6)。为了防止 LTO 中气体生成,一种有效的策略是在 LTO 阳极上使用表面涂层来防止电解质与 LTO 表面的接触。

3. 硅基材料

硅具有 $4200\ \mathrm{mA \cdot h \cdot g^{-1}}$ 的高理论容量和 0.4 V(相对于 Li^+/Li)的低放电电位平台而受到极大关注。与石墨的 Li^+ 嵌入机制不同,硅的可逆合金化过程发生在锂化和脱锂过程中。硅阳极的低放电电位为与阴极配对的全电池提供了高工作电压,以获得高能量密度。此外,地壳中丰富的硅元素资源使得硅基负极材料具有成本优势,这些优点使得硅负极在高能量密度锂离子电池中成功商业化应用,它被认为是石墨阳极的有前景的替代品。

然而,由于充放电过程中体积膨胀近 300%,硅基负极循环稳定性差,大的体积变化破坏了硅材料的晶格结构。此外,SEI 层不稳定且反复堆积,导致电解质、活性锂离子的持续消耗和 SEI 层不均匀,这些不可逆副反应最终导致容量损失和库仑效率低。硅基负极材料面临的主要问题是大的体积膨胀导致硅电极失效,可分为三个方面:(1)晶格和颗粒裂纹。充放电过程中体积变化较大,由于硅晶格内应力较高,导致硅颗粒粉碎并从电极上剥落;(2)接触不良和导电通路中断。持续的体积膨胀和活性颗粒粉碎导致活性材料从导电颗粒、黏合剂和集流体上剥离和接触失效,从而发生电子和锂离子传导通路中断;(3)SEI 的反复生长及电解液和大量锂离子的不断消耗。大体积应变破坏不稳定的 SEI,导致新的 SEI 重复形成,同时消耗大量电解质和锂离子,导致不可逆的容量损失。

为了解决这些问题,研究人员提出了许多策略,主要分为以下两种方式:(1)纳米结构的多维框架,用于实现稳固的硅架构;(2)与碳基材料复合,纳米结构硅材料明显提高了硅基负极材料的长循环寿命和倍率性能。减小颗粒尺寸,这意味着缩短离子传输距离,减少极化,释放脱锂过程中的应力。纳米结构硅材料可以有效避免阳极电极的裂纹和粉化。然而,硅基材料较大的比表面积和固有的体积变化,会导致极易团聚和低的压实密度。另一个必须考虑的问题是成本。硅颗粒越小,成本越高,但循环性能可能会更好。构建多维框架,通过多孔或中空结构实现稳健的硅架构。硅基空心球和多孔颗粒为体积波动提供了一定的空间,以承受循环过程中的应变和应力。另一种策略是纳米硅与碳基材料的复合。碳基材料与硅复合,以抑制体积变化和容量损失,构建导电连接。

硅基负极将成为高能锂离子电池石墨的潜在候选材料。然而硅基负极材料的体积膨胀和 SEI 的不稳定导致电极粉化、容量损失、短循环和低库仑效率。通过与碳基材料复合可以提高循环寿命和倍率性能,然而,硅阳极面临的问题不能通过单一策略来解决,其大规模应用还需要大量努力。

3.2.4　锂离子电池负极材料合成方法

1. 高温固相法

相比于锂离子电池正极材料的合成方法,高温固相合成技术因工艺简单,工艺参数易于控制,重现性好而被广泛应用于合成锂离子电池负极材料中(例如硅/碳负极材料)。它是在一定的温度下,通过固体界面之间的接触、反应、成核和晶体生长反应生成大量粉末状产物的方法。

Cheng 等采用高温氧化设计并制造了一种多通道结构的石墨阳极,该结构增加了锂嵌入和脱嵌位点的数量和尺寸,多通道石墨阳极显示出优异的充放电速率能力。6C 倍率下充电有 83% 的容量保持率,10C 倍率下充电有 73% 的容量保持率,优于原始石墨材料。此外,多通道石墨阳极显示出比原始石墨大大提高的放电速率能力,在没有任何添加剂的 3000 次循环后,显示出优异的可循环性,在 6C 下的容量保持率为 85%。Xu 等通过在 700 ℃ 的 N_2 气氛中对废弃竹叶进行热分解,合成了具有三维(3D)互连网络和分级多孔结构的无定形 SiO_2–碳纳米复合材料(SiO_2–C/NCs)。表征结果表明,SiO_2–C/NCs 继承了竹叶的自然层次结构。与商业化的石墨阳极和其他人工纳米结构碳材料相比,SiO_2–C/NCs 阳极在 200 mA·g^{-1} 下显示出 586.2 mA·h·g^{-1} 的高储锂容量,良好的循环稳定性(190 次循环后为 294.7 mA·h·g^{-1})和接近 100% 的超高库仑效率。在 200 mA·g^{-1} 至 2000 mA·g^{-1} 的不同电流密度下进行 160 次循环后,该阳极仍保持 117.4 mA·h·g^{-1} 的高放电。

2. 水热法

在负极材料的合成过程中,水热法合成是将前驱体放置在一定密封压力的容器中,以水作为溶剂、粉体经溶解和再结晶的制备材料的方法。由于反应处于亚临界和超临界水热条件下,反应活性提高,故水热反应在一定程度上可以替代某些高温固相反应。

Yang 等采用水热法合成了无定形 SiO_2 纳米球/石墨烯复合材料。无定形 SiO_2 以球形结构附着在石墨烯表面,构建了稳定的复合结构,平均直径约为 200 nm,复合材料中 SiO_2 的质量分数约为 43%。电化学测试表明,无定形 SiO_2 纳米球/石墨烯复合材料在 $200\ mA\cdot g^{-1}$ 的电流密度下,首次充放电容量分别为 $329.5\ mA\cdot h\cdot g^{-1}$ 和 $444.1\ mA\cdot h\cdot g^{-1}$,在第 50 次循环保持在 $257.8\ mA\cdot h\cdot g^{-1}$ 和 $274.6\ mA\cdot h\cdot g^{-1}$,循环性能的提高主要归因于两个因素,即大的表面积和多孔结构。Zhang 等采用一步水热法制备了 $SiO_x@$ 石墨烯复合材料,石墨烯在 SiO_x 上的修饰有助于提高导电性,石墨烯优异的机械性能,可以缓解体积效应,并通过二氧化硅颗粒与电解质的分离形成稳定的固体电解质界面层。复合电极在第二次循环时表现出优异的循环性能,可逆比容量为 $1541.3\ mA\cdot h\cdot g^{-1}$,110 次循环后仍保持 $1516.6\ mA\cdot h\cdot g^{-1}$,保留率高达 98.4%。另外,在 $1\ A\cdot g^{-1}$ 的电流密度下也具有优异的倍率性能,可逆比容量超过 $800\ mA\cdot h\cdot g^{-1}$。

3. 静电组装法

静电组装法是一种基于静电相互作用的纳米结构的构建方法,利用两种物质的表面电势的差异,及负电荷和正电荷之间的相互吸引力,两种物质被吸引到接触的位置,自发形成物质聚集,实现不同组分在固体表面的有序组装。在这个过程中,物质可能会形成多层结构,这些层的大小取决于各种物质的分子结构和表面电势大小。

Liu 等通过对硅表面处理使其带有正电荷,再与表面带负电荷的石墨烯进行吸附,通过高温煅烧和静电引力自组装得到硅碳/石墨烯(Si@C/G)复合材料。由于羧基和氨基之间静电引力的自组装,Si@C 被成功地包裹到石墨烯中,非晶态碳抑制了 Si 的体积膨胀,保护了电极在充放电过程中不坍塌和剥落。它还防止了硅直接暴露在电解液中,抑制了 Si 颗粒的团聚和石墨烯片的积累,并促进了充放电过程中稳定的 SEI 膜的形成。石墨烯和无定形碳形成的三维导电网络大大提高了硅基电极的导电性。因此,Si@C/G 电极比硅基电极具有更好的电化学性能。在 $3\ A\cdot g^{-1}$ 的电流密度下,经 500 次循环后,Si@C/G 电极的放电比容量仍可达 $893\ mA\cdot h\cdot g^{-1}$。这种静电吸引自组装的方法对其他负极材料具有很好的借鉴作用。

3.3 镍氢电池电极材料

3.3.1 镍氢电池正极材料

氢氧化镍粉末是镍氢电池最主要的正极材料与活性物质,将氢氧化镍粉末与黏合剂、导电剂等一系列助剂混合搅匀制备浆料,涂覆在集流体上,干燥后切片,即可得到镍氢电池正极极片。Bode 等首次提出了镍电极 $\alpha\text{-Ni(OH)}_2,\beta\text{-Ni(OH)}_2,\beta\text{-NiOOH}$ 和 $\gamma\text{-NiOOH}$ 四种晶型的转化关系,氢氧化镍的结构和物化性质对电化学性能有很重要的影响,添加剂或对其表面进行改性是提高镍氢电池正极材料高倍率放电等性能的重要方法。

向氢氧化镍中加入的主要添加剂包括以下几种。

(1)钴:钴的主要作用为形成导电网络,通过钴网络可以更好地向电极内部传递电子,增强导电性;

(2)锌:锌除了可以形成导电网络外,还可作为膨胀抑制剂抑制镍氢电池的正极膨胀,增强电池的循环稳定性等电化学性能;

(3)氧化铜等辅助性导电剂:虽然能一定程度上增强导电性,但往往存在掺杂后颗粒内外分布不均,部分区域仍导电性不佳等问题,所以目前会通过表面化学镀层而非直接掺杂的方式进行改性。

(4)乙炔黑:乙炔黑是常用的导电剂,在电池制造中常与其他导电剂配合使用。

表面改性的手段主要集中于表面覆钴或表面覆氢氧化钴,这两种方法的特点如下:

(1)表面覆钴:表面覆钴可显著改善氢氧化镍材料的导电性,同时也能提升其容量。但存在可逆性不佳,镀层易脱落等问题。

(2)表面覆氢氧化钴:表面覆氢氧化钴后,氢氧化钴在充电过程中会被不可逆地氧化为可导电的羟基氧化钴,起到微电流收集器的作用。相对而言,其提升导电性与电化学性能的能力要更强一些。

3.3.2　镍氢电池正极材料合成方法

从反应原理角度分类,镍氢电池正极材料的制备方法主要包括化学沉淀法、粉末金属法和电解法。

1. 化学沉淀法

工业上制备氢氧化镍最常用的方法即化学沉淀法,分为直接沉淀法和络合沉淀法。

直接沉淀法:
$$Ni^{2+}+2OH^- \longrightarrow Ni(OH)_2\downarrow$$
络合沉淀法:
$$Ni^{2+}+6NH_3 \longrightarrow [Ni(NH_3)_6]^{2+}$$
$$[Ni(NH_3)_6]^{2+}+2OH^- \longrightarrow Ni(OH)_2\downarrow+6NH_3$$

化学沉淀法工艺简单,操作简便,能耗小,设备要求低,生产的氢氧化镍纯度高,电化学性能好,络合剂体系可以有效控制反应速率与氢氧化镍的粒度、形貌,主要工艺流程如图 3-9 所示。但反应过程中会有污染环境的副产物生成,且副产物价值不高,较难分离,另外,生产中影响性能的工艺因素过多,产物性能不稳定,反应母液中会残留相当多的络

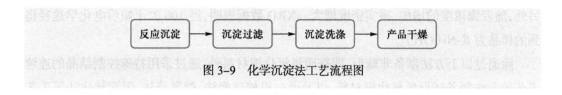

图 3-9 化学沉淀法工艺流程图

合镍,不能闭路循环生产。

Li 等用化学沉淀法制备了具有不同层间阴离子的铝取代氢氧化镍样品,其中,层间含有 NO_3^- 的铝代氢氧化镍比层间含有 SO_4^{2-} 的铝代氢氧化镍具有更好的反应可逆性、更高的质子扩散系数、更低的电荷转移电阻、更高的比容量和更好的循环稳定性。

2. 粉末金属法

粉末金属法指的是粉末状金属镍与水在适当物理化学条件下氧化水解制备氢氧化镍,反应方程为

$$Ni^{2+} + H_2O + \frac{1}{2}O_2 \longrightarrow Ni(OH)_2\downarrow$$

热力学计算表明,该反应可以自发进行。但从动力学角度出发,通常条件下该反应的反应速率很小。要使之以较大的速率进行,需要改变反应条件,加速反应平衡的实现。在工业上,可以通过高压或者在硝酸水溶液中生成氢氧化镍的方法实现。

高压法:$Ni^{2+} + H_2O + \frac{1}{2}O_2 \longrightarrow Ni(OH)_2\downarrow$(在高压反应釜中通入氧气,高压下生产)

常压氧化法:$4Ni + HNO_3 + 5H_2O \longrightarrow 4Ni(OH)_2\downarrow + NH_3$(在常压下使镍在水溶液中转化为氢氧化镍)

3. 电解法

电解法指的是在外加电流的作用下,阳极金属镍氧化成二价镍离子,水分子在阴极上还原析氢产生氢氧根,两者反应生成氢氧化镍沉淀。

阳极: $\qquad\qquad\qquad Ni \longrightarrow Ni^{2+} + 2e^-$

阴极: $\qquad\qquad 2H_2O + 2e^- \longrightarrow 2OH^- + H_2\uparrow$

工业上电解法制备正极材料按是否含水可分为以下两类。

(1)水溶液法:在水溶液体系中直接进行电解,利用电解得到的镍离子和氢氧根制氢氧化镍。此法的关键在于电解液中必须含氯离子,以避免阳极金属镍钝化无法反应。

(2)非水溶液法:在醇盐体系中直接进行电解。因为醇不导电,所以需要加入铵盐、季铵盐增强导电性。此法的关键在于体系中不能含水,且应在醇沸点温度下加热电解。

T Subbaiah 等通过改变镍和硝酸盐离子浓度、pH、电流密度和温度来研究氢氧化镍的电化学沉淀。晶体尺寸虽然可以增加,但电流效率和振实密度随电流密度的增大而减小。

另外,随着镍浓度的增加,振实密度增大。XRD 数据表明,经 100 ℃ 干燥后电化学途径得到的样品为 $\beta\text{-Ni(OH)}_2$。

除通过以上方法制备非球形,即普通氢氧化镍材料外,通过采用特殊控制结晶的连续工艺等方法制备球形氢氧化镍材料,以及通过机械球磨法、微乳液法、沉淀转化法等工艺制备纳米氢氧化镍材料也成为化学电源领域的研究热点。

3.3.3 镍氢电池负极材料

以储氢合金为负极的镍氢电池以其高容量、长循环寿命的优点在各种便携式电子器件中得到了广泛的应用。储氢合金的分类方式有很多,从元素组成来看,主要包括 AB_5 型储氢合金、AB_2 型储氢合金、AB 型储氢合金、超晶格储氢合金、镁基储氢合金及钒基储氢合金。目前,AB_5 型和 AB_2 型多组分金属氢化物合金正被广泛研究用于镍氢电池的商业化。

1. AB_5 型储氢合金

Vucht 等人于 1970 年首次报道了稀土基 AB_5 型合金的储氢能力,由于具有良好的综合性能,AB_5 型储氢合金仍然是目前商业镍氢电池所用的主流合金。经过 50 多年的研究,许多成分、结构、工艺和电极制造的修改已经完成。

$LaNi_5$ 作为 AB_5 型储氢合金的代表,是一种很有前途的合金,其电容量约为 372 mA·h·g^{-1},但放电容量会随着充放电循环次数的增加迅速下降,这是因为循环过程中合金会在碱溶液中将 La 粉碎并氧化成 $La(OH)_3$,因此该合金在密封式镍氢电池中往往实际使用寿命短、自放电率高、成本高。另一种典型的 AB_5 型合金是 $MmNi_5$ 合金,该合金虽然成本低,但氢平衡压力高,在室温、常压下充放电困难,容量极低、循环寿命短。因此,对 AB_5 型储氢合金的性能优化是一项重要的课题,目前主要从以下几个方面进行。

（1）多元合金化:即用 Co,Mn,Cr,Fe,Zr,Al,Ti,Ca,Cu 和 Si 部分取代 Ni（B 侧）,用富铈或富镧混合稀土代替 La（A 侧）。目前,多合金化仍然是调节合金电极热力学稳定性和综合电化学性能的有效方法;

（2）退火处理:一定程度上对热处理工艺的改善可以使合金成分更加均匀,改善放电容量和循环稳定性;

（3）非化学计量法:低化学计量 AB_5 合金具有较高的放电容量,而高化学计量 AB_5(AB_{5+z}) 合金有更利于充分保持 AB_5 相的丰度,避免 AB_3 和 A_2B_7 相的形成,因此,非化学计量法可以改善合金的电化学性能。

除此之外,减少昂贵金属的使用,通过加入添加剂提高电化学性能,并进一步提高镍氢电池的市场竞争力的研究工作一直在进行，相关的理论计算工作也被提出。

2. AB$_2$型储氢合金

AB$_2$型合金的氢化物具有很高的稳定性，组元 A 的元素组成主要是 Zr 和 Ti，组元 B 的元素组成主要是 V，Cr，Mn 等。AB$_2$型储氢合金的结构为典型的密堆积结构，主要可分为六方 MgZn$_2$型结构（C14）、立方 MgCu$_2$型结构（C15）和六方 MgNi$_2$型结构（C36，即 C14 和 C15 相共存），A 和 B 两种元素理想的原子半径比为 1.225。

AB$_2$型储氢合金具有比 AB$_5$型储氢合金更大的电池容量，被视为重要的镍氢电池负极候选材料，但该合金在循环过程中表面催化活性和抗腐蚀活性较差，一定程度上阻碍了其在商业电池中的应用。对 AB$_2$型储氢合金的性能改善主要包括多元合金化和非化学计量等方面。

Ti，Zr，V，Ni，Co，Mn，Cr，Al，Fe 等是多元合金化中的替代元素，其中，Ti，Zr 替代 A 侧，V，Ni，Co，Mn，Cr，Al 和 Fe 等常用于取代 B 侧以改善合金催化活性和循环寿命。

3. AB 型储氢合金

AB 型储氢合金中只有钛基合金对电化学电池具有良好的性能，该类储氢合金的早期工作仅限于 TiFe，由于钛铁基储氢合金的吸氢/解吸动力学较差，其在镍氢电池中的应用受到了限制。近年来，科学家对 A 侧 Ti，Zr，Hf 和 B 侧 Fe，Ni，Al，Co，Mn，Sn 的 AB 型储氢合金进行了研究。研究表明，用镍取代铁可以提高电池的活化性能和放电能力。

钛镍基储氢合金是 20 世纪 70 年代早期第一个用于镍氢电池的储氢合金。虽然 AB$_5$ 合金的快速发展阻碍了该体系的发展，但由于其低成本、储氢能力高、活化速率快，TiNi 和 Ti$_2$Ni 能够吸收大量的氢，故该体系仍是镍氢电池的重要负极材料。其中，镍含量的增加提高了电化学动力学性能，防止了合金电极的氧化。

4. 超晶格型储氢合金

AB$_3$或 A$_2$B$_7$型稀土镁基合金的电化学放电容量（约 400 mA·h·g^{-1}）高于 AB$_5$型合金，因此近年来受到了人们的广泛关注。开发含有两种或两种以上储氢材料/金属间化合物/元素的复合型储氢合金，可以潜在地结合所包含的各种合金的优势。AB$_3$，A$_2$B$_7$和 A$_5$B$_{19}$等 AB$_x$合金中堆叠结构的丰富化学性质使得提高电化学能力的深入研究成为可能。如今，AB$_x$合金是商用镍氢电池最先进的材料，即使它们的能量密度仍然受到稀土质量的限制，也应尽量减少关键原材料的含量。超晶格相本质上是 AB$_5$和 AB$_2$的交叉，总体 B/A 在 3 和 4 之间，该系列合金用于工业化的主要问题是循环稳定性差，如果可以克服循环方面的短板，未来将拥有广阔的应用前景。

5. 镁基储氢合金

镁具有很高的可逆存储容量,近年来,镁基合金以其高存储容量、低成本、轻质量等优点在镍氢二次电池中的应用受到越来越多的关注。

为了适用室温电池的运行,镁镍基储氢合金中镁镍两种元素的化学计量比需要接近1:1,然而,在 Mg–Ni 二元相图上并不存在镁镍金属间化合物。因此,机械合金化、激光烧蚀和熔体自旋等非平衡态的制备方法经常被用于制备 MgNi 合金。MgNi 合金具有较高的存储容量,但其动力学性质和耐腐蚀性较差,阻碍了其实际应用。

Mg_2Ni 是另一种 Mg–Ni 体系,其在储氢和镍氢电池中的潜在应用得到了广泛的研究。Mg_2Ni 比 MgNi 能储存更多的氢气,但 Mg_2Ni 的放电动力学性质和耐腐蚀性能仍较差。纳米晶/非晶体结构可以改善其氢化/脱氢动力学,这些结构可以通过机械合金和熔体自旋制造技术来实现。另外,为了提高镁基合金的电化学性能,镁基合金的元素替代方法已经得到了较多的尝试。

6. 钒基固溶体

固态储氢材料因具有氢容量高及运行压力低的特点,被认为适合长期、集中和大规模储氢。其中,具有体心立方(BCC)结构的钒基固溶体材料具有超过 3.80%(质量分数)的储氢容量,被认为是很有应用前景的储氢材料。Tsukahara 等人指出,单独的钒基固溶体相由于缺乏电催化活性,在碱性电解液中放电容量很小,但在二次相存在的情况下,它可以被激活吸收和解吸大量的氢,被认为既是微电流集电极,也是电催化剂。Akiba 等人提出了一种新的吸氢合金概念,即"Laves 相的相关 BCC 固溶体"。他们发现所谓的"Laves 相的相关 BCC 固溶体"合金具有大的氢气容量(超过 2%),并且在环境温度和压力下具有快速的氢气吸收和解吸动力学。目前,研究常压以上 BCC 固溶体合金的可逆储氢容量及热力学性能仍具有重要意义。

3.3.4   镍氢电池负极材料合成方法

1. 高频电磁感应熔炼法

高频电磁感应熔炼是工业上应用最广泛的储氢合金制备方法之一,其最大的优势在于熔炼规模大,开炉一次可熔炼几吨以上的储氢合金。高频电磁感应熔炼法工艺流程如图 3–10 所示。

高频电磁感应熔炼法适合于大规模生产,可熔炼材料种类多,成本相对较低,但也存在耗电量相对较大,合金组织可能不均匀,以及对环境有污染等问题。

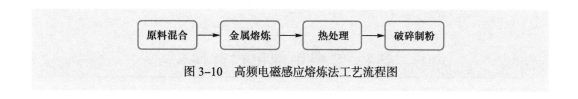

图 3-10 高频电磁感应熔炼法工艺流程图

铜合金通常通过传统的铸造工艺和火花等离子烧结生产,这个过程中会产生不均匀的混合物和不需要的金属间相。Merwe 等提出了一种感应熔炼技术,实现了良好的混合,可以控制加热和熔体搅拌。该工作制备了 Al-33Cu、Al-50Cu 和 Al-67Cu(原子百分数)合金,得到了较好的混合效果和相分布。但由于铝的损失、复杂的凝固机制和相密度偏析,只在 Al-33Cu 样品中发现了比较理想的均匀性。

2. 机械合金化法

机械合金化法是指通过高能球磨将不同粉末重复地挤压变形,经过断裂、撞击、冷焊接、原子间相互扩散、破碎晶态和非晶态金属及非金属粉末,并使之合金化的过程。

Lee 等提出了机械合金化制备复合电极的原理:高应力的薄片金属在较低的温度下能够促进扩散过程,从而在较短的时间内,导致表面有效的合金化。

机械合金化法具有工艺简单、室温即可制备、产物粒度低、晶粒细小、工艺成本比较低等特点,但也存在工艺参数多、性能不易控制、需要在保护气氛下制备,以及球磨工具对样品有一定污染等缺点。

3. 气流雾化法

气流雾化法是将金属熔化为流体后,利用高压气流(空气、惰性气体)击碎液态金属或合金,使其在雾化后冷却为粉末的制粉方法。

气流雾化法具有产物形貌佳、粒度小、产物纯度高、收粉率高、工艺成本较低等优点,但也存在惰性气体消耗量较大,雾化参数对产物形貌影响较多,以及生产速度较慢等缺点。

Jung-Min Kim 等采用气流雾化法制备了 $\text{Li}[\text{Li}_x(\text{Ni}_{1/3}\text{Co}_{1/3}\text{Mn}_{1/3})_{1-x}]\text{O}_2$ ($0 \leqslant x \leqslant 0.17$) 材料。这些材料的过锂化导致了六方晶格参数的降低,这主要是由于 Ni^{2+} 氧化为 Ni^{3+} 进行电荷补偿。在 2.8~4.5 V vs. Li^0 高电压区循环时,过锂化材料的电化学性能优于化学计量材料,这是因为在电化学循环过程中,过锂化材料的晶格参数变化更小,结构比化学计量材料更稳定,从而使过锂化材料具有更好的电化学性能。过锂化 $\text{Li}[\text{Li}_x(\text{Ni}_{1/3}\text{Co}_{1/3}\text{Mn}_{1/3})_{1-x}]\text{O}_2$ 是一种很有前途的锂离子电池正极材料。但是,在正式商业使用之前,其带电状态下的热稳定性和高温或低温下的电化学性能还需检查。

3.4　燃料电池电极材料

3.4.1　贵金属基电极材料

用于燃料电池的贵金属基电极材料主要以铂（Pt）及其合金作为催化剂。这些材料具有优异的电催化活性、稳定性和耐蚀性，适合在燃料电池中作为电极材料使用，这些材料可以是单、二元、三元或双金属组合。

铂是燃料电池中最常用的阳极材料。无论是在氢被还原还是被氧化的过程中，铂都代表了电催化性能的顶峰。铂与过渡金属合金化是提高电催化活性、降低铂负载量和总成本的有效方法。铁作为丰富且廉价的金属也可能是铂合金催化剂的理想选择。Wang等人研究发现，与纯贵金属材料相比，在碳上的铱、钯和钌合金都表现出了更高的氢氧化反应（HOR）活性。

铂具有出色的电催化活性，能够高效地催化氢氧化反应，是燃料电池中阳极催化剂的首选。铂表面具有丰富的活性位点，能够有效促进氢气在阳极的氧化反应。作为电极的主要部分，铂既昂贵又稀缺，这增加了燃料电池的成本，因此研究者一直在寻找替代材料以降低成本。在燃料电池的瞬态运行过程中，即启动、停机时，铂金属会发生降解，从而对膜电子组装产生不可逆的影响，导致燃料电池性能输出下降。因此，目前已有一些研究以开发替代材料为目标，来解决电池耐久性问题。有研究在碳载体上制备了比例为 1：4 的铱钌合金，在相同的催化性能下，其耐久性比传统 Pt/C 催化剂高 120 倍。然而，尽管这些贵金属基电极材料在燃料电池中具有优异的性能，但其成本较高，限制了燃料电池技术的广泛应用。因此，如何有效利用这些贵金属催化剂，降低其使用量，同时保持或提高性能，是燃料电池研究的一个重要方向。总的来说，贵金属基电极材料在燃料电池中发挥着重要作用，具有优异的电催化性能和稳定性。然而，由于其成本较高，未来的研究方向将主要集中在开发替代材料和合金材料，以降低成本、提高效率，推动燃料电池技术的商业化应用和可持续发展。

3.4.2　非贵金属基电极材料

由于贵金属基电极成本高，研究者们一直在探索开发新型的非贵金属基电极材料，以降低燃料电池的成本，提高其商业化应用的可行性。

非贵金属基电极材料在燃料电池中具有广阔的应用前景。主要的非贵金属基电极材料包括碳基材料(如碳纳米管、石墨烯、碳纳米纤维)、镍基材料(如镍基合金和镍基氢化物)、过渡金属化合物(如氧化物、硫化物、碳化物)和有机配体化合物等。这些材料具有优异的电催化性能、导电性和结构稳定性,在降低燃料电池成本、提高电催化性能和促进可持续发展方面发挥着重要作用。

碳基材料是燃料电池中被广泛研究的非贵金属基电极材料。碳材料具有良好的导电性和电化学稳定性,能够作为良好的电催化剂载体,并在氧还原反应(ORR)中发挥重要作用。碳纳米管、石墨烯、碳纳米纤维等碳基材料因其独特的结构和性能而备受关注。它们具有高比表面积和丰富的活性位点,对氧气的还原和氢气的氧化具有优异的催化性能。

在非贵金属基电极材料中,镍基材料也是研究的热点。镍基合金和镍基氢化物因其资源丰富、成本低廉和电催化性能优异而备受关注。镍基材料在氧还原反应中具有良好的活性,能够替代贵金属作为阳极催化剂,降低燃料电池的成本。此外,镍基氢化物在氢气的吸附和解吸过程中具有较好的催化性能,可作为阴极催化剂在燃料电池中发挥作用。

过渡金属化合物也是一类重要的非贵金属基电极材料。氧化物、硫化物、碳化物等过渡金属化合物因其优异的物理化学性质,在氧还原反应和氢氧化反应过程中具有优秀的活性和稳定性。

有机配体化合物作为燃料电池的非贵金属基电极材料也被广泛研究。这些有机配体化合物能够与过渡金属形成络合物,具有丰富的结构和功能,对电催化过程具有显著的影响。通过合理设计有机配体和过渡金属的络合物结构,可以有效调控其催化性能,提高其在燃料电池中的应用性能。

综上所述,非贵金属基电极材料在燃料电池领域具有很好的应用前景。碳基材料、镍基材料、过渡金属化合物和有机配体化合物等材料具有丰富的资源、优良的电催化性能和良好的结构稳定性,为降低燃料电池成本、提高电催化性能和促进可持续发展作出了重要贡献。

3.4.3　合成方法

1. 共沉淀法

共沉淀法是一种广泛应用的材料制备技术,其主要通过同时沉淀两种或多种溶液中的离子,来实现有序的材料结构组装。在燃料电池电极材料的合成中,共沉淀法展现出了显著的优势和应用价值。共沉淀法具有操作简单、成本低廉、制备过程容易控制等优点,能够获得具有良好结晶性和优异电催化性能的电极材料,因此在电催化材料领域得到了广泛应用。

共沉淀法能够有效控制材料的成分和结构,进而优化燃料电池电极的性能。例如,在合成过程中,可以通过调控反应参数,如溶液的浓度、温度、pH等,来调控材料的形貌、颗粒大小和晶体结构。

Xi 等人采用共沉淀法,通过不同共沉淀路线制备了 NiO-YSZ 纳米复合颗粒(图3-11),用作固体氧化物燃料电池 Ni-YSZ 复合电极。与传统的共沉淀方法相比,通过改进的共沉淀法可以合成均相 NiO-YSZ 纳米复合材料,这些颗粒表现出良好的烧结性,可以在相对较低的温度下烧结。通过改进,Ni-YSZ 负极具有更精细的微观结构,表现出较低的极化电阻。实验证明,共沉淀法在生产用于 SOFC 的高质量复合粉末方面非常有前途。

(a)　　　　　　　　　　　　　(b)

图 3-11　共沉淀法制备的 NiO-YSZ 纳米复合材料

共沉淀法在燃料电池电极材料的合成中发挥了重要作用,不仅有助于提高材料性能,而且扩大了材料选择范围,并推动了燃料电池技术的发展。

2. 水热法

水热法是一种常用的合成方法,也被广泛应用于燃料电池电极材料的制备中。该方法是通过在高温高压的水热条件下,将前体物质在水溶液中进行反应,利用水或其他溶剂作为介质来促进物质之间的扩散和反应,形成所需的电极材料。水热法具有简单、环保、成本低廉、制备过程温和等优点,能够获得纯度高、晶体结构良好、表面形貌可控的电极材料,具有良好的电催化性能。水热法具有较高的反应均一性,在高温高压的水热条件下,水分子具有较高的扩散性和反应性,能够促进不同物质之间的扩散和反应,使得反应更为均一,有利于形成纳米级或亚微米级颗粒的电极材料,这对于提高电极材料的比表面积和电化学活性是非常有利的。

温恒等人以 H_2PtCl_6 和硫代乙酰胺为原料,用水热法制备了 40% 的 Pt/C,用作质子交换膜燃料电池的阴极材料。通过调控制备条件,发现铂硫比为 1∶2 时制备的催化剂氧还原过电位最低,催化活性最高。

Zhang 等人采用水热法辅助热退火工艺将超细 Pd 纳米颗粒沉积在 N–S 掺杂的石墨烯纳米片表面。含有 ECSA(103.6 m^2·g^{-1})的 Pd/NS–G 片材在碱性介质中表现出良好的甲醇氧化性能。

Rinky 等人采用水热法结合电沉积合成了铂(Pt)纳米花还原的氧化石墨烯(rGO)复合材料,该复合材料表现出出色的电催化活性(15.3 mA·cm^{-2})、稳定性和 CO 耐受能力($I_f/I_b = 6.99$)。

3. 溶胶–凝胶法

溶胶–凝胶法是一种常用的合成方法,被广泛应用于燃料电池电极材料的制备中。该方法通过将溶解的前驱体物质在适当的条件(如温度、pH、浓度等)下,形成凝胶状态,再通过干燥和热处理形成所需材料。这种方法可以制备高比表面积、孔道大小和分布可控的电极材料,可以提高其电化学活性,增加氧化还原反应的速率,具有良好的电催化性能。

使用溶胶–凝胶法制备电极材料能够实现对材料结构和表面形貌的精确控制。通过调节溶解物质的配比、溶剂的挥发速率、水解缩合条件等参数,可以控制凝胶的孔隙结构和分布,获得具有良好导电性和较大比表面积的电极材料。这些参数的调节有利于增加活性位点的暴露,促进活性物种的传递,提高电化学反应速率。

溶胶–凝胶法对于合成多元复杂结构的电极材料具有独特的优势。通过将不同金属离子和有机络合物混合形成溶胶,再通过水解、缩合等化学反应过程形成凝胶,可以实现多元复杂结构控制。这使得溶胶–凝胶法能够合成具有特定结构和组分分布的复合电极材料,从而提高电极材料的电化学性能。

溶胶–凝胶法还能够实现对电极材料微观结构的精确控制。通过控制前驱体的水解缩合过程、干燥和热处理条件等,可以实现对材料的孔隙结构和孔径大小的调控。这种方法有利于增加活性位点的暴露,提高电极材料的电化学活性。溶胶–凝胶法也能够实现对电极材料的纳米结构的控制。通过适当的溶胶成分和处理条件,可以获得纳米级尺寸的电极材料,这有利于提高材料的电化学反应速率和活性。

相对于传统的固相反应法存在的效率低、粉料不足、杂质容易混入等问题,溶胶–凝胶法采用化学活性成分高的化合物作为前驱体,在液相中均匀混合,形成溶胶–凝胶体系,在电极材料合成方向更有优势。溶胶–凝胶法具有相纯度高、组成均匀性强、所得粉体表面活性好等优点,La$_{9.33}$Si$_6$O$_{26}$ 是最典型的例子。传统固相法合成的 La$_{9.33}$Si$_6$O$_{26}$ 粉体不仅烧结温度高(>1700 ℃),而且往往存在二次相(La$_2$SiO$_5$),导致电解质电导率降低。相比之下,溶胶–凝胶法制备的 La$_{9.33}$Si$_6$O$_{26}$ 粉体在获得高纯度纳米粉体的同时,也提高了样品的烧结活性。

Pu 等人通过溶胶–凝胶法制备了钙钛矿型 $Sm_{0.5}Sr_{0.5}MnO_3$（SSM55）材料，并对其晶体结构、化学稳定性、热膨胀系数（TEC）和电导率进行了表征。实验结果表明，用溶胶–凝胶法合成的 SSM55 在 1400 ℃ 以上的空气中具有化学稳定性，其钙钛矿结构不会分解，在燃料电池的工作温度下仍保持稳定。在温度高于 700 ℃ 时，SSM55 阴极的极化电阻明显低于 LSM82 阴极，这表明 SSM55 可以作为很好的燃料电池阴极材料替代品。

Fabbri 等人在较低的加工温度下获得了组成范围为 $0 \leqslant x \leqslant 0.8$ 的 $BaCe_{0.8-x}Zr_xY_{0.2}O_{3-\delta}$ 质子导体单相粉末，用于制备固体电解质。该研究通过提高质子电导率和降低电极极化，提高了燃料电池的性能。

4. 高温固相法

高温固相法是一种常用的合成方法，被广泛应用于燃料电池电极材料的合成中。在高温条件下利用固相反应合成材料，能够获得纯度高、晶粒尺寸均匀、结晶度高、晶型好，同时具有良好的电化学性能的电极材料。

高温固相法通常以固态物质或前体为原料，在高温环境中发生化学反应，生成所需的电极材料。这种方法可以控制反应温度、时间和气体氛围，有利于提高所获得材料的纯度和结晶度。例如，对于氧化物材料的合成，高温固相法可以通过将适量的金属氧化物原料混合均匀后，置于高温炉内进行热处理，使其发生固相反应，生成所需的氧化物材料。

高温固相法对于合成结构复杂和多元化合物的电极材料具有独特的优势。燃料电池电极材料通常需要具有特定的晶体结构、晶粒尺寸和表面形貌，以提高其电化学性能。利用高温固相法可以在相对较短的时间内，将多种原料在固相条件下进行反应，得到复杂结构和多元化合物的电极材料。

高温固相法在合成燃料电池电极材料中还可以实现对材料结构和性能的精确调控。通过控制反应条件，如温度、时间、原料比例等，可以实现对晶体结构、晶粒尺寸和晶型的调控。这种方法能够获得具有良好电化学性能的电极材料，满足燃料电池在高温、高压等复杂环境下工作的要求。

此外，高温固相法还能够实现对电极材料中杂质的控制。由于在高温条件下，材料中的杂质会更易于扩散和迁移，因此可以在燃料电池电极材料的合成中实现对杂质的排除和控制，提高材料的纯度和稳定性。

Zhao 等人为了提高电子和离子电导率，采用高温固相法将 La 和 Co 共掺杂到 $SrTiO_3$ 中，制备了 $La_xSr_{1-x}Co_yTi_{1-y}O_{3-\delta}$，考察了 La 和 Co 在氧分压 $10^{-19} \sim 10^{-14}$ atm 范围内对 $SrTiO_3$ 晶格结构、电导率、离子电导率、氧空位浓度和结构稳定性的影响，并讨论了可能的电荷补偿机制及其对电子能带的影响。实验数据分析表明，La 掺杂使 $SrTiO_3$ 的烧结性能略有降低，但电导率显著提高，La，Co 共掺杂降低了氧离子迁移的活化能，增加了氧空位浓度，

$La_{0.3}Sr_{0.7}TiO_{3-\delta}$ 和 $La_{0.3}Sr_{0.7}Co_{0.07}Ti_{0.93}O_{3-\delta}$ 样品在 800 ℃下,$10^{-19}\sim10^{-14}$ atm 的氧分压范围内表现出相对稳定的电导率,表明 La 和 Co 共掺杂 $SrTiO_3$ 具有较好的结构稳定性,是一种很有前途的负极材料。

Zhao 等人用高温固相法合成了具有立方结构的负极材料 $La_{0.3}Sr_{0.7}Ti_{1-x}Cr_xO_{3-\delta}$(LSTC, $x=0,0.1,0.2$)。电池测试结果表明,Cr 的掺杂对 LSTC 的阳极性能有一定的提升,制备的 LSTC 具有优异的氧化还原稳定性,可以作为 SOFC 的潜在阳极材料。单立方结构的掺铬 LSTC 钙钛矿在较宽氧分压范围内表现出优异的稳定性和电导率恢复性,是 SOFC 阳极和互连材料的理想材料。

Gauthier 等人用高温固相法合成了 $La_{0.23}Ce_{0.1}Sr_{0.67}TiO_{3+\delta}$(LCST)。研究通过在 $La_xSr_{1-x}TiO_{3+\delta}$ 系列的 $x=0.33$ 分子的结构中以 Ce 部分取代 La,引入 Ce^{4+}/Ce^{3+} 氧化还原电对,来改善 LST 材料的催化和电催化性能。研究表明,这种材料显示出对碳形成的高抵抗力,这使得这种材料成为直接在甲烷中工作的 SOFC 阳极的备选材料。

Du 等人采用高温固相法合成了 PtFe/C 催化剂。这种合成方法产生了面心四方铂铁(PtFe)晶格,嵌入粒径小于 5 nm 的多孔碳中。与 Pt/C 相比,PtFe 和 Pt_3Fe 的耐久性和 ORR 活性都有所提高,这主要归功于其有序的金属结构。在铂中加入铁会导致铂晶格收缩,从而使铂铂键长度减小,从而提高催化活性。此外,由于 FCt 的高度有序化及铂和铁的 d 轨道之间的相互作用,面心四方(FCt–PtFe)结构增加了稳定性。由于电子穿过碳层的穿透效应,多孔碳中的封装铂铁结构提高了耐久性。研究表明,这种细粒度的 FCt–PtFe 颗粒对 ORR 具有极佳的催化活性和耐久性,而且有可能将铂负载量降低至 25%,而不会牺牲使用传统 Pt/C 催化剂时的活性。

高温固相法在燃料电池电极材料合成中具有独特的优势,能够实现对电极材料结构和性能的精确控制,获得具有良好电化学性能的材料。随着燃料电池技术的发展,高温固相法在燃料电池电极材料合成中将继续发挥重要作用,并为燃料电池技术的进一步发展提供有力支撑。

🏭 思考题

3–1　镍氢电池正极材料中三元正极材料分别是什么过渡金属?起什么作用?

3–2　锂离子电池正极材料包括哪几类?常见的锂离子电池正极材料的合成方法有哪些?

3–3　为什么要对镍氢电池正极材料进行改性?改性的方式有哪些?

3–4　制备非晶态储氢材料最原始、最简单的方法是什么?该方法的反应机理是什么?

3–5　用于燃料电池的非贵金属基电极材料有哪些?

思考题参考答案

参考文献

第四章
电催化材料

4.1　电催化材料概述

电催化材料是指能够促进电化学反应的材料,其应具备电荷转移能力和/或催化性能。根据材料的化学组成和结构特点,电催化材料可以分为金属及合金、金属氮化物、金属硫化物、金属硒化物、金属氧化物,以及掺杂的碳材料等多种类型。

4.1.1　电催化发展历史

电催化

电催化的发展可以追溯到 1905 年 Tafel 提出的 Tafel 规律,即在电解过程中,电极上的超电势和通过电极的电流密度成正比。1931 年,Butler 和 Volmer 提出了电催化理论模型——巴特勒–福尔默方程(Butler–Volmer 方程);Gurney 提出电化学反应电子转移的量子力学机制——电极稳态电流源于电极–电解液界面的等能电子宏量隧穿效应。1952 年,Libby 提出了等能电子转移应满足 Franck–Condon 原理,即电子转移时间远快于分子构型变化。随后,Marcus 提出了 Marcus 电荷转移理论,指出在电化学反应过程中电子转移是绝热非辐射过程,电子转移时间尺度通常在 10^{-15} s,而反应分子构型变化在 10^{-13}~10^{-11} s。显然,当电子转移发生时,反应物分子几何构型尚没有发生变化,电极与反应分子之间的电子转移遵循等能转移机制。除了电化学理论相关的电化学行为研究,20 世纪 50 年代开始,科学家开始注重新型电催化材料和电催化剂开发,发展了金属纳米颗粒、有机金属化合物和杂化纳米材料等新材料。进入 21 世纪后,Hammer 和 Nørskov 提出的 "d 带理论(d-band theory)" 逐渐成为电催化剂作用机制研究的理论基础,同时,依托于迅速发展的计算能力和 DFT 理论,"不同晶面上两个吸附物之间的吸附能线性关系(scalling relation)""反应能和活化能的线性关系(BEP relation)""电子结构效应(electronic effect)" 和 "几何结构效应(geomertic effect)" 等规律也逐渐从传统的多相催化领域拓展到电催化领域,而且目前已经成为电催化反应行为研究和电催化材料理性设计和开发的主要依据。同时,除了传统电化学领域外,电催化材料及其电催化转化体系逐渐被拓展到有机合成、环境保护和能源转化等多个领域。例如,利用电催化还原和氧化反应实现有机污染物的快速降解和脱除,CO_2 的高效催化转化、电催化合成氨和电催化生物质高效还原或氧化制化学品等。电催化与其他学科交叉,也是当前的热门领域,例如太阳能电池、燃料电池等新能源领域中广泛关注的光电催化学科。

4.1.2　电催化与传统多相催化的区别

　　传统多相催化主要指通过外部热量或利用反应放热来提供催化剂表面反应物活化所需的活化能,从而使反应快速发生,简称热催化。热催化和电催化都归属于催化作用。根据催化作用定义,电催化剂要发挥催化作用,同样需要参与反应过程,与反应分子发生表面相互作用,改变反应途径,进而改变反应速率。在热催化反应中,温度、压力和催化剂性质是影响反应速率和选择性的关键因素。电催化与热催化不同,电催化利用电流将电子从还原剂转移到氧化剂,进而加速氧化还原反应的进行。因此,与热催化常常需要高温和高压条件不同,电催化可以在常温、常压下通过改变电极界面电位,改变反应体系能量,从而改变化学反应的途径和速率。若从反应环境角度分析,电催化适用于电池(例如燃料电池)和其他电化学设备中的氧化还原反应,通常是在常温/低温、常压/低压条件下进行,可以调变电极的材料、电流和电解质浓度,进而控制反应速率和选择性。

　　电催化作用包含电极反应和催化作用两个方面,因此电催化剂与传统的多相催化剂组成要求不同。电催化剂应同时具备两种功能:①能导电且能较快地自由传递电子;②能活化反应物。能导电的材料并不都具有对反应物的活化作用,反之亦然。因此,电催化剂一般是由具有活化反应物的含 d 带电子的金属、金属化合物等活性组分和能导电的基底电极相结合,两者之间可以通过共价键或化学吸附形成强相互作用(协同作用),实现传递电子和反应物的活化。本章所述的电催化材料,主要指的是负载/吸附在基底电极上的无机或有机的活性材料、助剂和载体等。

4.1.3　电催化反应的基本特点

　　电催化反应可以认为是涉及电极–溶液界面电荷传递的气–固–液多相化学反应过程,影响多相催化反应的各种因素,如温度、压力、扩散、催化剂结构性质、催化剂表面状态、溶液的性质等都能影响电催化反应的反应速率。如前所述,电催化与热催化最大的区别是其反应速率还受施加于电极–溶液界面电位的影响。因此,电催化反应的最大特点是电极反应速率对外部施加到电极上的电位非常敏感。以热催化反应为例,若其反应活化能为 40 kJ·mol⁻¹,不考虑温度对反应平衡、反应物传质和传热影响,理论上,反应温度从

25 ℃提高到 1000 ℃时,反应速率能提高 10^5 倍;而对于电催化反应,由于电极-溶液界面电场强度高,对参加电化学反应的分子或离子具有明显的活化作用,能使反应所需的活化能显著降低,理想情况下,电极电势每改变 1 V 可使电极反应速率改变 10^{10} 倍。因此,大部分电催化化学反应可以在远比通常热催化反应低得多的温度下进行。此外,电极附近的离子分布和电位分布取决于电极-溶液界面双电层结构,说明电极反应的速率还与电极-溶液界面双电层结构性质密切相关。需要注意的是,电催化作用是通过增加电极反应的速率常数,而使得产生的法拉第电流增加。在实际电催化反应体系中,法拉第电流的增加常常被另一些非电化学速率控制步骤所掩盖,因而通常在给定的电流密度下,从电极反应具有低的过电位来简明而直观地判断电催化效果。

4.1.4 电催化材料分类及发展

电催化剂的组成及其作用

根据电催化材料的成分和性质,可以将其分为金属、合金、金属氧化物、金属氢氧化物、有机物等多种类型。其中,金属和合金催化材料具有优异的导电性和催化活性,可用于电解水制氢、燃料电池等能源转换领域;金属氧化物或氢氧化物具有丰富的氧化-还原反应活性位点,可用于小分子的电氧化或电还原反应,例如,Sn 基金属氧化物用于 CO_2 电催化还原反应;有机物具备诸多特殊的催化性能,可用于一些新兴的电化学反应体系,例如生物燃料电池。

目前商用的电催化剂的活性组分仍然以贵金属材料为主,如铂、钯、铑、铱等,使用成本高。寻找贵金属替代的廉价电催化材料一直是电化学研究的热点。许多实验室研究表明,部分金属氧化物(如钨酸盐和锰氧化物等)和过渡金属填隙化合物(如硫化钼、硒化钼、磷化镍等)具备甚至超越铂族金属的电催化活性和稳定性。这些材料已经成为当前研究的热点。实际上,通过往贵金属中引入一种或几种过渡金属,使其合金化是维持贵金属电催化性能,同时降低贵金属使用成本最直接和有效的方法。例如,Pt–Pd 合金在催化甲醇氧化反应中的电氧化活性和抗 CO 中毒性能显著优于 Pt 金属单质,目前已经广泛应用于燃料电池领域。

在电催化材料研发过程中,科学家一直在追求如何利用电催化剂物性和电催化性能之间的"构效关系"设计和开发高性能电催化材料和电催化反应。目前,多数电催化工作者常常用"构效关系"研究中的"电子结构效应"和"几何结构效应"阐释电催化剂的作用机制和性能。电子结构效应主要是指电极材料的能带、表面态密度等对反应活化能的影响;几何结构效应是指电极材料的表面结构(化学结构、原子排列结构等)通过与反应分子相互作用,改变电极-溶液界面结构进而影响反应速率。可见,电催化材料的合成与性能研究已经进入到分子/原子水平。目前,电催化工作者正在不断开展材料组成、微观结构和微观界面等的精准调控技术,量体裁衣地开发高效的电催化材料。这些精准调控技术,主要应用于以下三个方面。

（1）结构调控 通过调控电催化材料的精细结构来调变电催化性能。例如,严格控制纳米尺度合金材料的成分和表面结构,从而获得特定的电子结构和晶格缺陷;另外,改变材料的形貌获得纳米线、纳米片、纳米薄层等特殊纳米结构也能改变材料的电子性质,从而调控催化活性。

（2）掺杂调控 在材料合成或改性过程中,引入掺杂物调控电催化材料的电子结构和晶格结构是常见的方式。例如,在金属氧化物、金属氢氧化物表面引入氧空位,在石墨烯或碳材料骨架中引入金属 Zn,Ni 等过渡金属或 N,P 等非金属原子,通过实验条件控制掺杂原子的浓度和位置等都是调控电催化性能的有效方法。

（3）界面调控 电催化反应发生在电极–溶液界面,电极–溶液界面的微观调控也是电催化性能调变的有效方法。例如,在电催化材料的表面修饰过渡金属或金属氧化物纳米颗粒,以及引入络合剂改变电催化材料与电解质的界面相互作用等方法都可以调控电催化性能。

4.2 电催化原理

4.2.1 电催化反应分类

电催化
反应

电催化反应过程包含两个以上的连续步骤,通过在电极催化剂表面生成化学吸附中间物,进而将离子转化成分子或将分子降解成离子。通常可以将电催化反应分为以下两类。

1. 第一类反应

离子或分子通过电子传输步骤在电极表面产生化学吸附中间物,中间物再经过多相化学步骤或电化学脱附步骤生成稳定的分子或离子。典型的反应是电解水过程中的氢电极过程和氧电极过程(如图 4–1)。

（1）氢电极的析氢反应(hydrogen evolution reaction,HER),反应遵循 Volmer–Tafel 机制或 Volmer–Heyrovsky 机制。

在酸性条件下 HER 步骤:

$$H^+ + * + e^- \longrightarrow H_{ads} (\text{Volmer 反应}) \tag{4-1}$$

$$H_{ads} + H^+ + e^- \longrightarrow H_2 + * (\text{Heyrovsky 反应}) \tag{4-2}$$

$$2H_{ads} \longrightarrow H_2 + 2* (\text{Tafel 反应}) \tag{4-3}$$

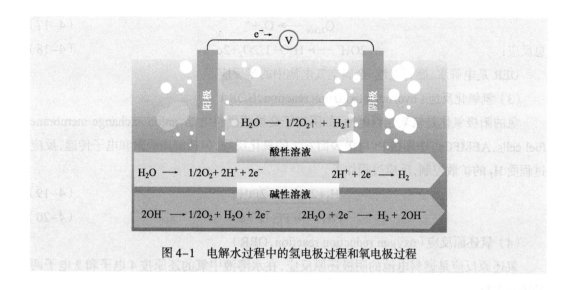

图 4-1 电解水过程中的氢电极过程和氧电极过程

式中，* 表示电催化剂的活性位点，下标 ads 表示被活性位点吸附的物种。

在碱性条件下 HER 步骤：

$$H_2O+e^- \longrightarrow OH^-+H_{ads}（\text{Volmer 反应}） \tag{4-4}$$

$$H_{ads}+H_2O+e^- \longrightarrow H_2+OH^-（\text{Heyrovsky 反应}） \tag{4-5}$$

$$2H_{ads} \longrightarrow H_2+2*（\text{Tafel 反应}） \tag{4-6}$$

电解、电镀、电化学沉积、电化学能源和传感器等电化学过程都涉及 HER。

（2）氧电极的析氧反应（oxygen evolution reaction，OER），OER 涉及多电子转移过程，反应速率慢，在电解水反应中是制约整个反应过程效率的关键因素。OER 反应主要涉及含氧中间物的吸附和脱附，即 $OH_{ads} \longrightarrow O_{ads} \longrightarrow OOH_{ads} \longrightarrow O_{2,ads}$。在碱性和酸性介质中，OER 包括四个步骤，每个步骤都与一个电子偶合。

在酸性条件下 OER 步骤：

$$H_2O+* \longrightarrow OH_{ads}+H^++e^- \tag{4-7}$$

$$OH_{ads} \longrightarrow O_{ads}+H^++e^- \tag{4-8}$$

$$O_{ads}+H_2O \longrightarrow OOH_{ads}+H^++e^- \tag{4-9}$$

$$OOH_{ads} \longrightarrow O_{2,ads}+H^++e^- \tag{4-10}$$

$$O_{2,ads} \longrightarrow O_2+* \tag{4-11}$$

总反应：
$$H_2O \longrightarrow 2H^++1/2O_2+2e^- \tag{4-12}$$

在碱性条件下 OER 步骤：

$$OH^-+* \longrightarrow OH_{ads}+e^- \tag{4-13}$$

$$OH_{ads}+OH^- \longrightarrow O_{ads}+H_2O+e^- \tag{4-14}$$

$$O_{ads}+OH^- \longrightarrow OOH_{ads}+e^- \tag{4-15}$$

$$OOH_{ads}+OH^- \longrightarrow O_{2,ads}+H_2O+e^- \tag{4-16}$$

$$O_{2,ads} \longrightarrow O_2 + * \tag{4-17}$$

总反应：
$$2OH^- \longrightarrow H_2O + 1/2O_2 + 2e^- \tag{4-18}$$

OER 是电解水、燃料电池、金属空气电池中的半反应。

（3）氢氧化反应（hydrogen oxidation reaction，HOR）

氢的阳极氧化是氢氧燃料电池（如阴离子交换膜燃料电池，anion exchange membrane fuel cells，AEMFCs）中阳极 Pt 电极表面发生的氧化反应，包括解离吸附和电子传递，反应过程受 H_2 的扩散控制，反应过程如下。

$$H_2 + 2Pt \longrightarrow 2PtH \tag{4-19}$$
$$PtH \longrightarrow Pt + H^+ + e^- \tag{4-20}$$

（4）氧还原反应（oxygen reduction reaction，ORR）

氧还原反应是燃料电池的阴极还原反应，在水溶液中氧的还原按 4 电子和 2 电子两种途径进行。

a. 直接 4 电子途径（以酸性溶液为例）：
$$O_2 + 4H^+ + 4e^- \longrightarrow 2H_2O \, (\varphi = 1.229 \, V) \tag{4-21}$$

直接 4 电子途径经过许多中间步骤，其间可能形成吸附的过氧化物中间物，然后再分解转变为氧气和水。

b. 2 电子途径（或称过氧化氢途径）：
$$O_2 + 2H^+ + 2e^- \longrightarrow H_2O_2 \, (\varphi = 0.67 \, V) \tag{4-22}$$
$$H_2O_2 + 2H^+ + 2e^- \longrightarrow 2H_2O \, (\varphi = 1.77 \, V) \tag{4-23}$$

对于燃料电池而言，2 电子途径对能量转化不利，4 电子途径的还原是电化学家期望发生的。上述两种电子途径的发生，取决于电催化剂表面和氧气的作用方式，在实验过程中，两种途径可以通过旋转圆盘电极和旋转环盘电极等技术检测反应过程中是否存在过氧化物中间物进行确认。

总而言之，第一类反应是指电催化剂表面吸附的中间物是由溶液中物种发生电极反应产生的，中间物的生成速率和电催化剂表面性质、电极电位有关。其中，电极电位的变化直接影响电极-溶液界面上反应物和中间物的吸附和脱附，改变电极电位可以调节金属电极表面电荷密度，从而促使电极表面呈现出可调变的 Lewis 酸/碱特征，最终改变中间物的吸附强度和数量，影响电催化反应速率。

2. 第二类反应

反应物首先在电极表面上进行解离式或缔合式化学吸附，随后化学中间物或吸附反应物进行电子传递或表面化学反应，如甲酸电氧化。该类反应主要包含以下两种途径。

（1）活性中间体途径：
$$HCOOH + 2M \longrightarrow MH + MCOOH \tag{4-24}$$

$$MCOOH \longrightarrow M+CO_2+H^++e^- \tag{4-25}$$

式中,M 表示吸附的金属活性位点。

（2）毒性中间体途径:

$$HCOOH+M \longrightarrow MCO+H_2O \tag{4-26}$$

$$H_2O+M \longrightarrow MOH+H^++e^- \tag{4-27}$$

$$MCO+MOH \longrightarrow 2M+CO_2+H^+ \tag{4-28}$$

在毒性中间体途径中,被活化吸附的 CO(式 4-26 中的 MCO)的氧化速率,会因为电极表面吸附的其他含氧物种(式 4-28 中的 MOH)的存在而提高。上述提及的 Pt-Pd 合金,因在甲醇燃料电池中能够提高 Pt 的抗 CO 毒化性能而被广泛应用。其实,Pd 的引入不仅能够提高催化剂稳定性,还有利于在较低电位下生成含氧物种(Pd-OH),能够促进铂位点上有机小分子(甲醇、甲酸等)发生解离吸附形成吸附态 CO,进而提高电催化反应活性。

总之,第二类反应中,电极表面吸附中间物种通常借助电子传递步骤进行脱附,或者与在电极上的其他化学吸附物种(如 OH 或 O)进行表面反应,反应速率对电极电位变化更加敏感,该类反应可以通过改变电极-溶液界面上的电位差,方便有效地调变电催化反应速率和选择性。

4.2.2　电极-溶液界面结构

水化作用
介绍

1. 双电层模型

电极-溶液双电层的物理模型主要包括 Helmoholtz-Perrin 平板电容器模型、Gouy-Champman 分散层模型、Gouy-Champman-Stern 模型,以及 Bockris-Davanathan-Muller 紧密层结构模型等。

1853-1879 年,Helmoholtz 研究电极-溶液的界面结构,提出了双电层的 Helmoholtz-Perrin 平板电容器模型,认为正负离子整齐并紧密地排列于电极-溶液界面两侧,如同平板电容器中的电荷分布。两层之间的距离约等于离子半径,电势在双电层内呈直线下降。该模型忽略了离子自身的热运动、带电粒子的水化作用、带电粒子的表面电势与粒子运动时固-液相之间电势差,是理想的电极-溶液界面双电层。1909—1913 年,Gouy 和 Champman 将离子自身热运动效应引入 Helmoholtz-Perrin 平板电容器模型,提出了 Gouy-Champman 分散层模型。该模型将固体粒子当作质点,没有考虑粒子体积及水溶液中的水化作用。1924 年,Stern 等对 Gouy-Champman 分散层模型进一步改进,提出 Gouy-Champman-Stern 模型,将电解质溶液的离子浓度和电极表面的电荷密度关联,提出电极表面的紧密层结构和溶液中的剩余电荷的 “分散性”。1947 年,Grahame 在 Stern

工作的基础上,将电极–溶液的界面电荷、相界面的剩余电荷引发的电极与溶液的静电相互作用,带电粒子的转移,电极与粒子间的化学相互作用,以及电解质粒子自身的热运动等影响因素引入电极–溶液界面结构,提出了如图 4-2 所示的"紧密层"和"分散层"组成的双电层结构。

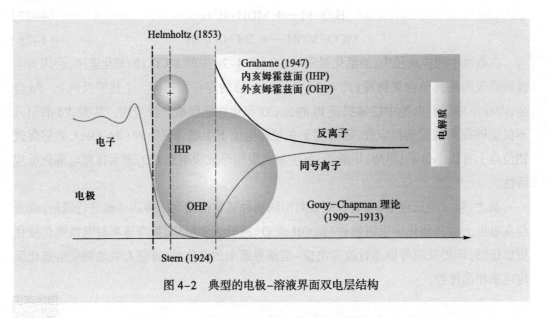

图 4-2　典型的电极–溶液界面双电层结构

电极–溶液界面双电层结构

在水溶液中,电极表面的剩余电荷会促使水分子发生偶极化作用——水分子中亲核的 O 原子与正电荷作用,而亲核的 H 原子与负电荷作用,这些水分子在电极表面发生定向排列吸附,形成一层水分子偶极层(水化层),此为内紧密层,称作内亥姆霍兹面(inner Helmoholtz plane,IHP)。当水溶液中存在水合离子时,IHP 结构由界面上水化层、水合离子的静电作用及特性吸附决定。当电极表面对水合离子无特性吸附时,水合离子难以突破 IHP,IHP 界面和水合离子层组成外紧密层,称作外亥姆霍兹面(outer Helmholtz plane,OHP)。此时 IHP 和 OHP 的结构即为电极–溶液界面结构。当电极存在离子特性吸附时,某一些水合离子会突破水 IHP,取代面内的水分子直接吸附在电极表面,形成新的 IHP。如图 4-2 所示,IHP 仅一个离子半径的厚度,远小于 OHP 厚度,一般只有 0.1 nm 左右,因此施加 1 mV 电极电势的变化,可使 IHP 中的电场强度高达 $10^5 \sim 10^9$ V·cm^{-1}。这就是本章 4.1.3 所述电催化反应基本特点时提的改变电极电势能显著改变电化学反应速率的根源。

2. 双电层性质

电催化反应中,电催化活性组分主要负载/附着在电极表面,因此,电极–溶液界面的性质参数,如表面剩余电荷、零电荷电势,以及双电层电容等能直接影响活性组分的反应性能。

表面剩余电荷的产生是电极表面电子的剩余或不足,即电子化学势高或低导致的。电极的导电性越好,电极表面剩余电荷的分布越均匀,电极表面各点的电势越容易相等。当电极表面存在剩余电荷时,电极表面会通过不同范德华力、静电库仑作用力、化学吸附等方式与电解质溶液中的离子、溶剂分子或分子发生相互作用或反应,表面剩余电荷数量和分布会随着相互作用程度或反应程度发生改变,进而导致 IHP 和 OHP 结构变化。显然,电极电势、体系温度、电解质浓度不同时,电极-溶液界面的剩余电荷在界面处分布因上述作用程度或反应程度不同而发生改变,这就是剩余电荷"分散性"变化。例如,当电极表面通过静电库仑作用力与电解质中的离子发生吸附时,改变施加在电极上的电势,电荷分散可以随着电势增强而增强。

电极的零电荷电势(potential at zero charge,PZC)是电极表面剩余电荷为零时的电极电势。这一概念与传统多相催化剂的制备领域中等电点的概念类似,即载体表面不带电时的体系 pH。因此,PZC 可以当作一个非常重要的指数,通过施加的电极电势和 PZC 的偏差程度,可以调变电极表面的电荷数量,进而改变电极表面的吸附性能,以及 IHP 和 OHP 层结构。PZC 的测量可以采用毛细管静电计法,通过毛细管静电计测量电毛细管曲线,获得液态金属的 PZC。对于金属固体可采用表面硬度法、接触角法、浸湿法、滴汞电极法、刮开电路法、离子吸附法、有机物吸附法、界面振动法、光电发射法、交线法和接触时间法等。

电极-溶液界面的剩余电荷及电极表面物种的吸附会同时改变界面双电层的电位差,从而导致电极-溶液界面具有储存电荷的能力,这就是双电层的电容。如果将双电层电容作为一个电容器,双电层的微分电容为

$$C_d = dQ/d\varphi \qquad (4-29)$$

式中,C 为微分电容。用微分电容相对于电极电势的变化所作的曲线即为微分电容曲线,可以用于研究电极-溶液界面结构与性质,从而了解电极电势及电解质溶液对界面结构的影响。

电解液中的离子或有机分子在电极表面的吸附会改变电极-溶液界面,从而改变电极的零电荷电势和双电层电容,进而影响电催化性能。因此,电催化反应中,需要考虑常见的阴离子的影响。一般情况下,卤素离子(F⁻除外),CNS⁻、SN⁻等会在电极表面发生强吸附,其中氯离子吸附对电化学催化反应的影响经常被报道,这是因为当电极表面能够吸附阴离子时,电极-溶液界面中,溶液一侧阴离子的剩余量会大于电极一侧正电荷的剩余量,致使阴离子在电极表面呈现超载吸附的现象。此时,图 4-2 所示的双电层实际具有"三电层"的性质,即吸附阴离子的离子层、含溶剂化离子的 IHP 和 OHP,以及分散层。例如,燃料电池中如果存在一定的氯离子,其吸附会导致铂电极毒化,电催化性能降低。通常阴离子的吸附越强,电极的零电荷电势负移越多,相应双电层中电势分布变化越显著。

4.2.3 电极-溶液界面反应历程

电极过程中的催化反应过程

1. 电极过程的特征

电极上发生的电化学催化过程(简称电极过程)是指电极-溶液界面上发生的一系列反应和扩散,与传统的热催化中多相催化反应的七个基本步骤类似,如图4-3所示。

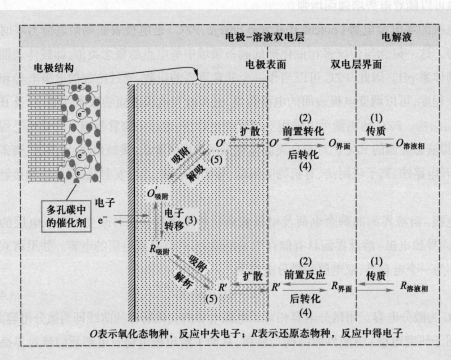

图 4-3 电化学催化电极过程基本历程

(1)反应粒子(离子、分子等)向电极表面附近液层(如双电层界面)迁移,称为液相传质步骤。

(2)反应粒子在电极表面或电极表面附近液层中进行电化学反应前的某种转化过程,如反应离子或分子在电极表面的吸附、络合或其他化学变化。这类过程没有电子参与反应,反应速率与电极电势无关。这一过程称为前置的表面转化步骤,或简称前置转化。

(3)反应离子或分子在电极-溶液界面上得到或失去电子,发生还原反应或氧化反应。这一过程称为电子转移步骤或电化学反应步骤。

(4)反应产物在电极表面或表面附近液层中进行电化学反应后的转化过程,如产物自电极表面脱附、反应产物的复合、分解、歧化或其他化学变化。这一过程称为随后的表面转化步骤,简称后转化。

（5）反应产物生成新相,如生成气体、固相沉积层等,称为新相生成步骤。如果反应产物是可溶性的,产物粒子自电极表面向溶液内部或液态电极内部迁移,称为反应后的液相传质步骤。

对一个具体的电极过程来说,并不一定包含所有上述五个单元步骤,可能只包含其中的若干个。但是,任何电极过程都必定包括（1）（3）（5）三个单元步骤。

2. 电极过程的速率控制步骤

电极的催化反应速率取决于图 4-3 所述的各单元步骤中最慢的步骤,称作电极过程的速率控制步骤,也称速控步或决速步（rate determining step, RDS）。速控步决定着整个电极过程的反应速率,其对应不同的电极极化特征。根据电极反应速控步的不同可将电极的极化分成不同的类型,例如浓差极化(偏离浓度平衡)、电化学极化(偏离电化学平衡)和欧姆极化(欧姆损失,也可称作电阻极化)。

浓差极化是指图 4-3 中的单元步骤（1）,即液相传质步骤成为速控步时引起的电极极化。当电极附近液层中反应离子浓度形成浓度差时,电极电势与主体溶液的平衡电势存在差别,此时可通过强制搅拌、旋转圆盘电极等加强对流的方法消除浓差极化。

电化学极化是指图 4-3 中的单元步骤（3）,即反应物在电极表面得失电子的电化学反应是速控步所引起的电极极化现象。以阴极极化为例,电极来不及将外电源输入的电子完全吸收,在阴极表面积累了过量的剩余电子,电极电势从平衡电势向负方向移动。

由于速率控制步骤是最慢步骤,可以近似地将电极过程的其他单元步骤(非速率控制步骤)近似地处于平衡状态,即准平衡态。此时,非速率控制步骤的电子转移步骤,可以用能斯特方程计算电极电势,非速率控制步骤的吸附和转化步骤,可以用吸附等温式计算。

4.2.4 界面催化反应影响因素

电催化剂活性高低决定电极与反应物间的电子转移难易程度,该程度常用一定电流密度下的过电势作为判据,即高效电催化就是以最小的过电位保证电极–溶液界面电子转移。因此,整个电催化研究过程中,电子转移通常被用于影响电极–溶液电化学催化反应性能的因素分析。

1. 电子转移

在电极反应中,电极–溶液界面的电子转移可根据溶液中反应物种与电极间的相互作用的强弱,分为两类(图 4-4):一类是反应物与电极间无强相互作用的外层电子转移反应(outer sphere charge transfer reaction);另一类是反应物种与电极间存在强相互作用(如成键)的内层电子转移反应(inner sphere charge transfer reaction)。在外层电子转移过程中,电极仅为电子的给体或受体,反应离子或分子扩散到电极表面附近双电层的外层就发生了电子转移。而内层电子转移,则是反应分子或离子扩散运动到了双电层内层,与电子发生了涉及电子转移的强相互作用,如吸附、成键、键的解离等。

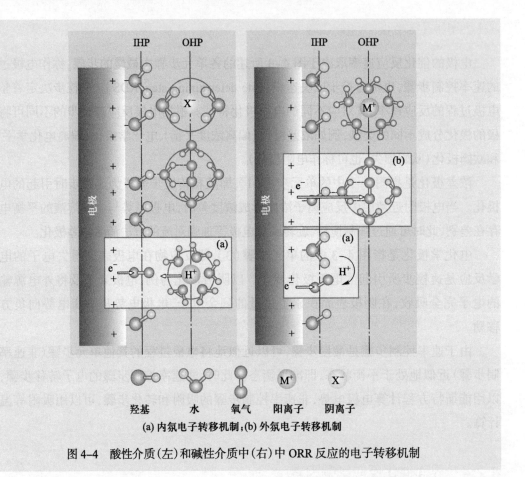

(a) 内氛电子转移机制;(b) 外氛电子转移机制

图 4-4   酸性介质(左)和碱性介质中(右)中 ORR 反应的电子转移机制

外氛或内氛电子转移反应主要包括以下几个过程:反应离子或分子在溶液中发生溶剂化——➤溶剂化离子或分子在溶液中扩散到电极表面——➤发生内氛或外氛电子转移——➤电荷发生变化的离子或分子的溶剂层随之变化,之后扩散回溶液中。因此,整个电子转移反应主要由反应物与溶液间的相互作用,以及电极表面与反应物间的电子转移决定。

2. 界面结构

电催化反应过程中,用于负载或修饰电极的活性组分按照导电性可以分为金属和半导体材料。由于金属和半导体的电子传输特性不同,电极-溶液界面组成的结构也存在区别。

（1）金属电极−溶液界面结构　当金属电极与电解质溶液接触达到平衡时,两相的化学势相等,即电极费米能级与溶液中氧化还原电对平衡电势相等。由于金属的能级是连续的,改变电极电势,虽可调变金属电极费米能级,但费米能级上电子占据状态并不会发生变化,金属表面的电荷分布影响不显著。此时,电极电势对电子转移速率的影响主要体现在双电层结构中溶液侧的电势降变化,即电解质溶液中带不同电荷的离子分布发生变化。

（2）半导体电极−溶液界面结构　与金属电极类似,当半导体电极与电解液接触达到平衡时,两相发生电荷转移,促使电极费米能级与溶液氧化还原电对平衡电势相等。n 型半导体和 p 型半导体的费米能级分别位于导带下方和价带的上方,而大部分的反应物种的氧化还原电势介于半导体的能隙之间。对 n 型半导体则会发生电子从电极向溶液的转移,而 p 型半导体则发生电子从溶液向电极的转移,从而在电极−溶液界面处达到两相电势的动态平衡。

半导体中可导电的载流子数量有限,远低于金属电极,而且低于电解质溶液中的离子浓度,这就导致电极−溶液界面区域大部分电位降位于半导体的内部,只有小部分电位降位于溶液侧。n 型半导体电极界面因电子转移带正电荷,能带表现为从本体到界面向上弯曲;p 型半导体电极界面带负电荷,能带表现为从本体到界面向下弯曲。半导体电极界面处能带的弯曲形成空间电荷层（space charge layer,SCL,图 4-5）,在表面的费米能级与

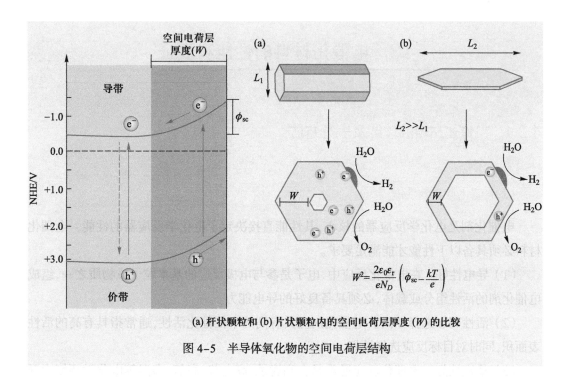

(a) 杆状颗粒和 (b) 片状颗粒内的空间电荷层厚度 (W) 的比较

图 4-5　半导体氧化物的空间电荷层结构

导带边缘能级差近似等于其与半导体体相的相应能级的差,称为空间电荷电势。显然,空间电荷层的厚度与电子的转移效率和界面层离子的分布相关,而厚度与半导体的晶体形貌密切相关。这说明对于半导体材料的结构和形貌的微观调控,对电催化性能的优化具有重要的意义。

p 型半导体电极中的载流子为空穴,含有空穴的价带参与电荷的转移,发生氧化还原反应。因此,p 型半导体电极表面价带空穴是参与电化学反应的主要物种,电荷转移速率取决于电极表面价带的能级及空穴的浓度。

n 型半导体电极的载流子为电子,电子参与发生氧化还原反应。电化学反应中的电子转移数量取决于电极表面导带能级及电子的浓度。当外加电极电势时,电极费米能级相对于溶液氧化还原电势发生移动,此时,界面能带边缘能级保持不变,但能带弯曲程度发生变化。当外加负的电极电势时,费米能级升高,能带弯曲时电子从电极转移到溶液,主要发生还原反应,阴极电流密度增大。此时,如果界面电化学反应速率慢,电子在界面处聚集。当外加正电极电势时,因界面空间电荷区间的存在,电子难以从溶液转移到电极上发生氧化反应,阳极电流密度非常小。

上述讨论主要是电极电势变化对电极–溶液界面结构的影响,该影响可归因于电极表面的电荷或电子数量的变化,以及双电层界面中溶液侧离子分布变化。因此,直接改变电解液的 pH、离子的类型或者是电极表面修饰,也同样会改变电化学催化反应中电极–溶液结构,进而改变催化性能。

4.3   电催化材料的性能和表征

4.3.1   电催化材料的性能及表征方法

1. 电催化材料的性能

电催化剂是电化学反应器的核心,其性能直接决定了电化学反应器的性能。电催化材料必须具备以下性能才能满足要求。

(1)导电性好。在电催化反应中,电子是参与电极反应的基本粒子或物质之一,组成电催化剂的活性组分或载体,必须具备良好的导电能力。

(2)活性高和选择性高。电催化剂应具有高的本征催化活性,通常指具有高的活性表面积,同时对目标反应选择性好。

(3)稳定性好。电催化反应通常是在高腐蚀、高电势、高氧、高温等电化学环境中开展,催化剂须具备优异的抗腐蚀、抗氧化和抗中毒能力。

（4）经济性。目前电催化剂的活性组分主要以含 d 带电子的金属为主,商业上常用 Pt,Pd,Ag,Co,Ni,Au,Ir,Rh 等,金属成本高,需要降低贵金属的用量或过渡金属的负载量。

电催化剂的上述性能往往通过活性组分和载体的组合实现功能耦合。例如,可以采用导电性好、抗腐蚀性强、比表面积大、孔结构丰富的载体负载金属或氧化物活性组分,利用金属-载体相互作用规律,提高金属的活性组分的分散度和稳定性,在满足性能的前提下降低金属负载量。

2. 电催化材料性能的表征方法

电催化反应机理的研究对于开发电催化反应路线和电催化剂具有重要的指导意义。测定电催化反应动力学和热力学参数,考察电极催化材料的性能,是电催化领域一项重要的工作。经典的电化学无法用电化学仪器来观测反应历程中分子间的转化过程,只能通过间接的实验数据,如电流、电位、电量和电容等来进行唯象解析。从 20 世纪 50 年代开始,电化学家逐渐建立了用于研究电催化材料性能的电化学研究方法,包括循环伏安法、脉冲伏安法、交流阻抗法、电位阶跃法、旋转圆盘电极法、旋转环盘电极法、恒电流电解法和恒电流充放法等。

（1）循环伏安法（cyclic voltammetry,CV）。这一种最常用的控制电位技术,主要用于定性半定量分析,可测定各种电极过程的动力学参数和鉴别复杂电极反应的过程。该方法要通过控制电极电势以不同的速率,随时间以三角波形一次或多次反复扫描获得电流-电势曲线。在不同的电势范围内,电极上能够交替发生不同的还原和氧化反应,根据曲线形状可以判断电极反应的可逆程度;根据特定电势范围内反应物的吸附和脱附峰可以用来评价电催化剂的催化活性面积,也可用于获得复杂电极反应的有用信息。通过反应峰高和峰面积可以估算电活性物种浓度和耦合均相反应的速率常数等体系参数。

典型电催化性能表征方法

在 CV 实验中（图 4-6）,将所得的 CV 曲线转化,可以获得塔费尔曲线（Tafel plot）。Tafel plot 常被用来描述和比较催化剂性能,好的催化剂可以在较低的过电位达到较高的电流密度。例如,在 OER 测试中,电流响应主要来自两个方面:OER 涉及的电荷转移和背景电容的贡献。经过背景电容矫正,OER 部分的 CV 曲线转化为 Tafel plot,可以用于判断催化剂的活性高低:低活性的催化剂位于左上角,而高活性的催化剂位于右下角。

（2）脉冲伏安法（pulse voltammetry）。这是一种基于极谱电极行为的电化学测量手段,被应用于研究各种介质中的氧化还原过程,催化剂材料表面物质吸附研究及化学修饰电极表面电子转移机制等,适用于痕量检测。根据电压扫描方式的不同,脉冲伏安法可分为阶梯伏安法、常规脉冲伏安法、差分脉冲伏安法和方波伏安法等。大部分体系对较高分

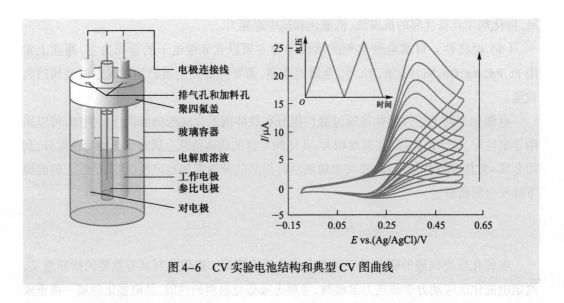

图 4-6 CV 实验电池结构和典型 CV 图曲线

辨（ΔE<5 mV）阶梯伏安能够响应。

（3）交流阻抗法（alternating current impedance method）。该方法是用小幅度交流信号扰动电极，观察体系在稳态时对扰动的跟随情况，它是研究电极过程动力学及电极界面现象的有效方法，可以检测电极反应的速控步骤、测定扩散系数 D、交换电流密度 j 以及转移电子数 n 等反应参数，推测电极的界面结构和界面反应过程的机理。例如，电化学阻抗法常常用来分析质子交换膜燃料电池（proton exchange membrane fuel cell，PEMFC）中的 ORR，表征催化剂材料表面的扩散损耗，估计欧姆电阻，以及电荷转移阻抗和双层电容等特性，评估并优化膜电极组件。

电化学阻抗谱是给电化学体系施加一个扰动电信号，与线性扫描法不同，此时的电化学体系远离平衡态。然后观测体系的响应，利用响应电信号分析体系的电化学性质。电化学阻抗谱通常绘制成伯德图和奈奎斯特图的形式。在伯德图中，阻抗的幅值和相位绘制成频率函数；在奈奎斯特图中，阻抗的虚部是相对于实部在每个频率点上绘制。高频电弧反映了催化剂层的双层电容、有效电荷转移阻抗及欧姆电阻的组合，低频电弧是反映质量传输产生的阻抗。

（4）电位阶跃法（potential step method）。该方法也称计时电流法，是一种控制电位技术，即从无电化学反应的电位阶跃到发生电化学反应的电位，同时测量流过电极的电流或电量随时间的变化，进而计算反应过程的有关参数。该方法主要用于评价催化剂表面的吸附和扩散情况，研究耦合化学反应的电极过程，特别是有机电化学的反应机理。

测量过程主要是对电化学体系施加电势阶跃，然后测量电流响应信号随时间的变化。当给体系施加一个电势阶跃，分析在固体电极表面是否含有电活性物质。具体测量过程如下：施加电势阶跃后，电极表面附近的电活性物质首先被还原为稳定的阴离子自由基，由于该过程在阶跃瞬间发生，需要很大的电流。随后流过的电流用于保持电极表面活性物质被完全还原的条件,初始的还原在电极表面和本体溶液间造成浓度梯度,活性物质因而开始不断地向表面扩散,扩散到电极表面的活性物质立即被完全还原。扩散流量,也就是电流,正比于电极表面的浓度梯度。随着反应进行,本体溶液中的活性物质向电极表面不断扩散,使浓度梯度区向本体溶液逐渐延伸变厚,固体电极表面浓度梯度逐渐变小(即"贫化"现象),电流也逐渐变小。

(5)旋转圆盘电极(rotating disk electrode,RDE)法。这是一种强制对流的技术,即将圆盘电极顶端固定在旋转轴上,电极底端浸在溶液中,通过发动机旋转电极,带动溶液按流体力学规律建立起稳定的强对流场。旋转圆盘电极法最基本的实验就是在这种强迫对流状态下,测量不同转速的稳态极化曲线。RDE 法适用于研究催化剂表面耦合均相反应,主要考察催化剂表面的电化学反应在一种相对稳态的条件下的进行情况。RDE 法可以控制扩散较慢的物质,比如气体易于扩散到溶液中,减少扩散层对电流密度分布的影响,从而得到稳定的电流密度,使其处于近似稳态,有利于电化学分析的过程。RDE 法通过调控转速可以控制电解液到达电极表面的速率,对不同的转速下电催化反应过程的参数进行测量和分析。

(6)旋转环盘电极(rotating ring disk electrode,RRDE)法。它是旋转圆盘电极法的重要扩展,在圆盘电极外再加一个环电极,环电极与盘电极之间的绝缘层宽度一般在0.1~0.5 mm。环电极和盘电极在电学上是不相通的,由各自的恒电位仪控制。旋转环盘电极法特别适用于可溶性中间产物的研究,可以用于简单电极反应动力学参数(扩散系数、交换电流和传递系数)的测量。旋转环盘电极法最典型的研究体系就是氧还原反应,在盘电极上进行氧阴极还原,环电极收集盘电极产生的中间产物 H_2O_2,由此可以很方便地判断反应过程是 4 电子还是 2 电子途径。

(7)恒电流电解法(constant current electrolysis)。这是一种控制电流技术,控制工作电极的电流,同时测定工作电极的电位随时间的变化。在实验过程中,施加在电极上的氧化或还原电流引起电活性物质以恒定的速率发生氧化或还原反应,导致了电极表面氧化–还原物种浓度比随时间变化,进而发生电极电位的改变。

恒电位仪和恒电流仪工作原理

(8)恒电流充放法(constant current charge discharge,CCD)。该方法又称计时电势法,它可以在恒流条件下对被测电极进行充放电操作,记录其电位随时间的变化规律,研究电位随时间的函数变化的规律。所得数据可以确定电极材料的充放电曲线、比容量的高低、倍率特性、循环性能等参数。

上述八种表征方法中,CV 和 EIS 还可以用于测量实际参与电化学催化反应的表面积,即电化学活性表面积(electrochemcial active surface area,ECSA),该面积可以根据催化表面的电化学双层电容(double-layercapacitance,Cdl)估算得到。而双层电容可以由两种方法获得:测量不同扫速下的循环伏安曲线对应的非法拉第区间双电层电容电流,线性拟合后计算得到；利用电化学阻抗谱，测量在不同频率下对应的阻抗并计算获得。

总之，基于催化研究中的结构和性能之间的"构效关系"体系，电催化材料的性能解析不仅仅包含催化剂反应性能（如反应速率、反应活化能等）的评价，还包括材料的物性和表面性质的表征分析。下面对电催化剂的组成和组装展开分析，然后介绍电催化材料的物性和表面性质表征方法。

4.3.2   电催化剂的组成和物性表征

不同电催化材料具有不同的表面结构和电子能带结构，两者决定电化学反应速率和反应选择性。

1. 电催化剂的活性组分

目前，电催化剂的活性组分主要是金属、金属合金、金属化合物、半导体氧（硫或硒）化物和有机络合物等，大多数都包含具有 d 轨道的过渡金属。这些金属含有空余的 d 轨道和未成对的 d 电子，可以与反应物作用在 d 轨道上形成各化学吸附键，进而活化反应物。另外，具有 sp 轨道的第一和第二副族（如 Hg 和 Cr）、第三和第四主族（如 Pb 和 Sn）对氢的过电位高，可用于有机物质的电还原反应。

不同过渡金属的 d 轨道的空穴数和未成对电子数不同，对反应物的吸附能力也不尽相同。图 4-7 显示了不同金属的 HER 活性，以及金属和氢的结合能之间的火山形曲线关

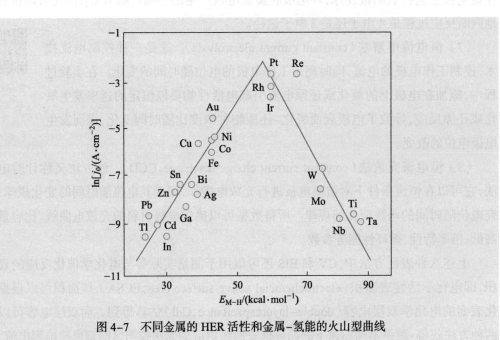

图 4-7   不同金属的 HER 活性和金属–氢能的火山型曲线

系。金属对 H 的吸附能过大和过小时,HER 活性(电流密度)低,只有吸附能适中时,HER 活性达到最大。这其实就是金属催化的"能带理论"得出的吸附与催化活性的关系:催化剂与吸附中间物的结合强度应适中,吸附作用太弱,吸附中间物容易脱附,吸附作用太强时中间物难以脱附,吸附适中,催化活性最好。研究表明,火山曲线关系不仅适用于金属活性组分,在金属合金、金属化合物、半导体等类型的电催化剂活性组分上也常常被报道。

除了电子能带结构,几何结构效应也是电催化剂活性组分筛选和研究过程中常常被提及的结构参数。这是因为,大多数的电催化反应,如对氢电极过程、氧电极过程、氯电极过程和有机分子氧化及还原等都是结构敏感反应,电催化中活性位点表面的化学结构(组成和价态)、几何结构(形貌和形态)、原子排列结构和电子结构等决定了反应分子吸附、成键、表面配位、解离、转化、扩散、迁移、表面结构重建等过程,最终体现出金属微观结构和电催化反应活性、选择性和稳定性之间的"构效关系"。基于此,合金化、表面修饰因为可以有效改变金属活性位点表面的微观结构,常常被当作提高电催化剂性能的有效策略。特别地,二元或三元贵金属合金既保留了各个组元的性能,同时产生异质原子之间的协同作用。例如,甲酸电氧化过程中,在金属 Pt 表面发生两条不同的反应路径[反应式(4.24)主式(4.28)]:甲酸在 Pt 上直接氧化生成 CO_2 和甲酸在 Pt 上脱氢生成 CO,然后 CO 氧化成 CO_2。两条路径中,CO 生成路径是毒性中间体路线,Pt 表面容易因 CO 吸附发生中毒失活。孙世刚等发现,在 Pt 金属表面引入 Sb 原子,能够抑制 CO 生成路径,改善电催化剂的活性和稳定性。

2. 电催化剂的载体

载体可以通过金属-载体间强相互作用提高金属的分散度,减小金属粒径,进而提高金属的电化学活性表面积,降低金属用量,同时提高稳定性。另外,电催化剂的载体通常具备优异的导电能力,可以进一步提高电催化反应活性。对于使用贵金属的电催化反应体系,载体的选择至关重要,典型的案例就是 PEMFC 的电催化材料的筛选和设计。在多相催化剂领域,部分载体还具有反应活性中心(如酸中心或碱中心),负载金属活性组分后,可以形成双功能催化剂。对于电催化反应,同样存在类似的催化剂体系。Xu 等发现在 Pt/C 催化剂的 ORR 过程中,碳材料不仅是载体,也是电活性组分之一。基于此,他们开发了一种新型燃料电池用的阴极系统 C/H_2O_2,能够以纯碳材料为催化剂催化过氧化氢还原,在无氧、缺氧和空间狭小的条件下,具有一定的催化活性,有望替代贵金属铂/氧气系统。

事实上,碳材料耐酸、耐碱,具有大的比表面积和高电导率,而且其表面可通过化学修饰嫁接官能团锚定金属活性中心,是目前最常用的电催化剂载体。下面介绍近几年开发的最常见的碳载体材料。

(1)炭黑。炭黑是由 C 和少量 H,O,N 等元素组成的微孔材料,其表面存在羟基、羰基和羧基等官能团,可以与贵金属发生强相互作用。常见的种类有

典型碳材料介绍

乙炔碳、Vulcan XC-72 和 Ketjen 炭黑等。乙炔碳比表面积较低,Ketjen 炭黑有高的阻抗和传质阻力,Vulcan XC-72 比表面积大。炭黑广泛应用于 PEMFC,特别是直接甲醇燃料电池(direct methanol fuel cell,DMFC)催化剂载体,基本都采用 Vulcan XC-72。商业电催化剂 E-TEK 也使用该载体。

由于不同厂家或生产批次的炭黑,表面官能团可能存在区别,所以在实际催化剂制备过程中需要对炭黑进行使用前预处理。例如,可以用硝酸、空气氧化或去碳酸基的方法对碳载体进行预处理。Manoharan 将 VulcanXC-72 在 CO_2 气氛中,900 ℃下处理 1 h,负载金属 Pt 后得到高度分散的 Pt/C 催化剂,对甲醇氧化及氧还原反应表现出高催化活性。

电催化反应体系一般是常温或低温下的气-固-液多相反应体系,炭黑载体虽然具有高的比表面积,但其微孔结构不利于反应物和产物传质,微孔内表面利用率低。开发介孔碳材料的工作在近二十年逐渐成为研究的热点。

(2)介孔碳。按照孔径大小,碳材料可以分为大孔碳(>50 nm)、介孔碳(也称中孔碳,2~50 nm)和微孔碳(<2 nm)。其中,介孔碳材料一般具有高的比表面积,适合金属的高分散,同时介孔尺度可以保证液体分子或离子的扩散,是电催化剂适宜的载体。图 4-8 给

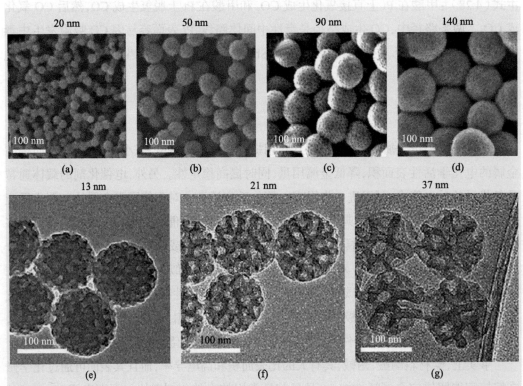

(a) MCN-20,直径 20 nm;(b) MCN-50,直径 50 nm;(c) MCN-90,直径 90 nm;(d) MCN-140,直径 140 nm;
(e) 13 nm;(f) 21 nm;(g) 37nm

图 4-8   水热法制备的有序介孔碳纳米球的 SEM 图像和通过乳液自组装合成不同介孔尺寸的
介孔碳纳米球的 TEM 图像

出了不同方法合成的有序介孔碳材料和大孔碳材料的形貌。

在有序介孔碳材料中,还有一类和分子筛材料类似的碳材料——碳纳米分子筛。与传统的仅含微孔的碳分子筛(carbon molecular sieve,CMS)不同[图 4-9(a)],碳纳米分子筛(carbon nano molecular sieve,CNMS)是一类具有规则纳米孔道结构的碳材料,例如典型的 CMK-1 材料[图 4-9(b)]。其负载的 Pt-Ru 阳极催化剂,比用 E-TEK 公司的商品化 Pt-Ru/C 催化剂 DMFC 的最大比功率密度提高 44%。

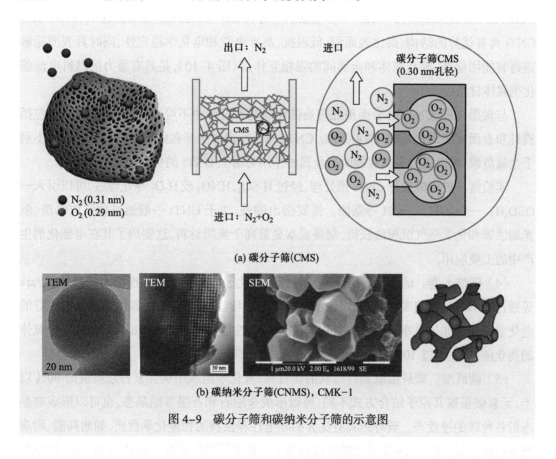

图 4-9　碳分子筛和碳纳米分子筛的示意图

除了有序的介孔碳材料,合成碳纳米粒子也可获得具有堆积介孔的碳材料。其中,碳凝胶因为可以通过可控的化学合成去设计其粒子尺寸、结构和孔性质,进而调变孔容和孔径而备受关注。Smirnova 等制备了以碳凝胶为载体的 Pt 催化剂,作为 PEMFC 阴极催化剂,发现催化剂比商业催化剂具有更高的开路电压和电化学活性表面积,而且凝胶的孔径从 16 nm 增加到 20 nm,凝胶孔里面的催化剂不易聚集和烧结,Nafion 能很好地渗透到凝胶孔里,提高催化剂性能。

除了碳凝胶,具有中空结构的空心碳(hollow carbon)也是近几年常被提及的电催化剂载体。Hyeon 等采用固相合成方法合成了具有中空结构的空心碳,其粒径为 30~40 nm,壳厚为 2~5 nm,负载 Pt-Ru 合金用于 DMFC,性能显著优于以 Vulcan XC-72 为载体的商业催化剂。Wang 等采用乙醇和 Fe(CO)₅为原料,对其进行高温分解,得到了一种中空的石墨化碳纳米笼。这种笼具有 30~50 mm 的尺寸和 400~800 $m^2 \cdot g^{-1}$ 的高比表面积,负载 Pt 金属后用于甲醇电氧化催化,性能优于采用活性炭作为载体的催化剂。

(3)碳纳米管(carbon nanotubes,CNTs)。CNTs 是一种具有特殊结构的一维纳米材料,是由呈六边形排列的碳原子构成的单层或多层同轴圆管,相邻的同轴圆管之间间距相当,约 0.34 nm。根据纳米管管壁中碳原子层的数目可以分为单壁碳纳米管(single-walled carbon nallotubes,SWNTs)和多壁碳纳米管(multi-walled carbon nanotubes,MWNTs)。CNTs 具有优异的结构、高比表面积、低阻抗、高导电性和电化学稳定性,同时其表面能够进行官能团修饰,提高载体和金属间的强相互作用(图 4-10),是具有潜力的燃料电池催化剂载体材料。

与炭黑一样,CNTs 的表面预处理是催化剂制备过程中不可或缺的步骤,预处理包括提纯和表面官能团化处理(图 4-10)。CNTs 的活性表面主要在内部,外表面显惰性,不利于金属负载,可以通过表面官能团与金属的作用力增强 CNTs 的负载能力。

实验室一般用酸进行 CNTs 预处理,经过 H_2SO_4,HNO_3 或 H_2O_2 等处理后,可以引入—OSO_3H,—$COOH$,—OH 等基团。需要指出的是,由于 CNTs 一般通过碳弧放电法、激光刻蚀碳和化学蒸气沉积法获得,制备成本显著高于炭黑材料,这制约了其在电催化剂生产中的工业应用。

(4)碳纳米卷。碳纳米卷是一种同时拥有高比表面积和高结晶度潜力的载体。Park 等通过简单的热处理碳复合物,制备了纳米碳卷。与普通炭黑相比,碳纳米卷具有更好的电化学稳定性和导电率,负载 Pt-Ru 用于 DMFC,性能显著优于以 Vulcan XC-72 为载体的商业催化剂,经过 100 h 的放电测试后仍然显示稳定的催化性能。

(5)碳纤维。碳纤维就是纤维状的碳材料,其化学组成中碳元素占总质量的 90% 以上,元素碳根据其原子结合方式不同,可以形成金刚石和石墨等结晶态,也可以形成非晶态的各种碳的过渡态。碳纤维具有优异的导电性和独特的物理化学性质,如耐高温、耐腐蚀和抗蠕变等。Rosolen 等采用微乳法制备了一种采用碳纤维作为载体的 Pt-Ru 催化剂,管径在 25 nm,与活性炭载体催化剂相比,对甲醇的电氧化催化性能提高了一倍。

(6)富勒烯。富勒烯具有优异的抗腐蚀能力、高电导率和较大的活性表面积,也可用于电催化剂制备。Liu 等把富勒烯作为 DMFC 的催化剂载体,采用浸置还原法合成了这种载体的 Pt 催化剂,相比采用同样方法合成的 Pt/XC-72 催化剂,活性表面积大,活性高,在 0.72 V 的峰电流值下前者高于后者 20%。

(7)石墨烯。石墨烯(graphene,GP)是一类二维的碳材料,具有独特的结构特征,如高的表面积、高的电子导电性、强的金属-载体相互作用,是一类有潜力的电催化剂载体。例如,石墨烯负载的 Pt,Pd,Pt-Ru,Pt-Pd 和 Pt-Au 等催化剂体系在甲醇氧化和氧还原反应中的应用。Kou 等将 Pt 纳米粒子负载在氧化铟锡(ITO)-石墨烯结合点上,构筑

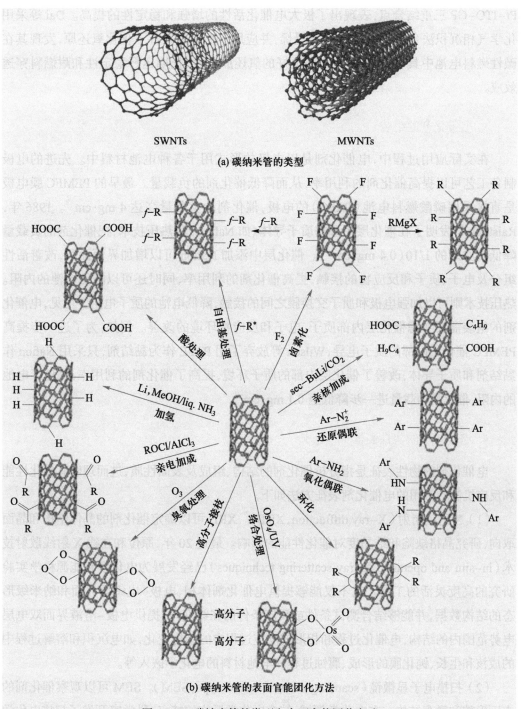

SWNTs

MWNTs

(a) 碳纳米管的类型

(b) 碳纳米管的表面官能团化方法

图 4-10　碳纳米管的类型和表面官能团化方法

Pt–ITO–GP 三重结合点,表现出了极大电催化活性的增强和稳定性的提高。Dai 等采用化学气相沉积法合成了 N 掺杂的石墨烯,并应用于在碱性条件下催化氧还原,发现其在碱性燃料电池中具有比 Pt/C 催化剂更好的氧还原活性、长期运行稳定性和耐燃料穿透效应。

3. 电催化剂的组装

在实际应用过程中,电催化剂是以电极的形式用于各种电池材料中。先进的电极制备工艺可以提高催化剂的利用率,从而降低催化剂的负载量。最早的 PEMFC 膜电极是直接采用磷酸燃料电池(PAFC)的电极,催化剂的负载量高达 4 $mg \cdot cm^{-2}$。1986 年,Raistrick 等发明了在催化层中添加质子导体(如 Nafion)和热压技术,把催化剂的负载量降低到原来的 1/10(0.4 $mg \cdot cm^{-2}$)。催化层中添加 Nafion 可以增加界面面积,改善活性组分及电子、质子和反应物的接触,提高催化剂的利用率,同时还可以降低电池的内阻。热压技术则可以加强电极和质子交换膜之间的接触,降低电池的质子电阻。可见,电催化剂的组装需要考虑催化层内部质子、电子和反应物环境的改善。例如,为了进一步提高 PEMFC 催化层内部的质子电导,Wilson 等放弃了用 PTFE 作为黏结剂,只采用 Nafion 作黏结剂和质子导体,改善了催化层内部的质子环境,提高了催化剂的利用率,降低了电池的内阻,催化剂的载量进一步降低至 0.1 $mg \cdot cm^{-2}$。

4. 电催化剂的物性表征

电催化剂的物性表征是指分析催化剂的结构、组成及表面性质,进而理解其催化性能和反应机制。常用的电催化剂表征方法如下。

(1)X 射线衍射(X-ray diffraction,XRD)。XRD 可以确定催化剂的晶体结构和晶面取向,研究晶格缺陷和结晶度对催化性能的影响。最近 20 年,原位和在线 X 射线散射技术(in-situ and operando X-ray scattering techniques)已经发展为电化学和能源科学实验研究的高度灵活的工具。它不仅能够提供电催化剂体相、电极–电解质界面和纳米级形态的结构数据,并能够结合测试条件或反应条件的在线变化,提供电极–溶液界面双电层电势范围内的结构,电催化过程和相形成反应过程中的结构变化,如电沉积和溶解过程中的成核和生长、钝化膜的形成、腐蚀过程和电池材料的电化学嵌入等。

(2)扫描电子显微镜(scanning electron microscope,SEM)。SEM 可以观察催化剂的表面形貌和微观结构。在电化学领域,结合电化学反应的特点,科学家开发了扫描电化学探针显微镜(scanning electrochemical probe microscope,SEPM)系列表征技术,并利用扫描电化学显微镜(scanning electrochemical microscope,SECM)、扫描离子电导显微镜(scanning ion conductance microscope,SICM)、电化学扫描隧道显微镜(electrochemical scanning tunneling microscope,EC-STM)和扫描电化学细胞显微镜(scanning electrochemical cell microscope，SECCM）等仪器研究电极–溶液界面的局部电化学反应性，将电化学活性与表面性质（如形貌和结构）的变化联系起来，并提供对反应机制的深入了解。

（3）透射电子显微镜（transmission electron microscope，TEM）。TEM 可以观察催化剂的微观结构和晶体形貌，研究晶体的尺寸和晶格结构。结合电化学反应的特点，科学家开发了电化学液体透射电子显微镜（electrochemical liquid transmission electron microscope，EC–LTEM）用于研究电极表面 OER 和 OEH 反应的在线动力学。

（4）X 射线光电子能谱（X–ray photoelectron spectroscopy，XPS）。XPS 可以提供关于给定样品中特定元素的表面元素组成和化学状态的信息，XPS 表征被广泛用于催化剂表面物种的研究。例如，在 CoP OER 催化剂上使用原位 XPS 研究表面，发现在反应过程中 CoP 发生表面重构，生成 $Co(OH)_x$ 表面物种。

（5）穆斯堡尔谱（Mössbauer spectrum，MS）。MS 可以用于了解基于穆斯堡尔同位素的活性位点的配位对称性、氧化和自旋态的演变。MS 是基于特定核对 γ 射线的无后坐力核共振发射和吸收，可用于研究 ^{57}Fe，^{119}Sn，^{121}Sb，^{125}Te 和 ^{197}Au。根据异构体位移、四极分裂和磁超精细场三个因素分析，可以从穆斯堡尔谱中阐明化学和结构信息，获得原子核的价态/自旋态、电子对称性和磁结构。例如，MS 可以证明，FeN_x 在 ORR 催化剂上不同的 Fe 位点对 ORR 活性的定量贡献。

（6）拉曼光谱（Raman spectrum，RS）。适合研究水溶液中 OER 和 ORR 催化剂。例如，可以利用原位拉曼光谱研究 Co_3O_4 催化剂在 OER 过程中的表面演变。通常，晶体 Co_3O_4 在~480 cm^{-1}（E_g）、~520 cm^{-1}（F_{2g}）、~620 cm^{-1}（F_{2g}）和~690 cm^{-1}（A_{1g}）处具有四个特征拉曼峰。在 OER 条件下，发现 A_{1g} 光子模式的强度作为施加电势的函数而降低。同时，在 600 cm^{-1} 处出现了一个新的拉曼信号，并随着 OER 电位的增加而改变了其轮廓。这表明，Co_3O_4 的表面经历了向 CoOOH 的相变。除了监测表面相变外，捕获含氧中间体（如 OOH 或 O—O）还可以深入了解内在的 OER/ORR 机制。然而，这种中间体通常表现出弱的拉曼散射，这需要一种能够提高检测灵敏度的技术。为此，已经开发出具有高灵敏度和空间分辨率的表面增强拉曼光谱（surface–enhanced Raman spectrum，SERS），可用于 OER/ORR 催化剂的原位表征。

（7）傅里叶变换红外光谱（Fourier transform infrared spectrum，FTIR）。FTIR 是研究催化剂表面吸附物种和表面反应活性位点的形成与变化。

（8）高角度环形暗场扫描透射电子显微镜（high-angle annular dark field scanning transmission electron microscope，HAADF–STEM）。这一种综合了扫描和透射电子分析的原理和特点的分析方式，其空间分辨率可达亚埃米级，可在纳米和原子尺度上对催化剂的微结构与精细化学组分进行表征与分析。例如，通过高角度环形暗场（high-angle annular dark field，HAADF）扫描透射电子显微镜（scanning transmission electron microscope，STEM）可以清晰地观察

高角度环形暗场扫描透射电子显微镜（HAADF–STEM）

到单原子在载体上的分布,并分析其吸附位点。

X射线吸
收精细结
构谱

（9）X射线吸收精细结构（X-ray absorption fine structure,XAFS）谱。它研究催化剂活性组分局域原子或电子结构,如配位原子的种类、配位数、无序度、与中心原子的距离、氧化态等。该技术对中心吸收原子的局域结构和化学环境非常敏感,可以在原子尺度上提供信息。XAFS包括两个主要部分:近边吸收结构（X-ray absorption near-edge structure,XANES）和拓展边吸收结构（extended X-ray absorption fine structure,EXAFS）。XANES测量的是样品中元素在X射线照射下的吸收系数,而EXAFS则提供了关于样品中元素配位环境的信息。XAFS不仅限于同步辐射技术,还可以使用荧光XAFS来研究低浓度样品和薄膜样品,以及使用磁XAFS来研究材料的电子自旋状态。此外,XAFS可以与其他表征技术结合,如TEM和XRD,以获得更全面的材料信息。另外,其结合漫反射傅里叶变换红外光谱（diffuse reflectance Fourier transform infrared spectrum,DRFTIS）可以分析单原子的配位环境、电子结构和气体的吸附结构等。XAFS可以用于表征金属单原子催化剂的分布情况,以及研究催化剂活性相的相变过程、微区结构和反应动力学。

（10）BET（brunauer-emmett-teller）方法是一种常用的表征孔径的方法。通过测量气体吸附等温线,可以计算材料的比表面积和孔径分布。Xu等采用CV法测量电催化剂的性能,利用OER部分的CV曲线转化计算Tafel plot,发现不同文献选择电流密度的计算方法不同,可以采用催化剂的BET表面积、电化学活性表面积（ESCA）或电极的几何面积归一化。如果测试电极本身就是一个平整的表面,例如单晶表面的薄膜电极,催化剂的表面积可以认为等同于电极的几何面积。如果催化剂是颗粒状(尤其是纳米粒子,它们通常会被滴到平面电极上,如玻碳电极),电极的实际面积将大于电极的几何面积。通过不同的煅烧温度制备不同大小的Co_3O_4颗粒作为OER催化剂,并将相同质量的Co_3O_4负载在玻碳电极表面,来测试其OER性能。他们详细比较了三种表面积选择对Tafel斜率计算的影响。通过不同的煅烧温度制备不同大小的Co_3O_4颗粒作为OER催化剂,并将相同质量的Co_3O_4负载在玻碳电极表面,来测试其OER性能。通过选用不同的表面积（图4-11）:玻碳电极的几何面积、BET表面积和ESCA来探究表面积对所得OER催化活性的影响。结果发现,通

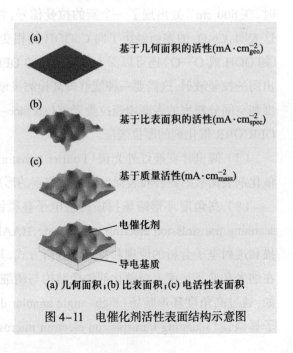

(a) 基于几何面积的活性(mA·cm$_{geo}^{-2}$)

(b) 基于比表面积的活性(mA·cm$_{spec}^{-2}$)

(c) 基于质量活性(mA·cm$_{mass}^{-2}$)

电催化剂

导电基质

(a) 几何面积；(b) 比表面积；(c) 电活性表面积

图4-11　电催化剂活性表面结构示意图

过玻碳电极几何面积归一化电流所得到的活性会随着材料（Co$_3$O$_4$ 颗粒）表面积的增大而增大，然而通过 BET 表面积和 ESCA 归一化得到的活性不会随着材料表面积的改变而发生明显变化。通过比较用不同表面积处理所得到的电流密度可以发现，当使用玻碳电极的几何面积时，电极材料展现出极高的催化活性，远远高于用 BET 表面积和 ESCA 时的值。由于 BET 法测出的面积较大，BET 表面积归一化的电流密度较小；而 ESCA 不能完全展现催化剂颗粒的表面积，存在低估表面积的可能性。因此，建议使用 BET 表面积归一化电流较为安全，不会高估催化剂的活性。当然，并不是所有的材料都可以使用 BET 法测试表面积，甚至有些特殊形貌的材料也无法通过双电层来获得 ESCA。因此对于具有特殊形貌的电催化剂，还需要开发其他有效的手段来获得催化剂的表面积。

4.4 电催化材料的合成

电催化材料的合成方法多种多样，可以分为物理法和化学法两大类。物理法包括物理蒸发法、溅射法和电子束物理蒸发法等，这些方法通过控制沉积条件和加工工艺，可以制备出具有特定形貌和尺寸的材料。与物理法相比，化学法可以通过控制反应条件和选择合适的原料，更加精确地控制电催化材料的微观结构和表面性质。本节主要讨论化学法合成电催化材料。化学法合成根据反应条件苛刻度，可以分为软化学法和高温固相合成法。

4.4.1 软化学合成

1. 浸渍–液相还原法

浸渍–液相还原法是将载体在一定的溶剂，如水、乙醇、异丙醇或其混合物等中分散均匀，选择加入一定的贵金属前驱体，如 H$_2$PtCl$_4$ 和 RuCl$_3$ 等浸渍到碳载体表面或者孔内，调节合适的 pH，在一定的温度下滴加过量的还原剂，如 NaBH$_4$、甲醛、甲酸钠、水合肼等，得到所需的碳载金属催化剂。最典型的有以 NaBH$_4$ 作还原剂的 Brown 法（图 4–12）。以金属 Pt 盐的浸渍和还原为例，凡是影响碳载体及 Pt^{2+} 质点相互作用的因素，如还原剂浓度（影响 Pt^{2+} 与载体之间的吸附）、溶液的 pH（背离载体等电点，增大或减小载体和 Pt^{2+} 离子之间的静电吸附）及载体表面酸性基团的含量均可影响铂金属颗粒的分散性。此外，碳载体疏水性使得制备过程中需要考虑载体与水之间的界面张力：因为水对碳表面的浸润程度小，载体吸附金属水合离子能力弱，故金属离子在载体表面聚集，还原后的金属颗粒分布不均匀。

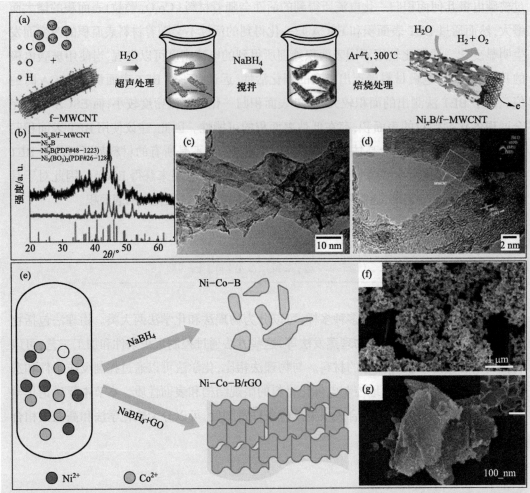

(a) MWCNTs 上超薄 Ni_xB 纳米片合成路线；(b) MWCNTs 负载的 Ni_xB 的 XRD 图谱；(c,d) MWCNTs 上的 Ni_xB 的 TEM 图；(e) Ni-Co-B 颗粒负载在石墨烯 (rGO) 上的制备路线；(f) Ni-Co-B 颗粒和 (g) rGO 高分散的 Ni-Co-B 纳米片的 SEM 图

图 4-12   以 NaBH$_4$ 作还原剂的 Brown 法

在浸渍法合成催化剂中，H$_2$PtCl$_4$ 和 RuCl$_3$ 是经常使用的前驱体，但是金属氯化物的使用可能导致 Cl$^-$ 对催化剂的毒化。在实验中可以使用 Na$_6$Pt(SO$_3$)$_4$，Pt(NH$_3$)$_2$(NO$_3$)$_2$，Pt(NH$_3$)(OH)$_2$，Pt(C$_8$H$_{12}$)(CH$_3$)$_2$，RuNO(NO$_3$)$_x$ 和 Na$_6$Ru(SO$_3$)$_4$ 等不含氯的前驱体替代。

2. 电化学沉积法

电化学沉积法是将可溶性贵金属盐用循环伏安、方波扫描、恒电位和欠电势沉积等电化学方法将金属还原沉积到扩散层、电解质膜或扩散层与膜的界面上（图 4-13）。这种方

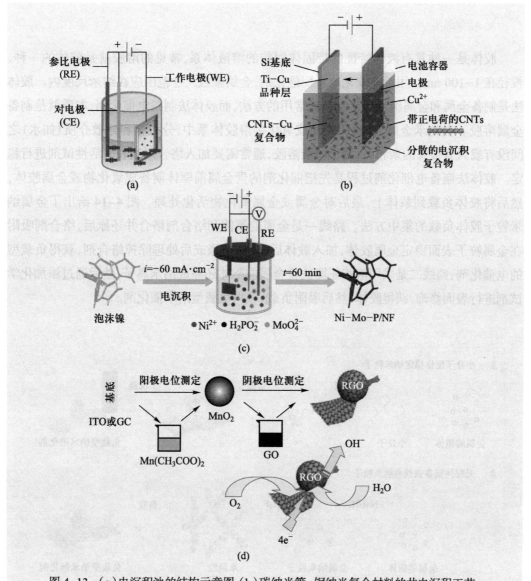

图 4-13　(a)电沉积池的结构示意图;(b)碳纳米管-铜纳米复合材料的共电沉积工艺;
(c)泡沫镍(NF)和 Ni-Mo-P 共沉积合成 Ni-Mo-P/NF 材料;(d)电化学沉积法制备
ORR 反应的石墨烯(GO)负载的 MnO₂ 催化剂

法是一种催化剂制备与电极制备同步进行的方法。实验中,一般将欲沉积的金属作为阳极或者将金属前驱体溶液与电解质溶液混合,然后通过直流电进行电解。例如,通过直流脉冲技术,将 Pt 作为阳极,平整过的扩散层作为阴极,通过优化电流密度、通断电时间及扩散层的制备工艺,可获得 1.5 nm 的窄粒径分布的 Pt 纳米粒子。

3. 胶体法

胶体是一种具有液体特征的带固体颗粒的溶液体系,常见的溶胶就是胶体的一种,粒径在 1~100 nm。用于电催化的金属催化剂,金属颗粒尺寸范围应在纳米尺度内。胶体法是制备金属和金属纳米氧化物颗粒常用的方法,而胶体法制备电催化剂,本质就是制备金属溶胶。在纳米金属、金属硫化物或氧化物溶胶体系中,分散相和分散介质(如水)之间没有或只有很弱的亲和力,属于憎液溶胶,通常需要加入络合剂或表面活性试剂进行稳定。胶体法制备电催化剂过程是先把催化剂的贵金属前驱体制备成氧化物或金属胶体,然后将胶体负载到载体上,最后对金属或金属氧化物活化处理。图 4-14 给出了金属纳米粒子胶体负载的集中方法。路线一是金属前驱体和络合剂络合并还原后,络合剂吸附在金属粒子表面稳定金属胶体,加入载体后吸附,洗涤或后处理除掉络合剂,获得负载型的电催化剂;路线二是采用液相还原法将金属前驱体还原成纳米离子,然后通过添加化学试剂进行表面修饰,获得胶体,然后吸附负载,获得负载型纳米催化剂。

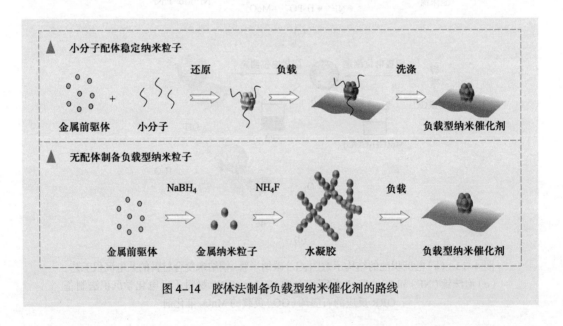

图 4-14   胶体法制备负载型纳米催化剂的路线

经典的胶体法制备 Pt/C 和 PtRu/C 催化剂的方法是亚硫酸盐合成路线。首先将氯铂酸钠制成亚硫酸铂钠,之后加入过量的双氧水将其氧化分解,形成稳定的氧化铂胶体,然后向该胶体中加入氧化钌的化合物以生成铂钌氧化物团簇,通过调节 pH,使载体通过静电作用吸附金属胶体,最后经过氢气处理,得到高度分散的 Pt-Ru 粒子。目前 E-TEK 公司用该方法制备 Pt/C 和 Pt-Ru/C 催化剂,Pt 负载量为 20%(质量分数)的 Pt/C 催化剂中 Pt 粒子的粒径分布为 1.2~4.3 nm,平均粒径为 2.6 nm。

总之,在用胶体法制备催化剂时,常加入有机大分子作保护剂,以稳定高度分散的金属或金属氧化物纳米胶体粒子并控制金属颗粒尺寸。例如,还可以利用多元醇,如乙二醇、三乙基乙二醇或四乙基乙二醇等醇类化合物中羟基的弱还原性,通过控制温度还原金属,制备金属、双金属和多金属化合物的电催化材料。在此制备过程中,多元醇既是溶剂,还是还原剂,同时也是保护剂。该方法可以制备 Ni,Pd,Pt,Bi,Co 和 Au 及其合金纳米粒子胶体,加入载体进行吸附、浸渍即可获得负载型电催化剂。由于胶体制备与负载分离,金属催化剂的负载量仅决定于载体炭黑的加入量,胶体法在高载量下仍能获得非常高的金属分散度。

4. 微乳液法

微乳液法

微乳液法是在一个水–油相里通过微乳反应形成金属纳米体系,然后进行还原,最后再沉积在碳载体上得到催化剂。进行还原反应时,可以加入一种还原剂(如 $NaBH_4$,甲醛和肼),或加入另一种具有还原性的微乳体系。反应过程中,微乳是一个包含贵金属前驱体的纳米液滴,它作为一个纳米尺度的反应器,反应在里面发生。表面活性剂在微乳法合成中起重要作用,它能包住微乳液滴,使其有序地分散在有机相里,这样表面活性剂分子就可以保护金属颗粒不聚集,而最后只需简单的热处理就可以除掉催化剂上的表面活性剂。这种方法的最大优点是可以通过改变反应条件控制金属粒径的大小和分布。纳米粒子的粒径同水与表面活性剂的比例(W)有关,纳米粒子的粒径先随 W 增大而增大,当 W 达到一个阈值后,粒径基本保持不变。该方法的不足之处在于通常需要一些表面活性剂和分离纯化过程,不适合大量生产。

5. 沉积–沉淀法

沉淀法

沉积–沉淀法就是把金属前驱体先做成沉淀,负载在载体上,然后把它还原得到催化剂。例如,可以将 NH_4Cl 和 H_2PtCl_6 溶液混合生成极细小的 $(NH_4)_2PtCl_6$ 沉淀,并吸附于活性炭表面,从而保证了在还原过程中含 Pt 反应物与活性炭表面的有效结合,并防止在还原过程中 Pt 粒子的聚集,从而得到 Pt 粒子的平均粒径很小且均匀的 Pt/C 催化剂。

沉积–沉淀法制备金属催化剂

6. 离子交换法

碳载体表面存在各种类型的结构缺陷,缺陷处的碳原子较为活泼,可以和很多基团结合,如羧基、酚基和醌基等。这些表面基团在恰当的介质中可以和溶液中的离子进行交换,使催化剂离子负载在载体上,然后还原得到具有高分散性的电催化剂。例如,将四氨铂盐溶液添加到悬浮着碳载体的氨水中,发生碳材料表面质子和铂氨阳离子交换反应,经过一段时间后将固体过滤、洗涤和干燥,最后利用氢气还原得到碳载铂催化剂颗粒。碳载体上铂载量受载体的交换容量所

离子交换法

限,而交换容量与载体表面的官能团含量有关,故需对碳载体进行适当的预处理以增加官能团含量。

7. 羰基簇合物低温分解法

化学迁移反应是工业上提纯高纯金属常用的方法,该方法是在一定条件下使不纯金属与一种物质反应,生成气态或者挥发性的化合物,与杂质分离,此挥发性金属化合物在另一条件下分解出纯金属与原来的反应物质,后者可以再循环使用。典型的化学迁移法就是羰基法,原料是金属与反应形成的羰基化合物,由于其熔点低,和杂质分离后,会发生低温热分解。

例如,羰基镍常温下是无色的黏稠液体,熔点-25 ℃,沸点43 ℃,在200 ℃下分解可以得到金属镍。

$$Ni+4CO \xrightarrow{50\sim80\ ℃} Ni(CO)_4(g)$$

$$Ni(CO)_4 \xrightarrow{180\sim200\ ℃} Ni(s)+4CO\uparrow$$

在电催化剂制备过程中,先把金属制备成羰基簇合物,并沉积到活性炭上,然后在适当的温度下分解或用氢进行还原,可得到平均粒径较小的金属粒子。常用于Pt基催化剂金属簇合物的制备方法有以下两种:碱性条件下和非水溶剂中,CO与金属盐作用而得到簇合物;或者在水和异丙醇混合溶液中,利用γ射线激发合成法。该制备方法相对简单,并且得到的催化剂的比表面积和分散度也较高。但是由于采用贵金属羰基化合物为前驱体,成本相对较高,且尤其要注意羰基化合物的毒性。

4.4.2 高温合成法

1. 气相还原法

将金属的前驱体浸渍或沉淀在载体上后,干燥,然后用氢气高温还原可得一元或多元金属复合催化剂,前驱体分为单分子源和多分子源。单分子源法是将含有双金属,如Pt-Ru有机大环化合物分子的前驱体载于碳载体上,然后在空气、氮气、氢气、氢气与氮气的混合气氛下,通过热处理得到Pt-Ru/C催化剂。多分子源采用两种以上的前驱体分子,例如将 H_2PtCl_6 和 $RuCl_3$ 与乙醇溶液或者水溶液混合均匀预热到110 ℃,然后加入活性炭或者其他载体材料,保持在此温度下蒸发掉溶剂,然后将非常稠的泥状物在真空干燥箱中于110 ℃下干燥10 h,然后将干燥后的物质放入管式炉中,在120 ℃下通入氢气还原,即得Pt-Ru/C催化剂。

2. 化学气相沉积法

化学气相沉积法简称 CVD 法,被广泛用于提纯物质、研制新晶体、沉积各种单晶、多晶或玻璃态无机薄膜材料。这些材料可以是氧化物、硫化物、氯化物和碳化物,也可以是某些二元或多元的化合物,而且它们的物理性质可以通过气相掺杂的沉积过程精确控制。化学气相沉积法所用的反应体系要符合下面一些基本要求:①能够形成所需要的材料沉积层或材料层的组合,其他反应产物均易挥发;②反应剂在室温下最好是气态,或在不太高温度下有相当的蒸气压,且容易获得高纯品;③沉积装置简单,操作方便,工艺上具有重现性,适于批量生产,成本低廉。目前,CVD 已经形成了许多种反应体系和相应的技术,按照气相转化为固相时所选用的加热源不同,可以分为普通电阻炉、等离子炉或激光反应器等。另外,根据所选用的原料、压力或温度不同,也有专门的 CVD 技术。近年来,在 CVD 技术的基础上,科学家开发了一种新的薄膜上生长催化剂的合成技术——原子层沉积(atomic layer deposition,ALD),其目前已成为一种固体催化剂合成的有效方法。

对于电催化剂,在真空条件下采用 CVD 方法将金属气化后,负载在载体上,可制备高分散金属催化剂。这种方法制得的催化剂中金属粒子的平均粒径较小,可在 2 nm 左右。如果采用低温气相沉积方法,必须采用挥发性的金属盐类,如 Pt 的乙酰丙酮化物。这类盐很容易分解,可以在较低的温度下获得高分散性碳载金属催化剂。在制备过程中,首先将挥发性金属盐挥发,然后在滚动床中与已加热到金属盐分解温度的活性炭接触,从而使得金属盐在活性炭表面发生分解,制得碳载金属催化剂。

原子层沉积制备金属催化剂

3. 喷雾热解法

喷雾热解法制备催化剂就是采用喷雾干燥仪把催化剂前驱体喷成雾状并干燥,然后在 N_2 和 H_2 氛围下热处理得到催化剂。这种方法的一大优点是可大规模或者小规模制备粒径可控的纳米催化剂,因为可以通过改变反应条件(如前驱体溶液的浓度、溶剂的类型及共溶剂的比例等)来控制其尺寸大小和粒径分布等参数,从而使催化剂具有较高的活性。相对于其他方法,喷雾热解法具有操作简单、所制备的催化剂在活性炭载体上分散均匀、粒径均一、催化活性高、粒径尺寸可控、化学组分均匀等特点,以及制备过程为一连续过程,无需各种液相法中后续的过滤、洗涤、干燥和粉碎研磨过程,操作简单,有利于工业放大。

近年来,过渡金属(Fe,Co)掺杂的 M/N/C 催化剂的研究取得重要进展,在酸性和碱性介质中的氧还原反应活性可以与 Pt 基催化剂相当。采用 BP2000 炭黑载体,以邻二氮菲和醋酸亚铁作填孔剂,通过球磨混合后,分别在 Ar 和 NH_3 气氛中进行两次高温热处理,即可通过热分解获得高活性的氧还原 Fe/N/C 催化剂。当开路电压高于 1.0 V,欧姆降损失校正后催化剂体积活性可以达到 99 A·cm^{-3}@0.8 V。

4.4.3　典型电催化材料和催化剂合成

1. 阳极催化剂

膜电极组件（membrane electrode assembly, MEA），又称膜电极，是燃料电池的核心部件之一，其成本占到了整个 PEMFC 的 40%。目前，MEA 中的阴极和阳极催化层均含 Pt 催化剂，其成本在膜电极成本中占有很大比例。开发低载量的方法制备低 Pt 载量的膜电极，对于有效降低质子交换膜燃料电池的成本，促进质子交换膜燃料电池技术的发展具有十分重要的意义。近年来，ALD 技术被证明是一种在多孔纳米材料内表面沉积不同材料的有效方法。ALD 可利用顺序的或者自我限制的表面反应来制备原子级水平控制的薄膜。比如，可以将一个二元反应拆分为两个半反应，交替通入两种不同气相前驱体，同时，利用连续通入两种前驱体和两个半反应之间的自催化作用，也可以精确控制被沉积金属膜的厚度和组分的比例。

利用 ALD 技术可以在不同载体表面，如碳化钨、碳纳米管、碳气凝胶等沉积贵金属催化剂。ALD 技术在 XC-72R 载体表面沉积制备厚度可控的 Pt 粒子薄层，其过程包括 4 个关键步骤：①通入前驱体 MeCpPtMe$_3$［三甲基（甲基环戊二烯基）铂］；②系统氮气吹扫；③通入氧气或者空气；④系统氮气吹扫。经过氧化处理，XC-72R 碳载体的表面含有大量官能团（如羧基），这些基团成为 ALD 制备过程中前驱体 MeCpPtMe$_3$ 吸附在电极表面的活性位点。吸附在碳载体表面的 MeCpPtMe$_3$ 在 ALD 系统的特殊环境下，与氧气发生反应，生成铂金属颗粒。为了提高铂催化剂的载量，可以增加 ALD 沉积次数。随着沉积次数的增加，铂催化剂的载量基本是呈线性增加。经过 ALD 处理 100 次后，Pt 在碳纳米管上已经有了一层比较均匀的覆盖。电池测试发现，即使铂的载量低至 0.016 mg·cm^{-2}，电池的性能仍然可以接近载量为 0.5 mg·cm^{-2} 的 E-TEK 电极的性能。因此，ALD 技术在超低载量的燃料电池电极的制备方面具有较大的潜力。

2. 阴极催化剂

基于绿电的电解水制氢被认为是未来氢能大规模利用的关键技术。理论上，电压超过 1.229 V 即可进行水的电解，但是实际电解时，由于氢和氧或反应中过电位、电解液电阻及电子回路内阻的存在，水分解需要更高的电压。镍是最早被开发用于碱性条件下 OER 的电催化剂，镍基析氢电极析氢电催化活性高且成本低廉。经过多年的研究和开发，已形成了多种合金类型，如 Ni-P、Ni-S、Ni-Mo、Ni-Co、Ni-Sn、Ni-W、Ni-V、Ni-Ti 及 Ni-La 等。目前，常见的合成方法是电化学沉积法，主要是以泡沫镍（nickle foam, NF）为基体，采用电沉积法在 NF 表面原位生长制备 Ni-M/NF 电极催化剂。NF 具有三维网状结构,且导电性优良、孔隙率高,可使催化剂具有较高的比表面积,其孔状结构有利于氢气的逸散。目前,常见的电沉积方法包括恒电流电沉积方法、恒电位电沉积方法、改进的水热电沉积和微波电沉积方法。在恒流和恒电位电沉积方法的电沉积过程中分别施加恒定电流和恒定电势,可制备具有高比表面积的高度多孔纳米材料,并可用于制备具有高固有电催化活性的电催化剂。

3. 杂原子掺碳非金属材料

在锂-空气电池领域,纯碳纳米材料的 OER 活性差。通过在碳材料上负载金属、金属氧化物可以有效地提高碳基正极的催化活性。杂原子掺杂碳催化剂是近年发展出来的非金属(metal-free)催化剂。按照掺杂元素的种类可以将杂原子掺杂碳基电催化纳米材料分为 B,N,P,S 四种类型。在锂-空气电池领域,掺杂的研究主要集中在氮掺杂碳基电催化纳米材料,其制备方法大致可分为两类:原位掺杂和后掺杂。原位掺杂是指在制备碳材料的过程中直接掺入氮元素。原位掺杂主要有基体生长法和模板法两种方式。基体生长法是在基体材料上担载过渡金属催化剂,利用含碳和氮的前驱体发生热解,CVD 生长得到氮掺杂碳材料,常用于氮掺杂碳纳米管(N-doped carbon nanotube,N-CNT)和氮掺杂碳纳米纤维(N-doped carbon nanofibers,N-CNFs)的制备,该合成方法最为普遍。而模板法是在固体模板上高温热解或是化学气相沉积含氮前驱体(如二嗪二酮染料、离子液体、含氮有机聚合物等)而得到的结构有序的氮掺杂碳材料。

4. 金属氧化物

自 1957 年开始,研究人员尝试采用金属钛作为阳极取代石墨电极,钛可与其他金属及导电氧化物形成电阻很小的接触界面,即钛基涂层阳极用于析氧反应。1960 年代,H. Beer 发明了钛基金属氧化物涂层电极,随后 De Nora 和 Nidola 推动该类电极的工业化。该涂层的制备方法包括热分解法、电沉积法及溶胶-凝胶法等。其中,热分解法制备的电极结合力较好,使用时间长,成为尺寸稳定阳极(dimensionally stable anode,DSA)涂层最传统和典型的制备方法。一般情况下,将一定量的金属(一般为贵金属)盐按一定摩尔比溶解于特定的溶剂中得到涂覆液,然后采用刷涂、喷涂、浸涂等方法将涂覆液涂覆于 Ti 基体表面,在空气气氛中烘干、焙烧后即可得到氧化物涂层。上述步骤重复若干次,直到获得最终涂层厚度为止。以上过程中的基体预处理、前驱体溶液组成、涂覆工艺、热处理工艺等都将直接影响钛基电极材料的性能。

5. 金属填隙化合物

过渡金属 Fe,Co,Ni 和 Mo 的硫化物、磷化物、硒化物等填隙化合物是目前广泛关注的电解水催化剂,这类催化材料主要采用水热法或溶剂热法制备。最常见的制备单独纳米结构的硫化物和三维基底支撑的硫化物的方法是水热法,采用的硫源有硫脲($(NH_2)_2CS$,TU),硫代乙酰胺($CH_3(CS)NH_2$,TAA)和硫代硫酸钠($Na_2S_2O_3$)等。制备金属硒化物的硒源一般使用硒脲(CH_4N_2Se,SU)、硒金属粉(Se)、硒化钠(NaSe),以及$NaBH_4$和Se粉反应得到的硒氢化钠(NaHSe)。与金属硫化物不同,硒化物的报道相对来说比较单一。无定形的硒化钴、多种形貌的硒化钴及多种导电基底负载的硒化钴均被大量地研究和报道,其可作为HER和OER的双功能催化剂。

纳米结构的金属磷化物的合成要比金属硫化物和硒化物稍微复杂和困难一些,一般要在惰性气氛中经过高温煅烧得到产物。金属磷化物的合成方法一般分为两种:①高温液相合成法。该方法一般使用三辛基膦(trioctylphosphine,TOP)作为磷源,同时会加入不同分子比例的三辛基氧化膦(trioctylphosphine oxide,TOPO)作为结构导向剂。②高温固相合成法。该方法是将金属盐的前驱体和次磷酸钠(Na_2HPO_2)在高纯非氧环境中煅烧,其中的磷源除了次磷酸钠($NaHPO_2$),还有红磷(P)及磷酸氢铵$[(NH_4)_2HPO_4]$等。只是使用次磷酸钠(Na_2HPO_2)、红磷(P)及磷酸氢铵$[(NH_4)_2HPO_4]$作为磷源的反应温度要比使用TOP作为磷源的反应温度要高很多。和金属硒化物和硫化物不同,Fe,Co,Ni基的磷化物用作电催化HER和OER反应的研究较为均衡。

6. 石墨烯材料

碳材料因其良好的电导率、高的比表面积和化学稳定性在燃料电池、锂离子电池等领域被用作催化剂的载体、导电黏结剂和电极材料等。石墨烯是一种由单层六角原胞碳原子组成的蜂窝状二维晶体。其中每个碳原子均以sp^2杂化并将剩余的p轨道上的电子形成离域大π键,π电子可以自由移动,这赋予了石墨烯良好的导电性。同时石墨烯具有较大的比表面积及良好的热稳定性和化学稳定性,是一种理想的锂-空气电池用的碳催化材料。

目前,石墨烯制备的主要方法有机械剥离法、晶体外延生长法、化学气相沉积法、氧化法、碳纳米管剖开法等。其中,氧化法(Hummers method)是指把天然石墨与强酸或强氧化性物质反应生成氧化石墨(graphite oxide,GO),经过超声分散制备氧化石墨烯(单层氧化石墨烯)。该制备方法成本低、产率高、工艺简单易行。利用上述几种方法制备的石墨烯具有带状或片状的微观形貌,而且含有丰富的孔隙,有利于电解液浸润正极表面并有效地增加反应的三相界面(正极-电解液-氧气),从而表现出许多优于其他碳材料的性能,如较大的放电比容量。

4.5   电催化材料的应用

电催化是电化学能源转换、能量储存和物质转化的核心科学技术,在解决当今能源和环境问题中扮演着关键的角色。电催化在太阳能和生物质能等的综合利用、氢能源、纳米材料和功能材料制备、液体燃料合成和转化、电解、水处理和有机电化学等工业,以及生物传感等领域中发挥着重要的作用。近年来纳米科技迅速发展,促进了电催化纳米材料的研究和应用。本节主要介绍目前电催化材料的主流应用方向,包括电解水、燃料电池、小分子电催化、酶电催化及光电催化五个方面。

4.5.1 电解水

1. 析氢电催化材料

根据电解质、分隔膜的不同,HER 技术可以分为三类:碱性电解池(alkaline electrolytic cell,AEC)、质子交换膜电解池(proton exchange membrane electrolysis cell,PEMEC)和固体氧化物电解池(solid oxide electrolysis cell,SOEC)。HER 催化剂主要可以分为过渡金属催化剂和贵金属催化剂两类,这两类催化剂在 HER 反应中具有很大的优势,它们可以提供 d 轨道孤对电子作为亲核试剂,或者在化学反应中提供空的 d 轨道孤对电子作为亲电试剂。适合用作析氢的电催化材料的金属元素为 Pt,Ni,Co,Mo,Fe,Cu,W,非金属元素为 P,S,N,B,C,Se。贵金属基催化剂(在 HER 中以 Pt 为主)在商业 HER 催化剂领域占了绝大多数部分,以商业 Pt/C 为主。近年来,Ni,Co,Mo 等过渡金属的合金及其化合物由于在环境中含量高、价格低廉、耐腐蚀的优势在 HER 催化剂研究中备受关注。非贵金属催化剂中,常见的包括 Ni 化合物、Co 化合物和 Mo 化合物(合金、硫化物、磷化物、氮化物及硒化物)在内的过渡金属化合物是最重要的 HER 催化剂。过渡金属磷化物材料因其相对较高的电子导电性和催化活性而成为 HER 电催化剂最有希望的候选材料之一。

2. 析氧电催化材料

OER 催化剂主要可分为贵金属催化剂和非贵金属催化剂。贵金属基材料 OER 活性及稳定性较好,但它们的使用成本高昂,并且在电催化过程中会发生溶解、团聚和催化剂中毒现象。过渡金属具有未填满的 d 轨道,这种特殊的电子结构使得 OER 中间物种与金属活性中心容易产生适当的吸附强度,在 OER 反应中具有良好的应用前景。目前报道的各种过渡金属基电催化剂,主要为地壳中含量丰富的 Co 基和 Ni 基材料,可以形成硫化物、硒化物、磷化物、锑化物、氧化物、氢氧化物和氮化物等化合物。

4.5.2   燃料电池

1. 阳极催化剂

目前,PEMFC 所用催化剂以 Pt 为主,但是催化剂的成本较高,非铂催化剂近年来一直是 PEMFC 催化剂研究的热点。例如 Ir 基催化剂和 Pd 基催化剂,其中 Pd 基催化剂的活性只有 Pt 基催化剂的 25%,不适合直接用作燃料电池,通常是和 Pt 或 Au 形成 Pt–Pd 和 Pd–Au 合金,提高催化剂的抗 CO 中毒问题。近年来,为了解决 CO 中毒问题,电化学工作者提出了金属碳化物($WC,MoC,WO_3/C$ 复合物)。在直接类燃料电池阳极催化剂应用方面,Pt 仍然是主要活性成分,其次是 Pd(主要用于直接乙醇燃料电池)。为了有效降低醇类氧化中间体对催化剂的毒化作用,常常通过添加第二组分和第三组分提高抗中毒能力。对于直接甲醇燃料电池,最为有效的双组分催化剂为 PtRu 催化剂,最为有效的三组分催化剂则为 PtRuMo 催化剂;对于直接乙醇燃料电池,研究发现 Sn 的添加可以有效促进乙醇中 C—C 键断裂。

2. 阴极催化剂

燃料电池阴极反应,即氧的电化学还原反应可逆性低,即使在一些常用的催化活性较高的电催化剂(如 Pt,Pd)上,反应的交换电流密度也仅为 $10^{-10}\sim10^{-9}\,A\cdot cm^{-2}$,低于氢的电氧化反应 $10^{-5}\sim10^{-4}\,A\cdot cm^{-2}$。因此,氧的还原反应总是伴随着很高的过电位。尤其是在酸性电解质中,氧还原反应的标准电极电位为 1.23 V,大多数金属在水溶液中不稳定,在电极表面易出现氧和多种含氧离子的吸附,或生成氧化膜,使电极表面状态改变,导致电池电势下降,降低了电池的工作性能。高效的阴极催化剂应具备能降低阴极过电位,提高阴极催化剂还原活性的能力。大量研究表明,在磷酸燃料电池中利用铂和普通过渡金属如 V,Cr,Ti 的合金取代纯铂作阴极催化剂可以使电池的性能得到显著的提高。合金化是 Pt 基阴极催化剂性能提高的有效方式,近年来,采用单原子 Pt 催化剂,以过渡金属如 Mo,Ru 的 S 或 Se 化物为基础的电催化剂,以及石墨炔基新型高效非金属电催化剂等都被证实是优异的固体聚合物电解质燃料电池阴极催化剂。

因为能源密度远远大于锂离子电池,金属锂空气电池是当前备受关注的新一代化学电池。金属锂空气电池通过回收用过的水性电解液,以电气方式重新生成金属锂,还可继续作为电池负极燃料循环使用,避免产生其他污染,因此,锂–空气电池可以说是以金属锂为燃料的新型燃料电池。这类金属空气电池涉及的电催化反应主要是阴极的 ORR 反应。除了传统的 Pt 及其合金催化剂,杂原子掺碳非金属材料和过渡金属氧(硫)化物同样备受关注。ⅦB 族和Ⅷ族元素的过渡金属(Mn,Fe,Co 和 Ni)具有多个价态,可生成各种氧化物和硫化物、碳化物。其中,锰可以 Mn(Ⅱ),Mn(Ⅲ) 和 Mn(Ⅳ) 的不同价态存在,生成 MnO,Mn_3O_4,Mn_2O_3 和 MnO_2(如图 4–15)。这些锰金属氧化物具有不同的晶体结构和可变价态,因此具备优异的氧化–还原性能,同时还可以其他金属(如稀土)组成复合氧化物,或和其他氧化物混合,改善 ORR 反应性能。

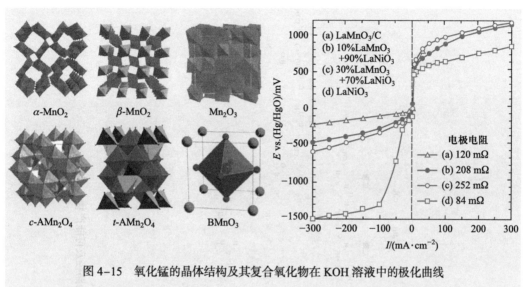

图 4–15　氧化锰的晶体结构及其复合氧化物在 KOH 溶液中的极化曲线

4.5.3　小分子电催化

C_1,C_2 燃料小分子的电催化氧化对于研究电催化理论和发展低温燃料电池具有重要意义。甲醇、甲酸、乙醇与氢气相比是很有潜力的阳极燃料,然而,较高的氧化过电位制约了相关燃料电池的工作效率。通过反应机理的研究来阐释这种过电位的本质,确认氧化过程中间体的归属及来源问题,是现代电催化研究的核心所在。另外,CO 作为有机小分子氧化的主要毒性中间体和重整氢中主要的毒化杂质,其氧化机制长期以来是电催化研究的热点和难点。Pt 基电催化材料是上述多种燃料小分子氧化的优良催化剂。Pd 有着与 Pt 近似的电子结构,较廉价且储量较高,同时它对甲酸及碱性条件下对乙醇等有较高的电氧化活性,Pd 的电催化研究也逐步成为新的关注点。

另外,在 CO_2 电学过程中,催化电极材料的选择至关重要,这直接影响到二氧化碳还原的反应路径(图 4–16),进而影响还原产物的选择性及法拉第效率。目前人们已尝试了大多数块体材料作为电极,但这些电极的能化性能普遍较差,并不能满足实际应用的要求。为了提高 CO 的电化学转化效率,目前普遍关注纳米尺度的电极材料。在所有金属催化剂中,铜是一种非常特殊的材料,CO_2 在其表面不仅可以被催化还原为 CO 和甲酸,还可以被还原成烃类高级产物,而其他的金属电极仅能将 CO_2 催化还原为 CO 或甲酸。

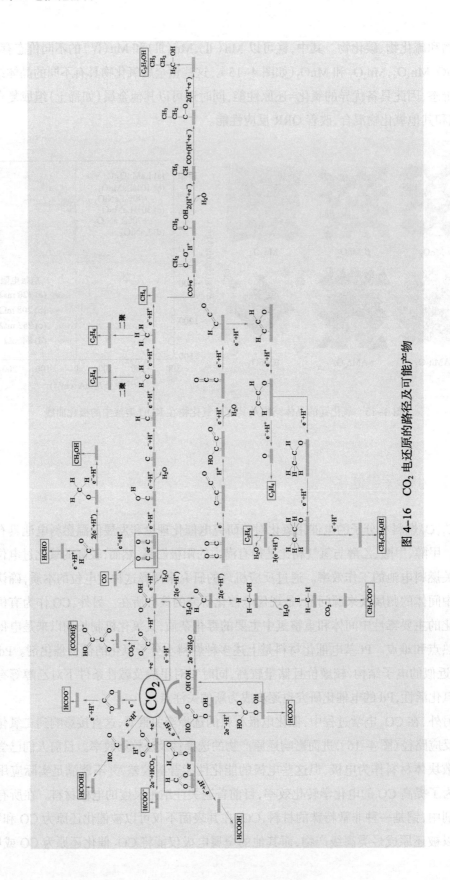

图 4-16　CO_2 电还原的路径及可能产物

因此,铜材料是 CO_2 电还原的主要研究对象。

4.5.4 酶电催化

　　酶生物燃料电池(enzyme biofuel cell,BFC)是一种绿色环保型能源,它以生物酶为催化剂,以自然界中广泛存在的糖类、醇类等物质为生物燃料,在特定酶的催化作用下发生氧化反应,产生的电子通过外电路到达阴极,阴极氧化剂(如 O_2,H_2O_2)在对应酶的催化作用下接受电子发生还原反应(图 4-17),从而产生电流。在酶催化的实际使用过程中,总希望将酶固定在电极表面,这样不仅使用方便,而且可以避免后继的复杂理论处理。所谓酶的固定就是通过化学或物理的处理方法,使原来水溶性的酶分子与固体的非水溶性载体相结合或被载体包埋。而作为酶固定工艺的一部分,载体材料的结构和性能对固定酶的各种性能都有很大的影响。随着合成材料技术的不断发展,载体已经从最初的天然高分子材料发展到合成高分子、无机材料、复合材料及各种纳米材料。在选择酶的固定载体材料时,一般要考虑载体的下列性能。

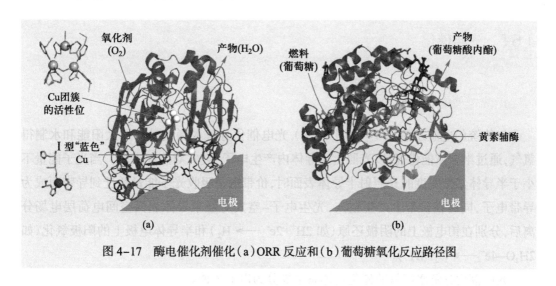

图 4-17　酶电催化剂催化(a)ORR 反应和(b)葡萄糖氧化反应路径图

　　(1)官能团。一般来说,载体材料表面带有能与酶发生反应的官能团,如带有—OH,—COOH,—CHO 等反应性基团,则可大大提高载体材料与酶之间的结合能力,同时也可提高酶固定的稳定性。

　　(2)渗透性和比表面积。载体材料具有大的比表面积和多孔结构,容易与酶相结合,提高酶的固定效率。

　　(3)溶解性。载体材料不能溶于水,这不仅可防止酶失活,还可防止酶受到污染。

　　(4)机械稳定性。固定酶的一个最大特点是要能重复使用,要求载体材料的机械稳定性好。

（5）组成与粒径。材料的粒径要小，其比表面积大，固定酶的量就大。

（6）再使用性。这对于那些比较昂贵的载体材料尤其重要。使用比较多的酶载体材料有壳聚糖及其衍生物、海藻酸、结构性蛋白等天然高分子；聚苯乙烯、聚甲基丙烯酸、聚乙二醇等合成高分子；硅凝胶、各种介孔分子筛等无机材料；各种无机-有机复合材料，如磁性高分子微球，以及一些新型的载体，如导电聚合物、纳米材料等。

将酶固定在载体材料后，再将其覆盖在电极表面，电极表面膜的厚度、致密性、均匀性与分子排列的有序性等都会对酶电极的性能产生影响。而且在固定过程中，既要保持酶本身的固有特性，又要避免自由酶应用上的缺陷。酶的固定技术决定着酶电极的稳定性、选择性和灵敏度等主要性能，同时也决定酶电极是否具有研究和应用价值。经过多年来的不断研究，已经建立了多种有效的酶固定方法，目前，被广泛使用的酶固定方法主要有膜固定法、吸附法、共价键合法、聚合物包埋法、交联法、组合法及抗原-抗体结合法等。

除了生物燃料电池，酶电催化有利于了解生命体系的能量转换和物质代谢，探索其在生命体内的生理作用及作用机制，对于开发新型的生物电化学传感器、电化学免疫分析方法和 DNA 检测等具有重要的意义。

4.5.5 光电催化

1. 光电催化电解水

与传统的电解水制氢不同（图 4-18），光电催化分解水制氢是利用太阳能和水制得氢气，通过半导体催化剂，以光照后半导体内产生电子-空穴对为起点的。当光子能量不小于半导体禁带宽度的光照射半导体表面时，价带电子吸收光子能量跃迁到导带而成为导带电子，同时在价带上产生空穴，光生电子-空穴对经半导体表面空间电荷层电场分离后，分别在铂电极上的阴极还原（如 $2H^++2e^- \longrightarrow H_2$）和半导体电极上的阳极氧化（如 $2H_2O-4e^- \longrightarrow O_2+4H^+$）。

光电催化分解水制氢的催化剂体系主要分为以下 3 种。

（1）半导体-金属体系。半导体电极作光阳极，金属作光阴极，电导率高的盐作电解液，光照产生的电子通过外电路转移到光阴极。由于只存在一种电解液，光照时在电导率高的盐作电解液中，光照产生的电子通过外电路而转移到光阴极，而光照时在光阳极处氧化所得产物容易以扩散等方式迁移到光阴极，与光阴极表面的质子还原反应竞争，因而制氢效率较低。

（2）光化学双电极体系。半导体和金属整合为单一电极，两电极之间为欧姆接触，不需外电路将两极相连，形成"三明治"结构。

（3）SC-SEPPEC 体系。SC-SEPPEC 电极将电解液中含有不同氧化还原电对的两

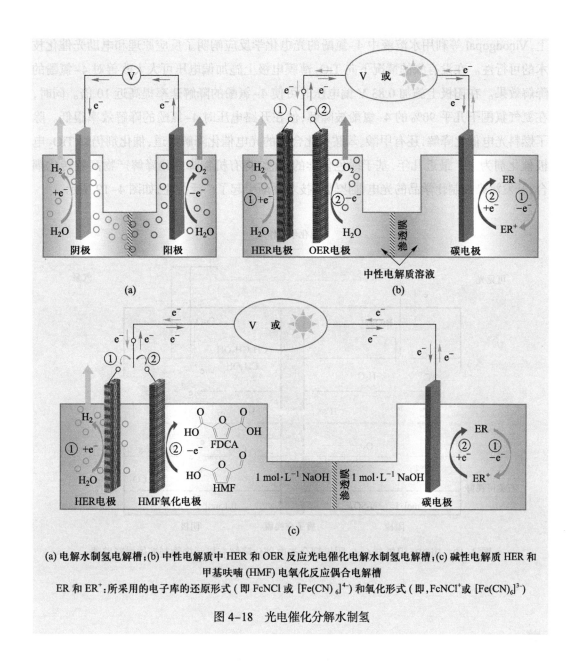

(a) 电解水制氢电解槽;(b) 中性电解质中 HER 和 OER 反应光电催化电解水制氢电解槽;(c) 碱性电解质 HER 和
甲基呋喃 (HMF) 电氧化反应偶合电解槽

ER 和 ER$^+$:所采用的电子库的还原形式 (即 FcNCl 或 [Fe(CN)$_6$]$^{4-}$) 和氧化形式 (即,FcNCl$^+$或 [Fe(CN)$_6$]$^{3-}$)

图 4-18　光电催化分解水制氢

电极室分开,氧化还原电对电位之间的差别成为光照后光生载流子分离的推动力。其中在光阳极室(A 室)和光阴极室(B 室)分别发生光生空穴参与的氧化反应和光生电子参与的还原反应。

2. 光电催化降解有机污染物

在有机污染物的光电催化降解实验中,对染料的降解是最常见的。Vinodgopal 等最早以固定化 TiO$_2$/SnO$_2$ 膜作为光阳极对偶氮染料的光电催化降解进行了研究,发现偶氮染料能被迅速脱色并降解。对有机氯化物的光电催化降解研究主要集中在氯酚化合物上,Vinodgopal 等利用水溶液中 4-氯酚的光电化学反应阐明了反应原理和电助光催化技术的可行性。在没有氧的情况下向 TiO_2 薄膜电极上施加偏电压可大大改善对 4-氯酚的降解效果。在阳极上施加 0.83 V 偏电压时可使 4-氯酚的降解速率提高近 10 倍。同时,在氮气氛围下几乎 90% 的 4-氯酚被降解,但在开路电压时 4-氯酚的降解效率很低。除了燃料光电催化降解,还有甲酸、苯胺类化合物的光电催化降解报道,催化剂仍以 TiO_2 电极催化剂为主。最近几年,基于绿色化学的理念,将有机物降解和降解产物高效转化耦合,开发污染物制化学品的光电催化转化技术逐渐引起了广泛关注,如图 4-19 所示。

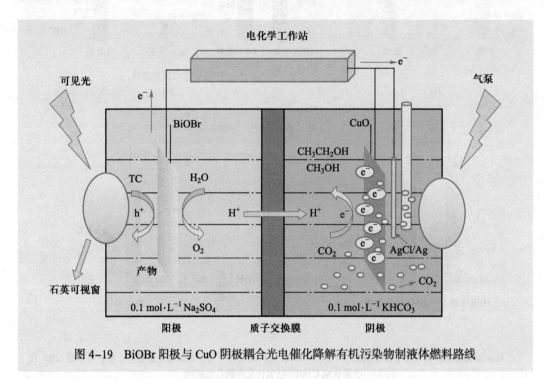

图 4-19   BiOBr 阳极与 CuO 阴极耦合光电催化降解有机污染物制液体燃料路线

思考题

4-1   请查阅电化学相关资料,简述电极极化的原因。

4-2   请查阅电化学相关资料,说明参比电极应具有的性能和用途。

4-3   请查阅电化学相关资料,试说明工作电极应具有的性能和用途。

4-4   请查阅电化学相关资料,说明辅助电极应具有的性能及用途。

4-5   请查阅电化学相关资料,说明电极反应的种类主要有哪些。

4-6   结合本章内容,查阅资料,说明电极过程的主要特征。

4-7   请描述双电层理论的发展。

4-8 请概述电催化、电催化作用和电催化性能。

4-9 请说明电催化与常规化学催化(热催化)反应的区别。

4-10 请叙述点催化剂及性能要求。

4-11 请说明影响电催化剂的因素。

思考题参考答案

参考文献

第五章
聚合物电解质材料

5.1 聚合物电解质材料概述

聚合物电解质材料是指含聚合物的电解质材料,包括凝胶聚合物电解质、聚合物固态电解质和复合聚合物电解质。聚合物电解质具有高分子材料的柔顺性和良好的成膜性、黏弹性、稳定性、质量轻、成本低的特点,而且还具有良好的力学性能和电化学稳定性。常见的聚合物电解质材料有锂电池中的聚合物电解质和离子交换膜。

5.1.1 锂电池中的聚合物电解质

固体聚合物电解质

1973 年,Wright 等发现聚环氧乙烷(PEO)能"溶解"部分碱金属盐形成聚合物–盐的络合物(coordination compound)。1975 年,Wright 等报道了 PEO 的碱金属盐络合体系具有较好的离子电导性。1978 年,Armand 等报道了 PEO 的碱金属络合体系在 40~60 ℃时离子电导率达到 10^{-3} S·cm^{-1},且具有良好的成膜性能,可作为锂电池的电解质。此后,聚合物固体电解质得到了广泛关注。

到目前为止,研究最多的体系是 PEO 基的聚合物电解质。在该体系中,常温下存在纯 PEO 相、非晶相和富盐相三个相区,其中离子传导主要发生在非晶相高弹区。一般认为,碱金属离子先同高分子链上的极性醚氧官能团络合,在电场的作用下,随着高弹区分子链段的热运动,碱金属离子与极性基团发生解离,再与链段上其他醚氧基团发生络合。通过这种不断地络合–解离–络合过程,实现离子的定向迁移。其电导率符合 VTF 方程,与链段蠕动导致的自由体积变化密切相关。通过对 PEO 的研究发现,要形成高导电的聚合物电解质,对聚合物的基本要求是必须具有给电子能力很强的原子或极性基团,极性基团应含有 O,S,N,P 等电负性大的原子,这些原子或极性基团能提供孤对电子,与碱金属离子形成络合键以抵消碱金属盐的晶格能。其次,络合原子或基团间的距离要适当,能够与每个碱金属离子形成多重键,达到碱金属盐的良好溶解度。此外,聚合物分子链段要足够柔顺,聚合物上官能键的旋转阻力要尽可能低,以利于碱金属离子的移动。常见的聚合物基体有 PEO、聚环氧丙烷（PPO）、聚甲基丙烯酸甲酯（PMMA）、聚丙烯腈（PAN）、聚偏氟乙烯（PVDF）等。

5.1.2 离子交换膜

离子交换膜

美国科学家 Juda 在 1949 年发明了离子交换膜，并于 1950 年成功地研制了第一张具有商业用途的离子交换膜，从此离子交换膜成为一个新的技术领域，受到各国的充分重视。经过七十余年的发展，离子交换膜从初期性能差的非均相离子交换膜发展到适合于工业生产的、性能较好的均相离子交换膜，从单一电渗析水处理用膜发展到扩散渗析用膜、离子选择透过性膜和抗污染用膜。特别是国外最近推出的全氟磺酸膜和全氟羧酸膜，揭开了食盐电解工业和燃料电池行业的新篇章。目前膜材料除了最原始的苯乙烯-二乙烯苯聚合物外，又扩展到异戊二烯-苯乙烯嵌段共聚物、苯乙烯-丁二烯共聚物、含氟聚合物、聚砜、聚醚砜、聚苯醚等聚合物。应用方面除了通常的电渗析外，还拓展到电解、渗透蒸发、离子交换膜燃料电池及其他高新技术领域。

离子交换膜包括三个基本组成部分，即高分子骨架、固定基团及带有相反电荷的可移动离子。其中起支撑作用的高分子骨架称为基膜，基膜是离子交换膜中最重要的结构，决定了离子交换膜的机械性能。可移动离子则发挥离子交换的作用。

离子交换膜常见的类型主要有阳离子交换膜（CEM）和阴离子交换膜（AEM）。阳离子交换膜中含有带负电荷的酸性活性基团，能选择性透过阳离子而阻挡阴离子的透过。相反，阴离子交换膜中则含有带正电荷的碱性活性基团，能选择性透过阴离子而阻挡阳离子的透过。

对于阳离子交换膜，固定基团主要有磺酸基（$-SO_3H$）、磷酸基（$-PO_3H_2$）、羧酸基（$-COOH$）、苯酚基（$-C_6H_4OH$）及砷酸基和硒酸基等。

对于阴离子交换膜，固定基团主要有：伯、仲、叔、季四种胺的氨基和哌啶、吡咯、环氨、咪唑等。常见阴离子交换膜的阳离子基团化学结构见图 5-1。

还有一些特殊类型的离子交换膜，包括质子交换膜（PEM）、双极膜、两性离子交换膜、单价选择性离子交换膜和混合基质膜（MMMs）。其中，PEM 作为一种常见的阳离子交换膜，主要应用于燃料电池中传导质子。

5.1.3 质子交换膜

质子交换膜是典型的阳离子交换膜，在能源领域研究广泛，主要用于质子交换膜燃料电池（PEMFC）。

PEMFC 是最早研发的聚合物电解质燃料电池，也是目前最有商业化前景的燃料电

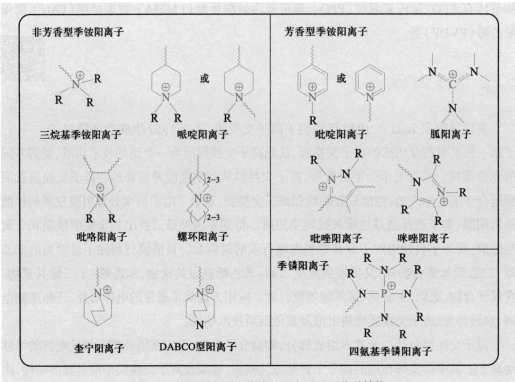

图 5-1　常见阴离子交换膜的阳离子基团化学结构

池。PEMFC 以铂/碳或铂-钌/碳作为电催化剂,以带有气体流动通道的石墨或表面改性金属板为双极板,以全氟磺酸膜如 Nafion 为电解质,阳极通入氢气或者净化重整气作为燃料,阴极通入纯氧或空气作为氧化剂,阳极电极反应产生 H^+ 和电子,H^+ 通过质子交换膜在电池内部传输到达阴极,电子通过外部负载输出电能形成回路。质子交换膜是 PEMFC 的核心部件,对电池性能起着关键作用。

由杜邦公司开发的全氟磺酸聚烯烃阳离子交换膜,虽然至今已超过 50 年,但仍是离子交换膜的标杆。该膜由含磺酸基团的全氟代烷烃构成,通常由四氟乙烯与含"预磺酸基团"(磺酰氟或磺酸酯形式)的全氟代烯烃通过自由基共聚然后水解得到,其反应通式见图 5-2。全氟磺酸聚烯烃类阳离子交换膜兼具优异的化学与热稳定性,以及高的质子电导率。在研究初期,人们认为该膜优异的性能仅仅源于其全氟的化学组成。一方面,C—F 键高的键能($497\ kJ\cdot mol^{-1}$)赋予膜优异的化学与热稳定性;另一方面,CF_2 基的强吸电子性赋予与之相邻的磺酸基团超强的酸性,进而赋予膜良好的质子电导率。随着研究的不断深入,研究者发现全氟磺酸聚烯烃类阳离子交换膜的优异性能不仅源于其组成,更源于其微观形貌。

Gierke 及其合作者通过小角 X 射线衍射(SAXS)和广角 X 射线衍射(WAXD)等手段对杜邦公司生产的 Nafion 膜的微观结构进行观察,提出了"簇-网络"模型。在此模型

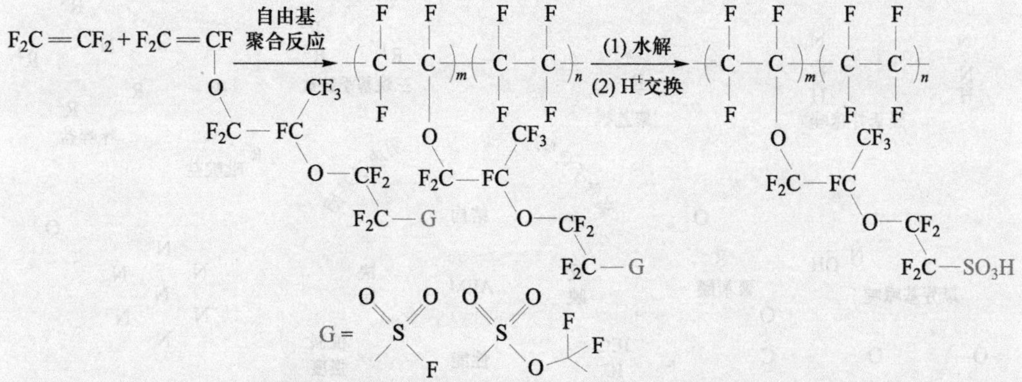

图 5-2 全氟磺酸聚烯烃阳离子交换膜合成示意图

中,由磺化端基全氟烷基醚基团聚集构成尺寸约为 4 nm 的离子簇,这些离子簇由尺寸约为 1 nm 的通道进行连接,形成贯穿的离子传输网络通道。得益于亲水的离子传输网络通道的存在,质子才可以通过 Vehicular 和 Grotthuss 机理进行高速传输。此外,Roche 等发现聚四氟乙烯链段可以形成疏水结晶区域,来赋予 Nafion 膜优异的机械和化学稳定性。总之,Nafion 理想的亲水-疏水相分离结构使得其具有优异的性能。

但是 PEMFC 大规模商业化应用还存在寿命、成本和功率密度三大问题,其中成本问题在于铂基催化剂和膜材料价格昂贵。于是,人们转向研究碱性阴离子交换膜燃料电池(AEMFC)。与 PEMFC 相比,AEMFC 具有以下优势:①碱性条件下氧气的还原电势较低,阴极的氧气还原效率较高;②碱性条件下对于电极催化剂要求较低,允许使用非贵金属催化剂;③燃料和氢氧根的传递相反,有利于降低燃料的泄漏。AEMFC 中使用阴离子交换膜,起着传递氢氧根和阻隔燃料与氧化剂的作用。但是由于 OH^- 的尺寸和分子量都比 H^+ 大,因此 OH^- 的传递速率比 H^+ 慢得多。

阴离子交换膜无论在燃料电池还是电解水制氢等方面都具有巨大的应用潜力,是近年来膜领域的研究热点。尽管目前阴离子交换膜领域仍缺乏一种类似质子交换膜领域 Nafion 膜的代表性成熟膜产品,但是研究者们从分子水平上进行了大量的阴离子交换膜结构设计探索工作,以下将对这些结构设计策略进行叙述。

5.2 聚合物电解质材料的结构设计

阴离子交换膜的结构决定性能,性能反映结构(如图 5-3 所示)。阴离子交换膜通常需要高电导率、良好的热稳定性、机械性能和耐碱性。阴离子交换膜的基体材料决定了膜的热稳定性和机械性能。阳离子官能团的性质和数量决定了膜的电导率。基体材料和官

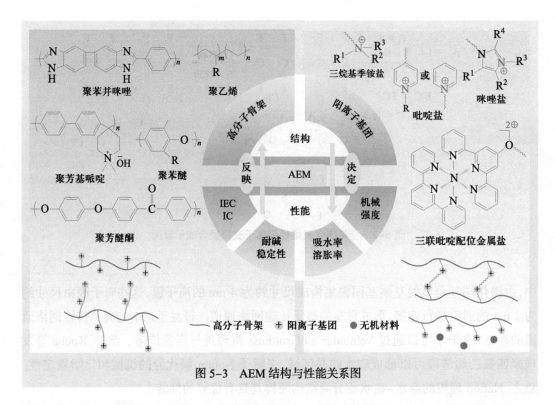

图 5-3　AEM 结构与性能关系图

能团(特别是官能团)共同决定了膜的耐碱性。一般来说,阳离子官能团的数量越多,阴离子通过膜的传输效率就越高。然而,过多的阳离子官能团会导致吸水率增加,使膜更加脆弱并降低其机械稳定性。

随着人们对阴离子交换膜性能要求的不断提高,基于 AEM 结构与性能关系,从分子水平进行结构设计和组成调控成为阴离子交换膜的重要研发手段。通常聚合物主链被设计成疏水结构,以确保 AEM 表现出优异的机械强度和耐碱稳定性。阳离子基团被设计为亲水性,并被聚合物骨架和侧链包围形成离子迁移"通道",允许离子的选择性传输。AEM 高分子链结构设计包括主链结构设计、侧链结构设计、嵌段结构设计、交联结构设计和互穿网络结构设计。

5.2.1　主链结构设计

阴离子交换膜研究的本质就是对聚合物进行功能化改性,其中起支撑作用的聚合物骨架对阴离子交换膜的力学性能和热稳定性有至关重要的影响。聚苯醚(PPO)、聚芳基醚砜(PES)、聚亚芳基醚酮(PAEK)和聚芳基哌啶(PAP)是构建 AEM 最常用的材料(图5-4),这得益于它们成本低、成膜性能优异和改性容易的优势。这些聚合物易于溶解在极性有机溶剂中,如 N,N-二甲基甲酰胺(DMF)、N-甲基吡咯烷酮(NMP)和二甲基亚砜(DMSO),可以通过溶液浇铸技术形成坚固致密的膜。

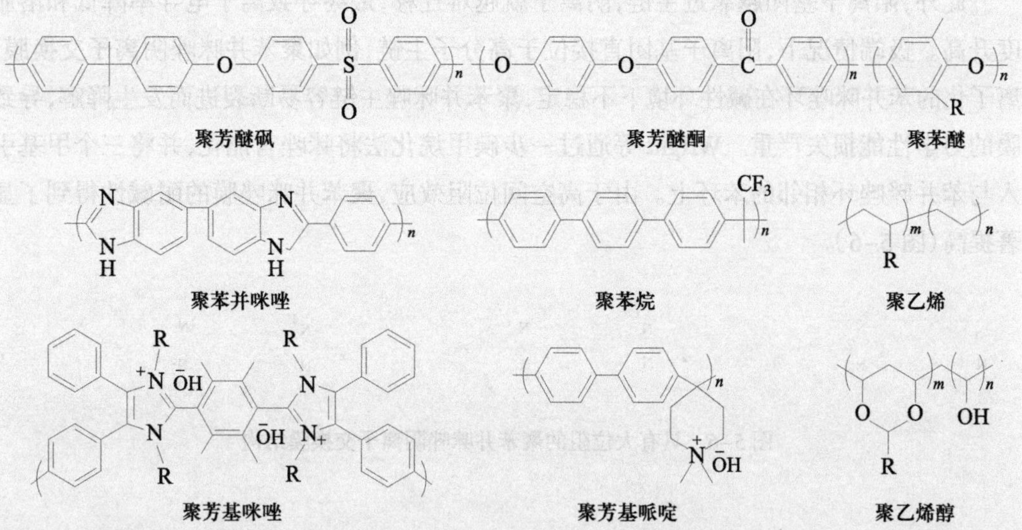

图 5-4 常见的 AEM 高分子骨架结构

对于聚芳醚高分子主链,当吸电子基团位于主链附近时,主链上的 C—O 键裂解得更快。这是因为当吸电子基团靠近高分子主链时,OH⁻更易于攻击 C—O 键的碳原子,甚至被诱导攻击芳香主链中的氧原子,导致高分子主链断裂,随后膜的基本力学性能降低(图5-5)。针对聚芳醚主链易于降解的问题,主要解决思路有:①研究无醚键的主链,例如聚烯烃类、聚苯并咪唑类等高分子主链;②避免吸电子基团对主链的诱导作用;③对高分子主链进行设计,构建嵌段高分子和交联高分子网络。

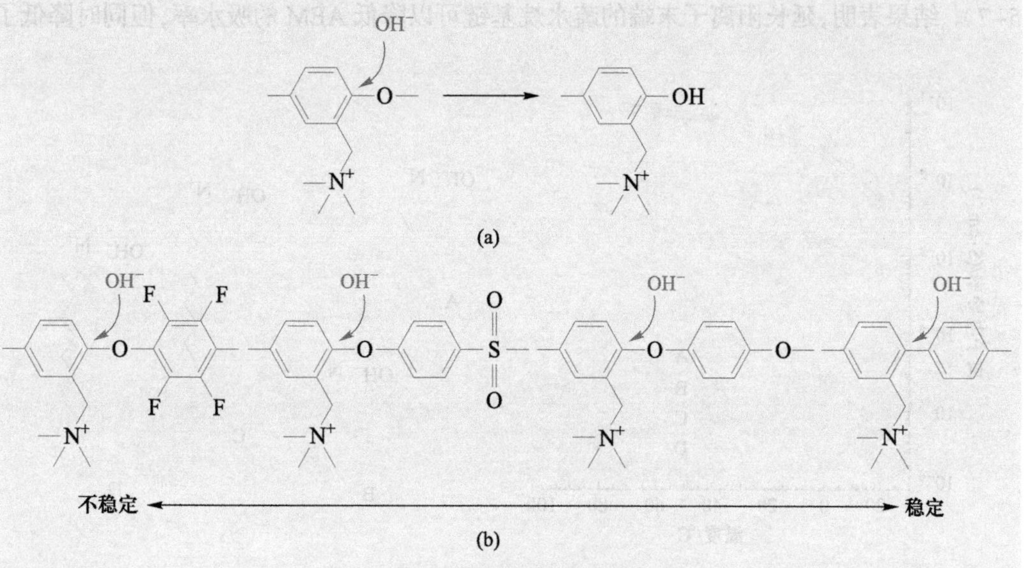

图 5-5 主链芳醚键的降解

此外,阳离子基团越靠近主链,阴离子就越难迁移,最终导致离子电导率降低和溶胀度升高。极端情况下,阳离子基团直接位于高分子主链,例如聚苯并咪唑阴离子交换膜。离子化的苯并咪唑环在碱性环境下不稳定,聚苯并咪唑主链容易断裂进而发生降解,导致膜的力学性能损失严重。Wright 等通过一步碘甲烷化法将咪唑官能化,并将三个甲基引入与苯并咪唑环相邻的苯环上。由于高空间位阻效应,聚苯并咪唑膜的耐碱性得到了显著提高(图 5-6)。

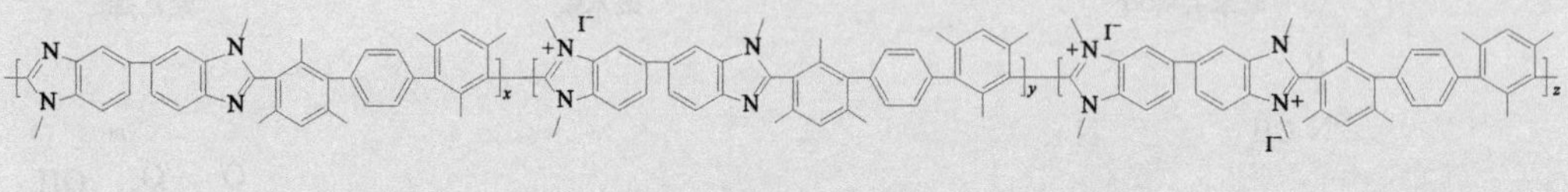

图 5-6 具有大位阻的聚苯并咪唑阴离子交换膜结构

5.2.2 侧链结构设计

高分子主链具有相对高的刚性,使得直接连接到主链的阳离子基团的迁移率和活性受到限制。为了增加阳离子基团与聚合物骨架之间的分离距离,研究人员引入了烷基或其他柔性侧链,以产生末端带阳离子基团的长侧链结构。侧链聚合物膜结构不仅能有效提高阳离子基团的局部迁移率,而且还具有明显的微相分离形态,可以自聚集成离子簇,形成亲水通道,促进离子的高效传输。不同的烷基链长度和位于不同位置的阳离子基团可以产生不同的亲水或疏水微相结构。

Jannasch 等设计了具有不同阳离子侧链的 AEM,以考察侧链对膜性能的影响(图 5-7)。结果表明,延长阳离子末端的疏水烷基链可以降低 AEM 的吸水率,但同时降低了

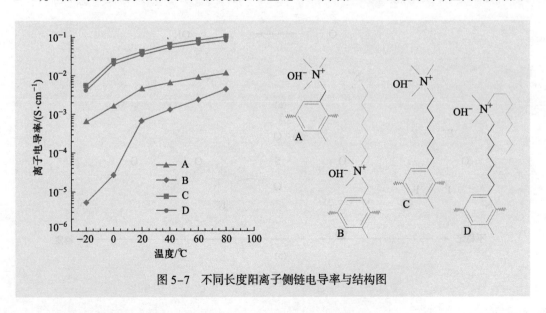

图 5-7 不同长度阳离子侧链电导率与结构图

离子电导率。在聚合物骨架和阳离子官能团之间引入适当长度的烷基链会提高离子电导率,这是因为间隔烷基链的存在加强了离子聚集,形成了充水区域,有利于促进相分离。

根据链的柔顺性差异,侧链可以分为刚性侧链和柔性侧链。刚性侧链具有许多刚性基团,限制了分子链的自由运动,导致阳离子基团难以聚集,不能形成明显的微相分离结构。柔性侧链具有良好的柔性和自由度,阳离子基团更容易聚集形成大的离子簇,提高离子传输效率。

5.2.3　嵌段结构设计

一般来说,大多数 AEM 的离子交换容量较低,不能有效地传输阴离子,这主要归因于对无定形聚合物的微观结构控制不足。无规共聚物中的离子基团位于聚合物骨架的不同部分,很难将它们聚集在一起,因此膜很难形成离子传输通道,离子交换容量和 OH^- 的离子电导率通常较低。

为了解决离子交换容量和电导率较低的问题,研究人员将两种或多种聚合物结合形成嵌段型多阳离子簇 AEM(图 5-8),促进离子聚合物和非离子聚合物在分子水平上的协同作用。由于不同组分的热力学性质不同,嵌段共聚物可以形成亲水链段和疏水链段的有序分布,发生明显的亲水/疏水相分离,促进了离子传输通道的形成,提高了 OH^- 的传输效率,表现出更高的 OH^- 的离子电导率和更好的耐碱性。

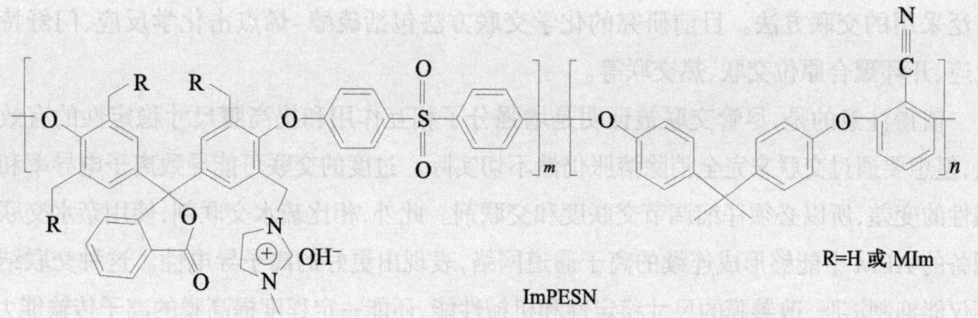

图 5-8　典型嵌段结构 AEM

通过两种或多种低聚物的共聚,在 AEM 中引入嵌段结构有助于建立平衡的亲水/疏水相分离结构,使所获得的 AEM 具有优异的离子电导率。但是,存在的问题是阳离子基团与主链非常接近,在碱性环境中,即使是具有空间位阻的阳离子官能团也不能充分保护聚合物主链的含醚链段免受 OH^- 攻击。并且,嵌段共聚物中形成的离子传输通道通常很大,水分子很容易进入亲水区域,导致膜溶胀,降低膜的尺寸稳定性和机械性能。

5.2.4   交联结构设计

通常，AEM 的离子电导率倾向于随着离子交换容量和吸水率的增加而上升。然而，离子交换容量和吸水率的增加可能带来膜的机械强度的降低。为了减轻 AEM 的溶胀率，通过交联反应在膜内建立紧凑的网络结构，可增强其机械稳定性(图 5-9)。交联反应是指两个或者两个以上的分子(一般为线型分子)相互键合交联成网络结构的较稳定分子(体型分子)的反应。这种反应使线型或轻度支链型的大分子转变成三维网状结构，交联方法通常有物理交联和化学交联。

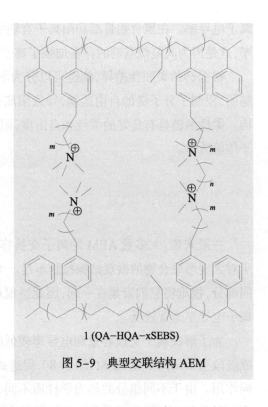

1 (QA-HQA-xSEBS)

图 5-9   典型交联结构 AEM

物理交联是指在聚合物分子之间引入离子与离子间的相互作用力、范德华力或氢键，以提高分子间内聚力。化学交联需要通过低聚物或端基在聚合物链之间建立共价键。交联过程可以在聚合过程中同时进行，也可以通过聚合后交联步骤来实现。目前，化学交联被广泛认为是解决 AEM 中平衡离子电导率和机械稳定性问题的有效方法，也是研究中广泛采用的交联方法。目前研究的化学交联方法包括硫醇-烯点击化学反应、门舒特金反应、开环聚合原位交联、热交联等。

值得注意的是，尽管交联被证明是增强分子相互作用和提高膜尺寸稳定性的有效方法，但想要通过交联来完全消除溶胀仍然不切实际。过度的交联可能导致离子电导率和耐碱性的变差，所以必须仔细调节交联度和交联剂。此外，相比疏水交联剂，使用亲水交联剂制备的 AEM 中能够形成连续的离子通道网络，表现出更好的离子导电性。这种交联结构不仅能抑制溶胀，改善膜的尺寸稳定性和机械性能，还能一定程度提高膜的离子传输能力。

5.2.5   互穿网络结构设计

近年来，建立半互穿聚合物网络已成为实现 AEM 的离子电导率和机械稳定性之间平衡的又一种成功方法。互穿聚合物网络是指两种聚合物穿插在一起，两者之间没有共价键，共价键只存在于每种聚合物的交联网络结构中。如果交联结构只发生在一种聚合物中，则称为半互穿网络(图 5-10)。互穿聚合网络通常由导电聚合物和疏水聚合物组成，导电聚合物用于离子传输，疏水聚合物则提供良好的热、化学和机械性能，互穿网络进

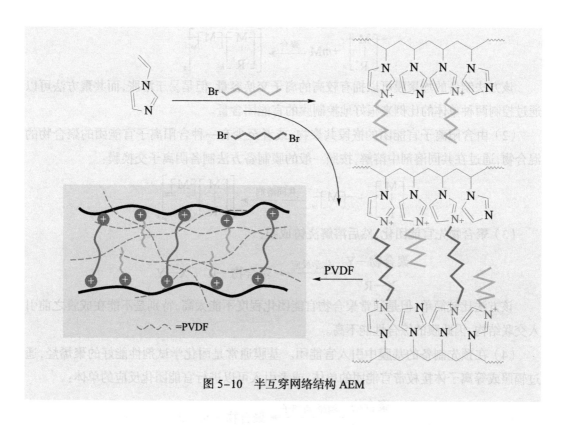

图 5-10　半互穿网络结构 AEM

一步提高膜的机械性能。此外,互穿网络具有高柔性,可导致聚合物电解质和电极材料之间的紧密接触。

5.3　聚合物电解质材料的合成方法

　　根据阳离子基团引入高分子主链上的方式不同,AEM 的制备可分为直接聚合和聚合后官能团化两种方法。虽然直接聚合不需要复杂的聚合后改性过程,但是要考虑聚合条件对阳离子稳定性的影响。相比之下,聚合后官能团化具有更多优势,官能团化方法和官能团种类的选择更灵活。

　　目前所制备的大部分阴离子交换膜都是均相膜。均相膜是指膜的结构均一,所有官能团和膜的基体以化学键相连,其制备方法可以归纳为以下四类。

　　(1) 单体的聚合或缩聚,其中至少有一种单体必须含有阳离子官能团。例如含有阳离子官能团单体的均聚:

$$n\begin{bmatrix} M \\ | \\ R^+ \end{bmatrix} \xrightarrow{\text{聚合}} \begin{bmatrix} M \\ | \\ R^+ \end{bmatrix}_n$$

或者含有阳离子官能团单体与另一种中性单体聚合形成嵌段共聚物:

$$\left[\begin{array}{c} M \\ | \\ R^+ \end{array}\right]_n + m\text{M} \xrightarrow{\text{聚合}} \left[\left[\begin{array}{c} M \\ | \\ R^+ \end{array}\right]_n [M]_m\right]_k$$

该方法制备的均聚膜可以拥有较高的离子交换容量,但是易于溶胀,而共聚方法可以通过控制两种单体的比例来很好地控制膜的官能团含量。

（2）由含阳离子官能团的嵌段共聚物,或者至少有一种含阳离子官能团的聚合物的混合物,通过在共同溶剂中溶解,按照一般的膜制备方法制备阴离子交换膜:

$$\left[\begin{array}{c} M \\ | \\ R^+ \end{array}\right]_n + [M]_m \xrightarrow{\text{共同溶剂}} \left[\left[\begin{array}{c} M \\ | \\ R^+ \end{array}\right]_n [M]_m\right]_k$$

（3）聚合物先官能团化,然后溶解浇铸成膜:

$$\begin{array}{c} \text{聚合物—Y} \\ \\ X\text{—}R^+ \end{array} \xrightarrow{\text{化学反应}} \text{聚合物—}R^+ + X\text{—}Y$$

该方法比较简单,但是通常聚合物官能团化程度不能太高,特别是不能在成膜之前引入交联结构,因此膜的综合性能不高。

（4）在预先制备的基膜中引入官能团。基膜通常是耐化学试剂性能好的聚烯烃,通过辐照或等离子体接枝带官能团的单体,或者引入可以进行官能团化反应的单体:

$$\begin{array}{c} \text{聚合物} \\ \\ M\text{—}R^+ \end{array} \xrightarrow{\text{辅照,等离子}} \text{聚合物—M—}R^+$$

该过程非常简单,但官能团化程度不容易控制,经常会出现官能团化不均匀的情况。以下将举例分别说明聚合物官能团化后成膜和基膜官能团化两类方法。

5.3.1 聚合物官能团化

采用聚合物官能团化方法制备聚苯乙烯阴离子交换膜:首先苯乙烯自由基均聚形成聚苯乙烯,然后对聚苯乙烯进行氯甲基–季铵化过程,最后溶液浇注成膜得到聚苯乙烯阴离子交换膜。该过程的反应式如下。

聚芳醚砜类阴离子交换膜由双酚 A 钠盐和 4,4′–二氯二苯砜缩聚反应后成膜而成。首先使用双酚 A 和氢氧化钠浓溶液配制新鲜双酚 A 钠盐,所产生的水分经二甲苯蒸馏带走,温度约 160 ℃,除净水分,防止水解,这是获得高分子量聚砜的关键。以二甲基亚砜为溶剂,用惰性气体保护,使双酚 A 钠盐与 4,4′–二氯二苯砜进行亲核取代反应即得聚芳醚砜。该过程的反应式如下。

然后,聚芳醚砜进行氯甲基化,进而接枝阳离子官能团。将聚芳醚砜加入含有氯仿的双颈反应烧瓶中,并在室温下保持搅拌直到完全溶解。此后,逐渐加入三甲基氯硅烷、多聚甲醛和氯化锡的混合物,将反应加热至 55 ℃,并回流 20 h,即可合成氯甲基化程度约为 80% 的单取代聚芳醚砜,之后便可通过氯甲基来接枝各种阳离子基团,最后进行成膜,得到聚芳醚砜类阴离子交换膜。

5.3.2　基膜官能团化

在基膜上通过化学反应或者辐照接枝,引入功能基团或可产生功能基团的结构,如苯乙烯或二乙烯基苯或其等同物。基膜可以是亲水性的纤维素、聚乙烯醇等,结构中含有类似仲醇性质的多羟基,能进行酰基化和酯基化反应而导入离子交换基团。基膜也可以是聚苯乙烯、聚氯乙烯、氯化聚醚、聚乙酰亚胺、丁苯橡胶、氯醇橡胶等含有特定官能团的亲脂性聚合物,具有较低的电阻和较高的选择性。例如,聚乙烯基膜通过钴源辐照接枝苯乙烯,然后再进行氯甲基/季铵化制备阴离子交换膜。也可以不经过接枝带苯环单体的过程,直接引入功能基团,如聚乙烯在室温和紫外辐照条件下与混合气体 SO_2 或 Cl_2 反应直接引入氯磺酰基,然后通过水解、胺化和季铵化制备相应的阴离子交换膜,反应式如下:

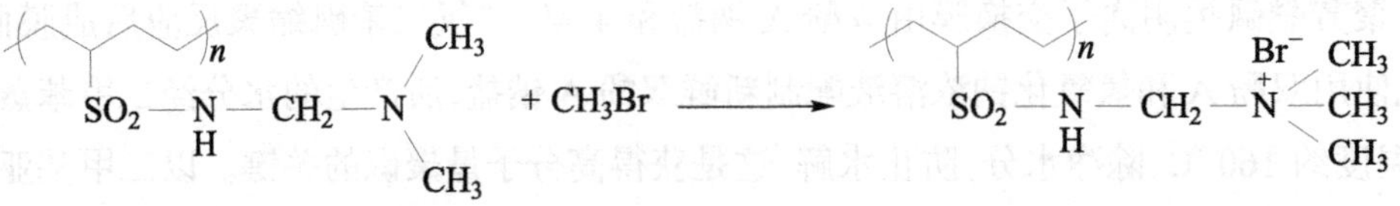

5.3.3 氯甲基化方法

一般来说,阴离子交换膜制备比较困难,原因之一在于氯甲基化时需要使用剧毒物质氯甲醚,因此人们一直在寻找不使用氯甲醚制备阴离子交换膜的路线。下面介绍几种常见的方法。

1. 利用聚合物侧链的氯甲基基团

由于有些聚合物侧链上具有氯甲基基团,因此成膜后可以直接进行季铵化获得阴离子交换膜。例如,用氯甲基苯乙烯和苯乙烯,使用偶氮二异丁腈作为引发剂,在 80 ℃下进行共聚,制备基膜后利用氯甲基苯乙烯引入的氯甲基基团进行季铵化。其主要反应如下:

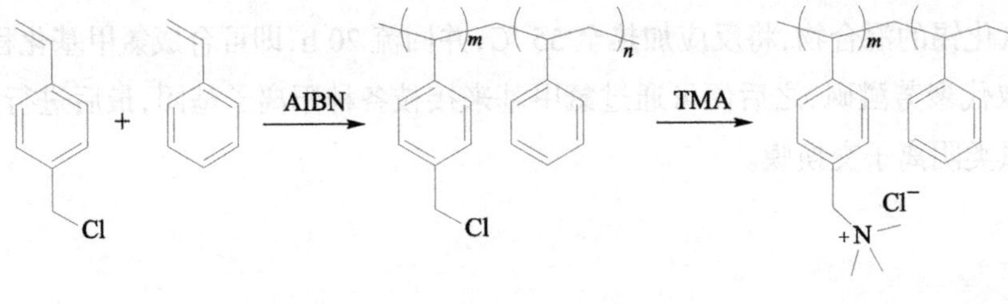

2. 通过溴化代替氯甲基化

如果聚合物的苯环侧链上含有甲基,则可以通过溴化产生溴甲基基团,然后进一步季铵化得到阴离子交换膜材料。该方法灵活多样,可以通过调变溴代位置、溴含量、不同的胺进行季铵化来调控膜的性能。实验室通常使用 N-溴代丁二酰亚胺(NBS)作为溴化剂,通过改变 NBS 的用量调节溴化程度。其主要反应如下:

(1)溴化过程

(2)季铵化

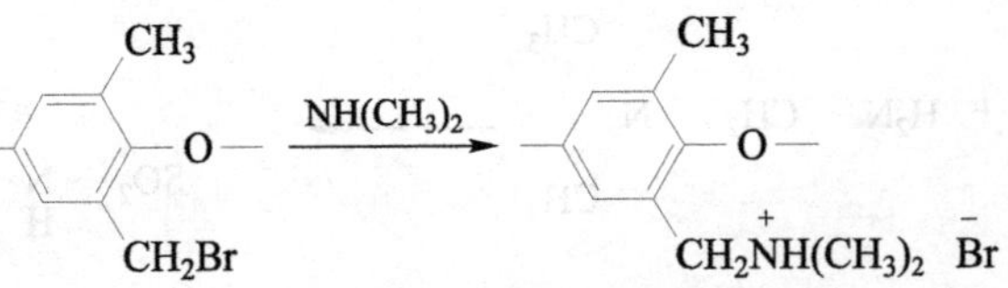

3. 利用 Friedel–Crafts 酰基化方法

Friedel–Crafts 酰基化方法避免了使用氯甲醚等致癌物质,并消除了亚甲基的二次交联等副反应。该方法在路易斯酸存在的条件下,以酰卤或者酸酐作为酰化剂,与芳香化合物进行酰化反应。给电子基团取代的芳香环相比于吸电子基团取代的芳香环反应性更高,更容易反应。

例如,选用氯乙酰基对交联聚苯乙烯进行功能化,然后经季铵化得到阴离子交换膜。因为 Friedel–Crafts 酰基化反应只能生成单取代的产物,所以产生的结构明确。另外,氯乙酰基苯和氯甲基苯有相似的共轭结构,都易季铵化,易于接枝功能基团。综合来看,这是一种用料安全、步骤简单的制备阴离子交换膜的路线。下式是按照这种方法,以聚苯乙烯为原料制备均相阴离子交换膜的路线。

氯乙酰化:

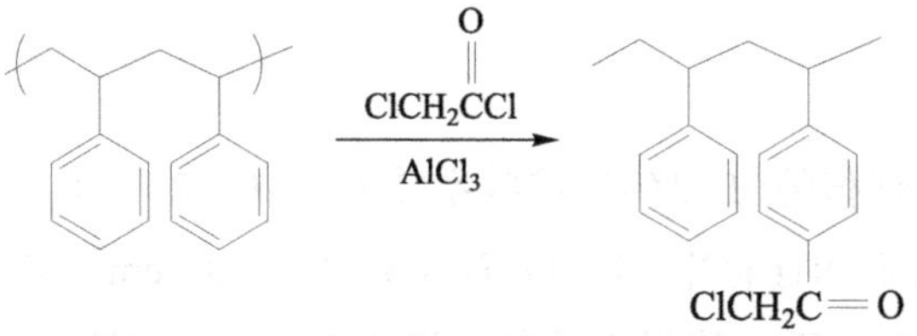

季铵化:

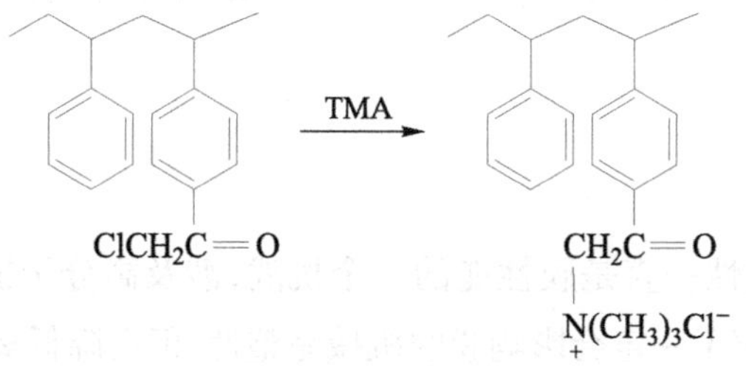

5.4　聚合物电解质材料的性能、表征和应用

5.4.1　聚合物电解质材料的性能

离子交换膜的性能与其微观结构密切相关。对于大多数芳香族聚合物膜来说,离子基团均匀分布在苯环上,膜的微观结构非常均匀。对于氟碳烃聚合物膜,主链高度结晶化,离子基团分布在侧链上,通常氟碳主链形成的结晶区域被侧链离子基团束形成的无定形亲水区隔离,膜的微观结构十分不均匀。无定形亲水区高度亲水且易溶胀,而高分

子主链形成的结晶区相当于交联结构能阻止该溶胀。根据文献报道,亲水离子束通常为
4~6 nm 的球形区域,通过直径为 1 nm 的结晶区域的"瓶颈"相连,离子在亲水离子束内
的迁移是很快的,而要进行不同离子束间的迁移,则必须越过"瓶颈",亲水离子束的大小
与膜的溶胀程度、平衡电解质溶液浓度有关。

　　离子交换膜的上述微观结构决定了其性能。与一般的中性膜不同,由于离子交换
膜的高亲水性,而且需要在电场的作用下工作,因此对其性能一般有较高的要求,要具
有良好的化学稳定性、机械稳定性和离子电导率,这是离子交换膜的三个最重要的性
能指标。化学稳定性要求无醚主链和稳定的碱性阳离子的存在;机械稳定性要求有足
够的机械性能和低吸水率;离子电导率要求较高的离子交换容量和离子渗透网络的存
在。三者至关重要又相互制约,如提高离子交换容量会提高离子电导率,但过高的离
子交换容量会导致 AEM 吸水溶胀,机械强度降低。以下将对这三个性能指标分别进
行介绍。

1. 离子电导率

　　与质子交换膜中迁移的 H^+($M=1$,扩散系数 $D=(10\pm2)\times10^{-5}$ $cm^2 \cdot s^{-1}$)相比,OH^-具
有较高的分子量和较低的迁移率($M=17$,$D=(6\pm1)\times10^{-5}$ $cm^2 \cdot s^{-1}$),因此 OH^- 的迁移速
率较慢、迁移难度较高,从而导致阴离子交换膜的离子导电性较低。Nafion 膜通常在水中
80 ℃时具有高达 200 $mS \cdot cm^{-1}$ 的质子电导率。AEM 的目标 OH^- 的离子电导率要接近或
高于这一标准。

2. 化学稳定性

　　AEM 的碱性稳定性一直是膜性能的一个挑战,涉及高分子链和官能团的碱性稳定
性。其中官能团的降解不一定会影响膜的机械完整性,但会降低离子的电导率。AEM 中
最常见的官能团为季铵阳离子,其降解主要通过亲核取代反应和霍夫曼消除反应发生。
为了改善 AEM 官能团的耐碱性,主要策略包括采用避免霍夫曼消除构象的杂环阳离子
或阻碍 OH^- 进攻的含有大体积取代基的咪唑阳离子。针对高分子链的碱性稳定性,相关
的高分子链结构设计见 5.2 节。

3. 机械稳定性

　　如果制备阴离子交换膜时使用的高分子骨架不合适,膜可能会出现因基底过硬产生
的微孔、裂痕等现象,或者基底过软引发的溶胀、漏气等变形现象,缩短膜的使用寿命。考
虑到其所处的碱性环境,阴离子交换膜要具有适当的柔韧性,且具有良好的机械稳定性才
能保证长时间、高效率的工作。

5.4.2 聚合物电解质材料的表征

1. 离子交换容量（IEC）

离子交换容量是衡量反应膜内活性基团浓度的大小和它与反离子交换能力高低的性能指标，通常以每克干膜所含活性功能基团的物质的量表示。IEC 会影响膜的物理、化学和电化学性能，同时受到吸水率的影响，在一定的吸水率范围内，随着吸水率的增加，离子交换容量也会增加。通常采用反滴定法和莫尔法测定 IEC。

反滴定法测定阴离子交换膜的离子交换容量：首先将待测定膜样品浸泡在 V_1 mL 的 0.1 mol·L^{-1} HCl 标准溶液，进行 48 h 的离子交换，然后取出膜用去离子水清洗表面，并烘干至恒重，记录质量 m。最后用 0.1 mol·L^{-1} NaOH 标准溶液滴定，用酚酞作指示剂，记录消耗的 NaOH 标准溶液体积 V_2。IEC（mmol·g^{-1}）的计算见下式：

$$IEC = \frac{C_1V_1 - C_2V_2}{m} \tag{5-1}$$

莫尔法测定阴离子交换膜的离子交换容量：首先将待测定膜样品浸泡在 1 mol·L^{-1} NaCl 溶液中 48 h。然后取出膜用去离子水清洗表面，并烘干至恒重，记录质量 m。再将膜浸泡在 0.5 mol·L^{-1} NaNO$_3$ 溶液中 48 h。最后用 K$_2$CrO$_4$ 溶液作为指示剂，用 0.01 mol·L^{-1} 硝酸银溶液进行滴定，记录消耗的硝酸银溶液体积 V。IEC（mmol·g^{-1}）的计算见下式：

$$IEC = \frac{CV}{m} \tag{5-2}$$

2. 离子电导率

离子电导率是衡量膜的离子传导能力的电化学指标，反映了离子在膜内迁移速率的大小，是电阻率的倒数，单位为 S·cm^{-1}。离子交换膜的离子电导率与膜内的网络结构、交换基团的组成和离子交换容量的大小有关。

将待测阴离子交换膜样品（1 cm×5 cm）夹在聚四氟乙烯夹具中，通过电化学工作站采用四电极交流阻抗法测得不同温度下（30~80 ℃）的膜的阻抗，测试频率为 50 Hz~1 MHz。离子电导率计算公式如下：

$$\sigma = \frac{L}{R \times S} \tag{5-3}$$

式中，L 是两个电极之间的距离（cm）；R 是膜的阻抗（Ω）；S 是膜的截面积（cm^2）。

3. 含水率（WU）和溶胀率（SR）

膜的含水率指膜内与活性基团结合的内在水，以每克干膜中所含水质量的克数表示（%）。溶胀率是指离子膜在溶液中浸泡后，其尺寸、面积或体积变化的百分率。两者的测定方法是将膜样品（5 cm ×5 cm）浸泡在去离子水中 24 h，取出后用滤纸擦拭表面水分，立即称重（m_1）并测量长度（L_1）。然后将膜烘干至恒重，并测量其干重（m_2）和长度（L_2）。膜的含水率（WU）与溶胀率（SR）分别通过下式计算得到：

$$WU(\%)=\frac{m_1-m_2}{m_2}\times100 \tag{5-4}$$

$$SR(\%)=\frac{L_1-L_2}{L_2}\times100 \tag{5-5}$$

4. 碱稳定性测试

将一系列相同的待测膜在特定温度（80 ℃）下浸泡在特定浓度（1mol·L^{-1}、2mol·L^{-1}、5 mol·L^{-1}）的 KOH 溶液中，隔一段时间取出一个样品，用蒸馏水将残留在膜表面的 KOH 冲洗干净，然后测定该膜的离子交换容量和离子电导率等性能，评估膜性能的变化程度，或使用氢核磁谱评估结构变化。

5.4.3 聚合物电解质材料的应用

1. 锂离子电池电解质

锂离子电池是广泛应用于电子设备、电动汽车、太阳能和风力发电中的储能设备，聚合物电解质材料是锂离子电池的重要组成部分，它可以提高锂离子电池的安全性和稳定性，克服液体电解质存在的漏液、易燃、易挥发、不稳定等缺点。此外，聚合物电解质还可以提高锂离子电池的离子传导性能，增加电池的能量密度和功率密度，从而提高锂离子电池的循环性能和使用寿命。

随着新型电子设备和新能源车辆的不断出现，人们对安全、高效、环保的储能设备的需求不断增加，未来聚合物电解质将得到更加广泛的应用和发展。在聚合物电解质材料的设计方面，需要进一步提高其热稳定性、耐久性和电化学反应速率。借助模拟计算等新方法，可以更好地了解聚合物电解质的性能和机制，开发出更加先进的聚合物电解质材料。

2. 质子交换膜燃料电池（PEMFC）

质子交换膜燃料电池的结构及工作原理

PEMFC 也称聚合物电解质膜燃料电池,关键构成材料与部件为电催化剂、电极(阴极与阳极)、质子交换膜、双极板材料。质子交换膜燃料电池的最大优点在于它能在室温附近工作,而且电池启动速度快,能源转化效率高。因此,它不仅可以替代普通的二次电池,而且可以作为汽车的动力源,取代常规的汽油、柴油发动机,大大降低环境污染。

质子交换膜是 PEMFC 的关键部件,它直接影响电池的性能与寿命。因此,用于 PEMFC 的质子交换膜必须满足以下条件:①具有良好的质子电导率。质子膜主要承担质子传导的作用,良好的质子电导率有利于减小欧姆极化的影响,提高电池性能。为了满足使用需求,通常膜电导率应达到 $0.1\ \mathrm{S\cdot cm^{-1}}$ 的数量级。②膜具有良好的化学和电化学稳定性,不会在 PEMFC 运行过程中发生降解而使电池性能大幅度下降。③膜应具备电子绝缘性,使得电子无法通过质子膜传导而只能由外电路导出。④膜在干态或湿态下均应具有低的气体渗透系数,以保证电池具有高的法拉第效率。⑤具有一定的机械强度,适于承受膜电极组件的制备和电池运行过程中的气体背压等。至今最成功的商业化质子交换膜仍是杜邦公司的 Nafion 全氟磺酸膜,由碳氟主链和带有磺酸基团的醚支链构成。

3. 阴离子交换膜电解水制氢（AEMWE）

电解水制氢的基本原理

AEMWE 技术结合了碱性电解水(AWE)和质子交换膜电解水(PEMWE)两者的优点。AEMWE 技术类似于碱性水分解反应,但结构更加紧凑,采用阴离子交换膜作为分离层,提供碱性界面环境,可以和 AWE 一样使用低成本的催化剂和硬件作为电极,也可以和 PEM 一样在高电流下产生高质量的 H_2。相比酸性环境,PEMWE 在碱性条件下氧还原反应速率更快,理论上具有更高的能量转换效率。这赋予 AEMWE 技术无腐蚀性液体泄漏、容量稳定、易于处理及减小装置的尺寸和重量等优点,被认为是电解水制氢的未来发展方向。

AEMWE 技术中的重要组件是阴离子交换膜,其微观结构由带有阳离子基团的高分子骨架和可交换的阴离子组成。其中高分子骨架作支撑材料提供力学性能,可交换的阴离子则与水共同作用帮助 OH⁻ 在电场作用下进行定向迁移。高效 AEM 的理想性能包括较高的机械稳定性、热稳定性、化学稳定性、离子导电性及对于电子和气体的良好阻隔性能。

AEM 的耐碱稳定性是制约 AEM 电解水制氢的重要因素。尽管目前阴离子交换膜领域仍缺乏一款类似质子交换膜领域 Nafion 膜的代表性成熟膜产品,但是研究者们从分子水平上进行了大量的阴离子交换膜结构设计探索工作。目前已研究出能在碱性条件下稳定存在数千小时的 AEM,但仍需探索更多新结构的聚合物,以实现 AEM 耐碱稳定性达到上万小时的目标。随着制氢技术与电池技术的应用范围越来越广泛,聚电解质阴离子交换膜的作用也日渐凸显。随着研究的深入,聚电解质阴离子交换膜势必会越来越快应用于各个领域,在水处理工业、重金属回收、湿法冶金及电化学工业中起到举足轻重的作用。

思考题

5-1 简述聚合物电解质的概念和特点。

5-2 举例说明常见的聚合物电解质,并介绍其组成结构。

5-3 聚芳醚主链会在碱性环境下降解,说明其反应机理。

5-4 如何防止聚芳醚主链的降解?

5-5 阴离子交换膜是如何分类的?

5-6 简述阴离子交换膜的构效关系规律。

5-7 阴离子交换膜有哪些性能要求?

5-8 简述质子交换膜与阴离子交换膜的区别。

5-9 简述阴离子交换膜的应用。

思考题参考答案

参考文献

第六章
光催化材料

当今世界,随着工业的进步和经济的快速发展,能源短缺和环境污染问题成为全球关注的焦点。开发和利用可持续、清洁的能源是同时解决能源与环境问题的关键。太阳能是清洁可再生能源,源自太阳辐射,无须燃烧任何物质,不产生有害排放物,并且全球太阳辐射能量巨大,远超人类能源需求。有效利用太阳能不仅可满足当下能源需求,还能为未来能源发展打下坚实基础。1972 年,日本科学家藤岛昭和本多健一发现二氧化钛电极可以在紫外光照射下分解水产生氢气和氧气。此后,光催化这种可以直接将太阳能转化为化学能的技术受到了广泛的关注,并被认为是解决能源和环境问题最有前途的技术之一。对于光催化技术的进一步深入研究也拓宽了其应用领域。目前,光催化主要研究方向包括光催化分解水制氢、光催化污染物净化、光催化产过氧化氢、光催化还原二氧化碳等。

6.1　光催化原理

光催化技术可以将太阳能转化为化学能,它的核心在于光催化剂。光催化剂是指在光的辐照下,自身不发生变化,却可以促进化学反应的物质,通常是一些半导体材料。光催化过程涉及光催化剂受光激发产生光生电荷,光生电荷分离与传输(伴随着光生电荷复合),光生电荷参与表面催化反应等多个步骤,是跨越多个时间尺度的复杂反应过程。

6.1.1　光催化基本概念

1. 半导体的能级结构

根据固体能带理论,半导体的能带结构包括价带、导带及禁带。能带结构中有被电子填满而能量较低的满带和没有被电子占据的空带,最下面电子不能自由移动的满带被称

为价带（VB），最上面电子处于自由状态的空带被
称为导带（CB）。导带与价带之间不被电子占据的
部分被称为禁带。图6-1是在一定温度下本征激
发情况半导体的能带图。图中的"•"代表价带内的
电子，它们在热力学温度 $T=0$ K 时填满价带中的所
有能级。E_v 称为价带顶，它是价带电子的最高能量。
在一定温度下，共价键上的电子，依靠光激发或者
热激发，获得能量脱离共价键，在晶体中自由运动，
成为准自由电子。获得能量而脱离共价键的电子，
就是能带图中导带上的电子；脱离共价键所需的最
低能量称为禁带宽度 E_g。E_c 为导带底，它是导带电
子的最低能量。对于光催化过程，当能量大于半导

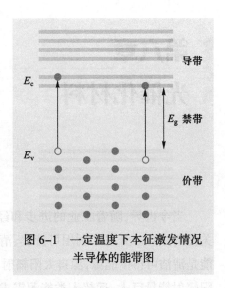

图6-1　一定温度下本征激发情况
半导体的能带图

体禁带宽度的光照射到半导体上时，半导体吸收光子，价带上的电子被激发到导带上，在
价带上留下空穴。

　　本征半导体是指纯净的、不含杂质且结构完整的半导体，一般是指其导电能力主要由
材料的本征激发决定的纯净半导体。典型的本征半导体有硅、锗及砷化镓等。而实际半
导体中，半导体材料中不可避免地会存在一些杂质和各类缺陷，即在半导体晶格中存在着
与组成半导体材料的元素不同的其他化学元素的原子。硅最外层有四个电子，每个硅原
子与四个相邻的硅原子通过共价单键相连。磷（P）、锑（Sb）等ⅤA族元素原子的最外层
有五个电子，掺入硅中处于替位式状态，即占据了一个原来硅原子所处的晶格位置，如图
6-2（a）所示。磷原子最外层五个电子中只有四个参与形成共价键，另一个则并未成键，
成为自由电子，失去自由电子的磷原子是一个带正电荷的正离子，没有产生相应的空穴。
正离子处于晶格位置上，不能自由运动，它不是载流子。因此，在掺入磷的硅半导体中，起
导电作用的是磷原子所提供的自由电子，这种依靠电子导电的半导体称为电子型半导体，

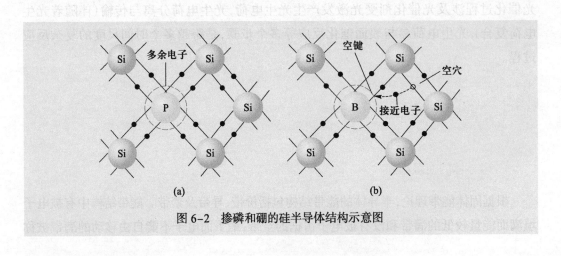

(a)   (b)

图6-2　掺磷和硼的硅半导体结构示意图

简称 n 型半导体。为半导体材料提供一个自由电子的 Ⅴ A 族杂质原子,通常称为施主杂质。施主离子的电子轨道能级不在价带中,而是处于它自己的能级上,这个能级称为施主能级。施主能级位于禁带之中。相比较本征半导体,施主能级上的电子比价带上的电子更容易跃迁至导带中成为准自由电子。n 型半导体主要是靠激发施主能级上的带负电荷的电子载流子导电。

硼(B)、铝(Al)、镓(Ga)等 Ⅲ A 族元素的原子最外层有三个电子,掺入硅中也处于替位式状态,如图 6-2(b)所示。硼原子最外层只有三个电子参与共价键成键,在另一个价键上因缺少一个电子而形成一个空位,邻近价键上的价电子跑来填补这个空位,在这个邻近价键上形成了一个新的空位,这就是空穴。硼原子接受了邻近价键的价电子而成为一个带负电荷的负离子,它不能移动,不是载流子。因此在产生空穴的同时没有产生相应的自由电子。这种依靠空穴导电的半导体称为空穴型半导体,简称 p 型半导体。为半导体材料提供一个空穴的 Ⅲ A 族杂质原子,通常称为受主杂质。p 型半导体中受主离子的空轨道能级成为受主能级,位于禁带之中。当价带中的电子受激发后,电子不是进入导带中,而是进入受主能级中。p 型半导体主要是靠带正电荷的空穴载流子导电。

2. 半导体的带边位置

在光催化反应中,催化剂的能带结构决定了半导体光生载流子的特性。光生载流子如何在光照作用下被激发,以及如何相互作用,都与半导体材料的能带结构有关。而这些光生载流子在半导体体相和表面的特性又直接影响半导体材料的光催化性能。因此,了解半导体的能带结构对于光催化的研究至关重要。

如果要反应物在光照的条件下被还原,那么热力学上要求半导体的导带边必须在氧化还原电对电势的上面。用作光催化剂的半导体大多数为金属氧化物和硫化物,一般具有较大的禁带宽度,如图 6-3 所示,常用的宽带隙半导体的光吸收范围大都在紫外光区域。以 TiO_2 为例,其光吸收阈值为 387.5 nm,只有当紫外光波长小于 387.5 nm 时,TiO_2 才会被激发产生光生电子和空穴,从而具备光催化氧化和还原的能力。

3. 直接半导体和间接半导体

半导体材料吸收能量大于或者等于 E_g 的光子,电子将由价带跃迁到导带,这种光吸收称为本征吸收。本征吸收在导带生成电子,在价带生成空穴,光生电子和空穴因库仑相互作用被束缚形成光生电子-空穴对,这种电子-空穴对称为激子。与本征吸收有关的电子跃迁可以分为直接跃迁和间接跃迁。直接半导体在本征吸收过程中,产生电子的直接跃迁;而间接半导体在本征吸收的过程中,产生电子的间接跃迁。直接跃迁即导带势能面的能量最低点垂直位于价带势能面的最高点,吸收能量大于或等于 E_g 的光

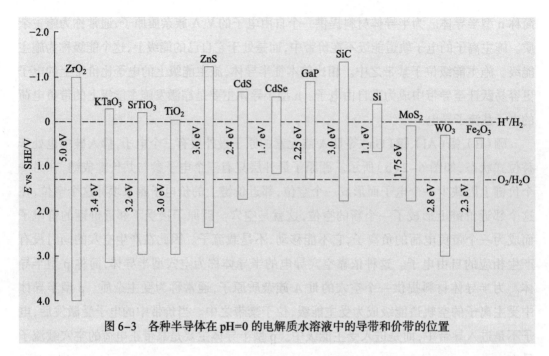

图 6-3   各种半导体在 pH=0 的电解质水溶液中的导带和价带的位置

子时,发生由价带向导带的竖直跃迁。与直接跃迁不同,间接跃迁的导带势能面相当于价带发生漂移,这时除了基态向激发态的电子跃迁,还伴随着声子的吸收或发射跃迁,与晶格进行能量交换(图 6-4)。由于声子的能量很小,所以带隙间的间接跃迁能量仍然接近禁带宽度。

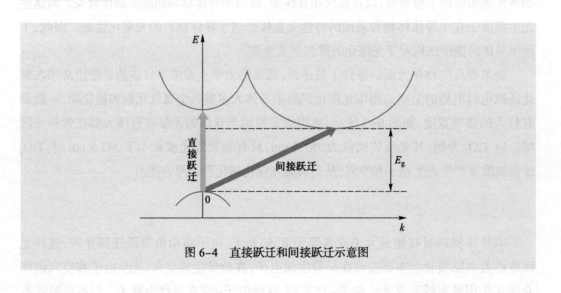

图 6-4   直接跃迁和间接跃迁示意图

6.1.2 光催化基本原理

1. 光化学反应过程

光催化本质是在光照下催化剂所进行的光化学反应,因而结合了光化学与催化化学。其基本原理是当光子能量匹配时,电子受到激发跃迁,形成光生电子-空穴对,在光照下不断地与吸附在催化剂表面的物质发生氧化还原反应,从而将光能转变为化学能(与水作用),或实现污染物的降解(与有机物或重金属离子作用)。

如图 6-5 所示,半导体光催化反应按传统理论可以分为三个步骤:①载流子的生成过程,价带上的电子(e^-)受到光子的激发进入导带,在价带上形成带正电荷的空穴(h^+),电子与空穴分别具有一定的还原和氧化能力;②载流子的迁移过程,一部分光生载流子会由于碰撞、缺陷等原因在半导体内部发生复合,而另一部分寿命较长、迁移率较高的光生载流子则会向表面迁移;③载流子参与反应的过程,迁移到半导体表面的空穴和电子与环境中的物质发生氧化和还原反应,完成光催化过程。

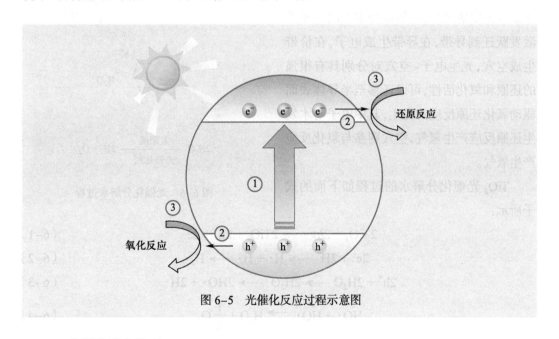

图 6-5 光催化反应过程示意图

2. 光催化反应机理

目前,光催化技术主要可以应用于污染物降解、光解水制氢、光催化杀菌及光催化自清洁等领域,下面将对不同应用领域的光催化机理进行简述。

(1)降解机理

对于光催化降解有机污染物的反应,光生电荷会与水分子或溶解氧反应,生成活性自由基,实现对有机污染物的深度氧化和有效矿化。具体过程为半导体被激发,形成光生电荷,随后分离并迁移到催化材料表面。e^-被吸附的氧捕获,h^+直接参与反应或者被氢氧根或水分子捕获,使得水溶液保持电中性。当 VB 的电势大于 $OH^-/\cdot OH$ 或 $H_2O/\cdot OH$ 的氧化还原电势时,h^+直接与 OH^- 或 H_2O 发生反应,产生羟基自由基。$\cdot OH$ 的氧化电位为 2.80 V,表现出超强的氧化性能,能够彻底氧化和消除水环境中的大多数污染物;另一方面,空穴作为氧化剂可以直接攻击反应物,达到降解污染物的目的。当 CB 的电势小于 $O_2/\cdot O_2^-$ 的氧化还原电势时,e^- 与吸附氧反应,生成 $\cdot O_2^-$ 自由基,抑制了光生电子-空穴对的复合,且 $\cdot O_2^-$ 拥有较强的氧化能力,也可以矿化有机物;$\cdot O_2^-$ 与 H^+ 作用可以进一步产生 H_2O_2。此外,$\cdot O_2^-$ 与 h^+ 反应可以产生 $^1O_2$ 自由基。在光催化的过程中,半导体被光激发生成光生电子-空穴对,利用光生载流子的氧化还原反应产生 h^+,$\cdot O_2^-$,$\cdot OH$,$^1O_2$ 和 H_2O_2,进而实现将水环境中污染物有效矿化为 CO_2,H_2O 和无机离子等小分子的目标。

（2）产氢机理

与光催化氧化的机理有所不同,光解水制氢主要利用的是光生电子的还原性。如图 6-6 所示,当半导体吸收能量大于或者等于禁带宽度的光时,半导体价带上的电子受激发跃迁到导带,在导带生成电子,在价带生成空穴,光生电子-空穴对分别具有很强的还原和氧化活性,可以迁移至半导体表面驱动氧化还原反应的发生,其中电子与水发生还原反应产生氢气,空穴则参与氧化反应产生氧气。

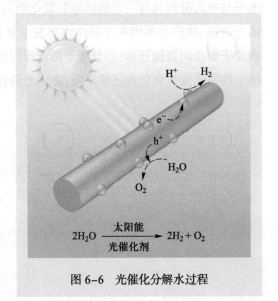

图 6-6　光催化分解水过程

TiO_2 光催化分解水的过程如下面的式子所示:

$$2TiO_2 + 2h\nu \longrightarrow 2TiO_2 + 2h^+ + 2e^- \tag{6-1}$$

$$2e^- + 2H^+ \longrightarrow H\cdot + H\cdot \longrightarrow H_2 \tag{6-2}$$

$$2h^+ + 2H_2O \longrightarrow 2H_2O^+ \longrightarrow 2HO\cdot + 2H\cdot \tag{6-3}$$

$$HO\cdot + HO\cdot \longrightarrow H_2O + \frac{1}{2}O_2 \tag{6-4}$$

光催化分解水涉及电子和空穴的氧化和还原两个反应,因为光生电子-空穴对极易复合并释放能量,通过在体系中加入电子给体或者电子受体,不可逆地消耗光催化过程中产生的空穴或电子是目前经常采用的解决空穴和电子复合问题的办法。可以加入助催化剂如 Rh、Pt、NiO 等,金属助催化剂主要是通过聚集和传递电子,提高电子-空穴对的分离效率,并降低产 H_2 过电位,从而促进光催化还原水产氢。另外,在溶液中加入电子给体,

消耗掉迁移到 TiO_2 表面的部分光生空穴也可以减小光生电荷复合速率。

（3）产过氧化氢机理

目前 H_2O_2 主要由蒽醌法生产，该法包括加氢、氧化、萃取和循环四个阶段。虽然该方法易于批量生产，但其能耗巨大，并且需要用到有毒的有机原料和溶剂，严重污染环境，因此不符合绿色化学生产的发展要求。近年来光催化生产 H_2O_2 引起了广泛关注。光催化生产 H_2O_2 是以 H_2O 和 O_2 为原料，以太阳能为能源的绿色化学过程，具有反应条件温和、操作简单可控和无二次污染等优点。

根据目前的研究进展，光催化生产 H_2O_2 的途径包括氧还原和水氧化。如图 6-7所示，其中利用氧还原途径生产 H_2O_2 主要包含两步单电子氧还原和一步双电子氧还原路线。而由于水氧化途径所需要的条件苛刻，往往与氧还原途径或其他反应共同进行。

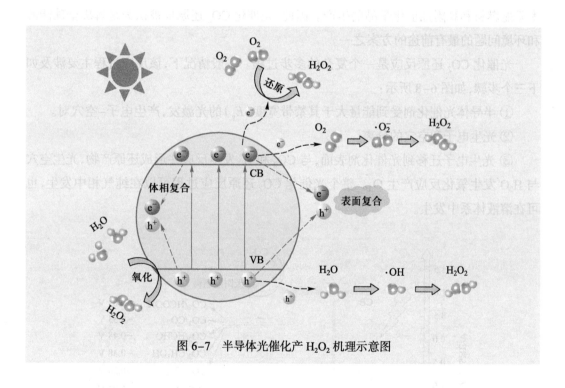

图 6-7　半导体光催化产 H_2O_2 机理示意图

两电子氧还原反应（ORR）是被研究最广泛的光催化产过氧化氢（H_2O_2）路径。在两电子 ORR 中，主要包括间接 $2e^-$ 路径（两步单电子氧还原）和直接 $2e^-$ 路径（一步两电子氧还原）两种反应途径。价带上的空穴会氧化水以生成氧气和 H^+，而导带上的电子会与吸附在催化剂表面的氧气及生成的 H^+ 反应生成 H_2O_2。对于间接 $2e^-$ 路径，即两步单电子氧还原过程，电子先转移到 O_2 上生成 $\cdot O_2^-$。随后，$\cdot O_2^-$ 进一步与两个 H^+ 及一个 e^- 反应生成 H_2O_2［式（6-6）和式（6-7）］。对于直接 $2e^-$ 路径，即一步两电子氧还原过程，O_2 可直接与两个 H^+ 及两个 e^- 反应生成 H_2O_2［式（6-8）］。直接 $2e^-$ 路径（+0.68 V）的反应电位比间接

$2e^-$路径（–0.33 V）的反应电位更正，这说明直接$2e^-$路径在热力学上是有利的。然而，从反应动力学的角度来看，间接$2e^-$路径更易于发生，因为其每个步骤只需要一个电子。

$$2H_2O + 4h^+ \longrightarrow O_2 + 4H^+ \tag{6-5}$$
$$O_2 + e^- \longrightarrow \cdot O_2^- \tag{6-6}$$
$$\cdot O_2^- + 2H^+ + e^- \longrightarrow H_2O_2 \tag{6-7}$$
$$O_2 + 2H^+ + 2e^- \longrightarrow H_2O_2 \tag{6-8}$$

（4）二氧化碳还原机理

迄今为止，已经发展了多种技术可以将二氧化碳转化为碳氢混合物或者高附加值化学品，包括热催化、生物催化、光催化、电催化和光电催化等。而传统的热催化还原二氧化碳技术需要在大于500 ℃的高温及10 atm的高压下进行。光催化二氧化碳还原过程利用太阳能和光催化剂将二氧化碳和水进行催化转化，在常温常压的温和条件下便能实现太阳能燃料和高附加值化学品的生产。因此，光催化CO_2还原也被认为是解决全球能源和环境问题的最有前途的方案之一。

光催化CO_2还原反应是一个复杂的多步过程。一般情况下，该反应过程主要涉及如下三个步骤，如图6-8所示：

① 半导体光催化剂受到能量大于其禁带宽度（E_g）的光激发，产生电子–空穴对。

② 光生电子和空穴的分离。

③ 光生电子迁移到光催化剂表面，与CO_2和H^+发生反应并形成还原产物，光生空穴与H_2O发生氧化反应产生O_2。整个光催化CO_2还原反应过程可以在纯气相中发生，也可在溶液体系中发生。

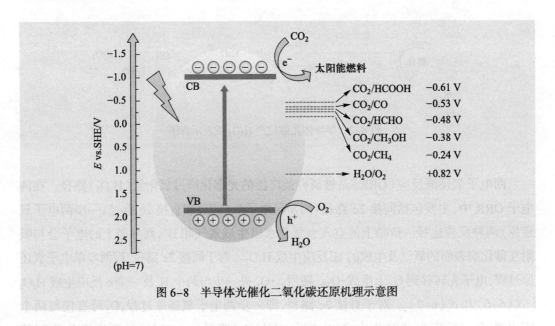

图6-8   半导体光催化二氧化碳还原机理示意图

6.2 常见光催化材料

　　光催化反应可以将取之不尽、用之不竭、清洁且安全的太阳能转化并储存为化学能,是一种环境友好、清洁低碳、安全节能的能量转换技术。在推动这一技术发展的过程中,性能优异的光催化材料扮演着至关重要的角色。因此,合理设计开发高效的光催化材料尤为重要。半导体材料的太阳能转化效率由光吸收效率、电荷分离效率及表面电荷利用效率共同决定,好的光催化材料应该具有优异的吸光性能来达到更高的光吸收效率,具有合适的能带结构和较长的载流子寿命来获得更高的载流子分离效率和利用效率,并且要有良好的稳定性。此外,光催化剂的制备和使用成本应尽可能低,并且对环境友好。在本节中将基于这一系列基本设计原则,深入阐述当前广泛应用的几种光催化剂。

6.2.1 单一金属氧化物

1. 二氧化钛

　　1964 年,Kato 和 Masuo 使用 TiO_2 作为光催化剂,在紫外线照射下,用于液相四氢化萘的氧化反应。这篇文献被视为最早报道的紫外线照射下 TiO_2 光催化反应的文章之一。1972 年,Honda 和 Fujishima 使用 Pt 金属电极作为阴极,TiO_2 作为阳极,在紫外光照射下将 H_2O 分解成 H_2 和 O_2。他们发现,使用 TiO_2 电极在紫外光照射下进行的 H_2O 的分解所需要的外部偏压比正常电解低得多。1977 年,Schrauzer 和 Guth 报道了采用负载少量 Pt 或 Rh 金属颗粒的粉末 TiO_2 光催化剂进行光催化水分解。这篇工作阐述了反应的机理,即在 Pt/TiO_2 催化剂上,TiO_2 中的光生电子移动到 Pt 金属位点,并引发还原反应,而光生空穴则保留在 TiO_2 颗粒中,并迁移至其表面引发氧化反应。由此可见,电子和空穴的分离无疑是光催化半导体材料中最重要的过程。

　　TiO_2 有金红石、锐钛矿和板钛矿三种晶型(图 6-9)。其中,板钛矿相是自然存在相,而金红石相和锐钛矿相容易人工合成,因此这两种晶型的 TiO_2 常用作光催化剂。金红石和锐钛矿型 TiO_2 都可以由相互连接的 TiO_2 八面体表示,单元结构都是一个 Ti^{4+} 被 6 个 O^{2-} 构成的八面体包围,但两者的连接方式和八面体畸变程度不同。金红石型 TiO_2 的八面体微显斜方晶,每个八面体与周围 10 个八面体相连接。而锐钛矿型 TiO_2 的八面体斜方晶畸变明显,更加不对称,每个八面体与周围 8 个八面体相连接。锐钛矿型的 Ti—Ti 键距比金红石型大,Ti—O 键距比金红石型小。这些结构的差异导致两种晶型的质量密

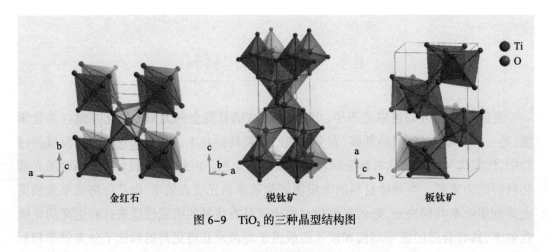

图 6-9　TiO_2 的三种晶型结构图

度和电子结构不同。金红石型对氧气的吸附性较差,比表面积较小,光生电子和空穴对容易复合,因此催化活性相对较差。

TiO_2 中容易产生氧空位,呈现出 n 型导电性,禁带宽度较宽,其中金红石型为 3.0 eV,锐钛矿型为 3.2 eV,因此 TiO_2 对紫外光有较强的吸收作用,吸收波长小于或等于 387.5 nm 的光子时,价带中的电子会被激发到导带,并在价带上留下带正电荷的空穴。

自 1972 年 Honda 和 Fujishima,以及 1977 年 Schrauzer 和 Guth 的开创性工作以来,TiO_2 以其高效、稳定、廉价、无毒无害等优点备受光催化领域研究学者的青睐。但 TiO_2 受其能带结构的限制,光催化活性仅限于紫外光范围,对于太阳光中大部分的可见光没有催化活性,因此对于太阳光的能量转化效率较低。另外一个影响能量转化效率的因素是光生电子-空穴对的复合现象。根据时间分辨光谱研究,近 90% 的电子和空穴会在光激发后复合,只留下 10% 的光生载流子继续光催化过程。除了直接的光生电荷复合之外,TiO_2 表面存在 $Ti^{4+}OH$ 基团,可以作为电子捕获中心,在催化过程中转化为 $Ti^{3+}OH$ 物种。$Ti^{3+}OH$ 容易吸引空穴并成为复合中心。与晶体形态的 TiO_2 相比,无定形 TiO_2 中的电子-空穴复合现象更严重,因此光催化活性更低。对于这些问题,可以通过对 TiO_2 材料掺杂无机离子、表面处理或者在表面负载助催化剂的方法来调控其能带结构。通过降低导带或者提高价带位置减小带隙宽度,增强可见光响应,改善其光吸收能力,提高量子效率和光催化活性。

例如,将 Au 与 TiO_2 相结合来克服光催化的这几个限制因素。首先,Au 能有效促进电荷分离,从而减少光生载流子的复合。其次,它将二氧化钛的吸光范围拓展到更长的波长,提高了对可见光的利用能力。此外,朱永法等人通过简单的原位石墨化方法制备了类石墨烯/TiO_2 光催化剂。类石墨烯和 TiO_2 之间的协同效应使光生载流子快速分离,降低电子-空穴对复合的概率,从而增加参与氧化过程的空穴数量,有效提高其光催化活性。

构建异质结也是一种扩展 TiO_2 吸收光谱的办法。Mu 等人利用溶剂热法和电纺丝

技术合成了 In_2O_3-TiO_2 纳米纤维异质结构,从而提升 TiO_2 可见光的光催化活性。他们发现,与纯 TiO_2 纳米纤维相比,异质结的形成提高了可见光光催化降解罗丹明 B 的活性。In_2O_3 和 TiO_2 耦合后,In_2O_3 在可见光照射下产生的电子会迁移到 TiO_2 的导带上。In_2O_3 的高结晶性降低了电子传输的阻力,从而减少了电子-空穴复合。因此,通过提高界面电荷转移效率,电荷载流子的寿命得以延长,从而提高 In_2O_3-TiO_2 纳米纤维异质结构的光催化活性。

2. 氧化锌

氧化锌(ZnO)是一种重要的半导体光催化剂,因其具有成本低、氧化还原电势高、无毒、环保等优良特性而受到广泛关注。ZnO 具有较宽的带隙(3.37 eV)和较高的激子结合能(60 meV),且其电子迁移率为 200~300 $cm^2 \cdot V^{-1} \cdot s^{-1}$,远高于 TiO_2 的 0.1~4.0 $cm^2 \cdot V^{-1} \cdot s^{-1}$,因此具有更快的电子转移速率,从而有助于提高量子效率。ZnO 的价带位置低于 TiO_2 的价带位置,因此 ZnO 产生的羟基自由基的氧化电位高于 TiO_2 的相应氧化电位,降解污染物的光催化性能通常高于 TiO_2。然而,较宽的带隙使得 ZnO 只能吸收紫外线(占太阳光谱的 4%),而不能吸收可见光(占太阳光谱的 43%)。此外,光生电子-空穴对的快速复合也会降低氧化锌的光催化活性。因此,研究人员通过各种方法对 ZnO 进行了改性,如掺杂金属/非金属、沉积贵金属、构建异质结,以及耦合碳材料等,来拓展其可见光响应并抑制载流子的复合。

掺杂金属或非金属原子可以有效减小半导体的带隙,从而将其光谱响应扩展到可见光区域。掺杂的金属/非金属原子会改变 Zn 原子的配位环境,并通过在带隙中增加局部电子能级来调控 ZnO 的电子结构。例如,掺入 Mn 可以改变 ZnO 的光学特性,提高其光催化性能。由于 Mn^{2+} 的半径与 Zn^{2+} 十分接近(Mn^{2+} 的半径为 0.080 nm,Zn^{2+} 的半径为 0.074 nm),且两种离子携带相同数量的正电荷,因此 Mn^{2+} 很容易取代 ZnO 晶格中的 Zn^{2+}。Lu 等人通过醇解法成功制备了纯 ZnO 和掺锰 ZnO 光催化剂,二者均为均匀的纳米棒。与纯 ZnO 相比,掺杂锰的 ZnO 对可见光的吸收更强,颜色从白色逐渐变为橙色。掺杂锰的 ZnO 在可见光下光降解 2,4-二氯苯酚(DCP)的光催化活性高于纯 ZnO。光电流响应测试发现,掺杂 Mn 的 ZnO 的光电流高于纯 ZnO,说明 Mn^{2+} 的掺杂可以提高光生电荷的分离效率。在掺杂 Ni,Co 和 Cu 时也能观察到类似的结果。

另一种改性方法是通过在氧化锌晶格中掺杂非金属来取代晶格氧原子。掺杂元素不仅需要比氧的电负性低,还应该具有与 O 原子相似的原子半径,这两个条件都是形成有效掺杂的因素。C,N 和 S 等掺杂元素可以在带隙中形成中间能级,从而提高可见光光催化活性。在氧化锌的非金属掺杂中,研究最多的是 N 的掺杂。通过 N 和 O 的 2p 轨道的杂化,氧化锌的带隙变窄,光电转换效率得到了提高。

将 ZnO 和其他光催化材料复合可以有效提高光催化活性和稳定性。朱永法等人利用 g–C₃N₄ 对 ZnO 光催化剂进行表面杂化，紫外光照射下其光电流提高了 5 倍，光催化活性提高了 3.5 倍，并使复合体系产生可见光光催化活性，同时抑制了 ZnO 的光腐蚀，这是由于 ZnO 上的光生空穴快速地迁移到 C₃N₄ 的 HOMO 能级，有效提高了光生电荷的分离效率，从而提高了活性。在可见光照射下，从 C₃N₄ 的 HOMO 能级激发到 LUMO 能级的高能电子可以直接注入 ZnO 的导带中，使得 C₃N₄/ZnO 具有可见光光催化活性。

在 ZnO 表面沉积贵金属纳米粒子也是一种重要的改善光催化活性的方法。贵金属纳米粒子不仅可以增加光催化剂表面的反应位点，还可以作为光催化反应的助催化剂。贵金属（例如 Cu，Ag，Au 等）纳米粒子可以捕获光生电子，并通过表面等离子体共振（SPR）增强 ZnO 对光的吸收。这种效应有助于氧化还原反应发生，从而提高光催化性能。

6.2.2　复合金属氧化物

1. 钒酸铋

钒酸铋（BiVO₄）是一种廉价、稳定的直接带隙半导体，其禁带宽度约为 2.4 eV，具有较强的可见光吸收能力，被应用于光催化有机物降解、光解水制氢和有机合成等领域。相对于传统的宽带隙半导体光催化剂及其他铋系光催化剂，BiVO₄ 在铁电、太阳能电池、气体传感器和离子导体等方面具有更好的应用潜力。

1998 年，Kudo 等首次报道了以 AgNO₃ 溶液作为光生电子捕获剂，BiVO₄ 作为光催化剂的体系，可以在可见光下催化分解水产生氧气。由于 BiVO₄ 的价带位置比 O₂/H₂O 的氧化还原电势更正，可以实现 O₂ 的生成。在此之后，BiVO₄ 在可见光激发下光催化分解水及降解有机化合物等方面的研究逐渐增多。

BiVO₄ 主要有 4 种晶型，即单斜白钨矿型（s–m）、四方硅酸锆型（z–t）、四方白钨矿型（s–t）及正交钒铋矿型，不同晶型的 BiVO₄ 之间随着温度的变化可以相互转换。BiVO₄ 的禁带宽度相对狭窄，材料体相内的电荷复合概率较高，从而影响了其光催化活性。此外，多数纯 BiVO₄ 材料具有相对较低的比表面积，这使得它们对入射光的吸收效率较低，从而不利于光催化反应的有效进行，限制了其在光催化领域的应用潜力。为了克服这些缺陷，研究者们开始着手对 BiVO₄ 半导体进行一系列改性研究。这些改性策略主要聚焦于两个方向：一是通过负载贵金属、过渡金属及非金属元素等材料，来增强其对光的吸收效率；二是通过与其他材料复合形成异质结，减少光生电子–空穴对的复合，进而提升光催化性能。

光催化反应发生在光催化剂的表面，因此，材料的光催化活性与光催化剂的粒径、结晶度和形貌密切相关。晶体尺寸越大，光生电荷的表面复合越容易发生。一般认为，提高光催化剂的比表面积是增强光催化活性的重要方法之一。例如，Cheng 等人以聚乙烯吡咯烷酮（PVP）/乙酸/乙醇/N,N–二甲基甲酰胺/硝酸铋/乙酰丙酮氧钒（Ⅳ）为前驱体，采用静电纺丝法制备了 $BiVO_4$ 多孔一维纳米纤维。500 ℃煅烧的 $BiVO_4$ 样品对罗丹明 B（RhB）的光催化降解效率更高，这可归因于其更大的比表面积和更高的结晶度。从结果可以发现，煅烧温度和催化剂的结晶度对光催化性能有很大影响。

在探讨半导体光催化剂的性能时，暴露晶面与形貌结构对光生电荷分离性质的影响显得尤为重要。李灿等人发现通过调控八面体 $BiVO_4$ 晶体的形貌对称性，可以实现光生电子和空穴的有效分离。当 $BiVO_4$ 从八面体晶体转变为截角八面体晶体时，光生电子更倾向于在（010）晶面聚集，而光生空穴则倾向于迁移到（120）晶面，实现了光生电荷在这两个晶面间的有效分离。这种形貌调控不仅提高了光生电荷的分离效率，还增强了光催化水氧化的活性。王雅君等人通过水热法结合浸渍法制备了具有高度暴露的（010）面的 Fe（Ⅱ）/十面体单斜 $BiVO_4$ 复合光催化剂。控制晶面可以有效分离 $BiVO_4$ 的光生载流子，（010）晶面上大量的光生电子促进了 Fe（Ⅱ）—Fe（Ⅲ）—Fe（Ⅱ）过程的循环，高效活化过氧–硫酸盐（PMS）降解抗生素。

许多研究工作表明，复合半导体光催化剂的催化活性比单一组分的 $BiVO_4$ 更好，因为两种半导体形成异质结之后，内建电场可以有效降低光生载流子复合的概率。Du 等人开发了 $BiVO_4@ZnIn_2S_4/Ti_3C_2$ Mxene QDs（BV@ZIS/TC QD）Z 型异质结光催化剂，通过一次生长和两步溶剂热法形成了层状核壳结构。TC QDs 优异的导电性促使 ZIS 导带上的电子聚集到 TC QDs 上，从而促进了电荷分离，提高了复合光催化剂的光催化性能。

2. 铋酸铜

铋酸铜（$CuBi_2O_4$）是一类尖晶石氧化物，带隙范围在 1.5~1.8 eV，带隙跨越 HER 和 OER 电位，满足水分解反应的要求。其平带电位位于 1.2 V（vs. RHE），可以产生较高的光电压。$CuBi_2O_4$ 因其合适的能带结构、窄带隙、较好的可见光吸收能力和高平带电位而被认为是一种良好的光催化材料，可用作光电催化水分解的高效光电阴极。研究人员通过第一性原理计算发现，基于 $CuBi_2O_4$ 的太阳能电池能量转换效率在 22%~28%，证实了这种半导体作为太阳能电池吸收材料的潜力。铜和铋在地球上储量丰富，这种丰富的资源使其具有更好的成本效益和经济性，这也是 $CuBi_2O_4$ 基材料引人关注的一个重要因素。

Arai 等人于 2007 年首次将 $CuBi_2O_4$ 用作光电阴极。在寻找窄带隙光（电）催化剂过程中，他们发现 $CuBi_2O_4$ 是一种具有可见光响应的新型光电阴极材料。根据理论计算，在 AM 1.5G 照射下，基于 $CuBi_2O_4$ 吸光层的太阳能到氢能（STH）转换效率预计可达 24%，但实际制备得到的光电阴极在还原水时的光电流小于 1 mA·cm^{-2}。这是因为 $CuBi_2O_4$ 的载流子迁移率低，存在严重的表面复合现象，材料本体稳定性差。

$CuBi_2O_4$/FTO 界面的空穴传输差是限制 $CuBi_2O_4$ 薄膜光电阴极性能的一个重要原因。因此,在 FTO 和 $CuBi_2O_4$ 之间引入合适的空穴传输层(hole transport layer,HTL)可以提高 $CuBi_2O_4$ 基光电阴极的光电化学(PEC)性能。Cao 等人在 FTO 和 $CuBi_2O_4$ 之间构建了 Au 薄层,所沉积的 $CuBi_2O_4$ 薄膜晶体质量得到了提高。此外,$CuBi_2O_4$/Au 界面会产生向上的能带弯曲,这有助于光生空穴向导电基底转移。FTO/Au/$CuBi_2O_4$ 光电阴极在 0.4 V(vs. RHE)处的光电流为 -0.3 mA·cm^{-2},是 FTO/$CuBi_2O_4$ 的两倍以上。除了 Au 以外,CuO 和 NiO 也被用作 $CuBi_2O_4$ 光电阴极的空穴传输层。Lee 等人发现,沉积在 $CuBi_2O_4$ 和 FTO 之间的氧化镍薄膜也可以提高 $CuBi_2O_4$ 阴极的 PEC 性能,与不含氧化镍的样品相比,氧化镍薄膜的存在使光电流提高 50%,这是因为 NiO/$CuBi_2O_4$ 形成的 II 型异质结可以改善载流子的分离和传输效率。在铜掺杂的氧化镍 HTL 修饰的 $CuBi_2O_4$ 光阴极上也能观察到光电流增强的现象。在无 H_2O_2 电子牺牲试剂和有 H_2O_2 电子牺牲试剂的电解液中测试 FTO/Cu:NiO/$CuBi_2O_4$ 光电阴极,在 0.6 V vs. RHE 的电压下可分别产生 0.5 mA·cm^{-2} 和 2.83 mA·cm^{-2} 的光电流。因此,在 FTO 和 $CuBi_2O_4$ 之间引入 HTL 可以有效降低 $CuBi_2O_4$/FTO 界面势垒,并有助于选择性地提取光生空穴。

金属掺杂也是有效提高 $CuBi_2O_4$ 光催化性能的方法。Berglund 等人研究了在 $CuBi_2O_4$ 中加入过渡金属和后过渡金属以提高 PEC 制氢性能的方法。他们指出,Ag 掺杂可以显著提高 $CuBi_2O_4$ 的光催化活性,Bi–Ag–Cu 原子比为 22:3:11 时,在 0.6 V(vs. RHE)外加偏压下,光电流提升四倍,其中 Ag 有助于改善薄膜的导电性能和电荷传输。Choi 等人通过在共沉积的电镀介质中加入微量 Ag$^+$ 来合成 Ag 掺杂的 $CuBi_2O_4$,在 Ag 掺杂的 $CuBi_2O_4$ 中,Ag$^+$ 取代了 Bi^{3+}。与 $CuBi_2O_4$ 相比,掺杂 Ag 的 $CuBi_2O_4$ 在氧还原方面显示出更强的光电流响应和稳定性,这种稳定性的增强是由于电极中空穴浓度增加,抑制了光腐蚀。

6.2.3 有机半导体

1. 石墨相氮化碳(g-C_3N_4)

2009 年,王心晨等人首次报道了石墨相氮化碳(g-C_3N_4)作为一种非金属半导体,在可见光及牺牲剂存在条件下能够光催化分解水制备氢气和氧气。这项发现使光催化剂的研究探索从无机半导体转向共轭聚合物半导体。g-C_3N_4 由于具有易于合成、物理化学稳定性高及元素储量丰富等特性,迅速成为光催化领域的热门材料。事实上,g-C_3N_4 是科学文献中报道的最古老的人工聚合物之一。它的历史可以追溯到 1834 年,瑞典化学家 Berzelius 合成了含有氮、碳元素的黄色粉体,由德国化学家 Liebig 命名为 "melon",这是一种氮化碳高分子衍生物。之后直到 2006 年,石墨相氮化碳 g–C$_3$N$_4$ 才开始应用于非均相催化领域。

氮化碳聚合物光催化剂一般通过高温热聚合富含氮、碳前驱体来制备,例如三聚氰胺、双氰胺、氰胺、尿素、硫脲和硫氰酸铵等。1996 年,Teter 等人利用第一性原理阐释了 C$_3$N$_4$ 可能存在 5 种不同的结构,分别是 α 相(Alpha–C$_3$N$_4$)、β 相(Beta–C$_3$N$_4$)、赝立方相(pseudocubic–C$_3$N$_4$)、立方相(cubic–C$_3$N$_4$)、类石墨相(简称为石墨相氮化碳或 g–C$_3$N$_4$)。氮化物孔隙的大小和 N 原子的不同电子环境会产生不同的能量稳定性。氮化碳材料一般由三嗪环和七嗪环这两种结构单元组成(图 6–10),三嗪环的共轭体系小于七嗪环体系,因此七嗪基氮化碳带隙较窄,可见光吸收能力强。

同其他传统的无机半导体材料相比,g–C$_3$N$_4$ 作为一种聚合物半导体,展现出诸多优

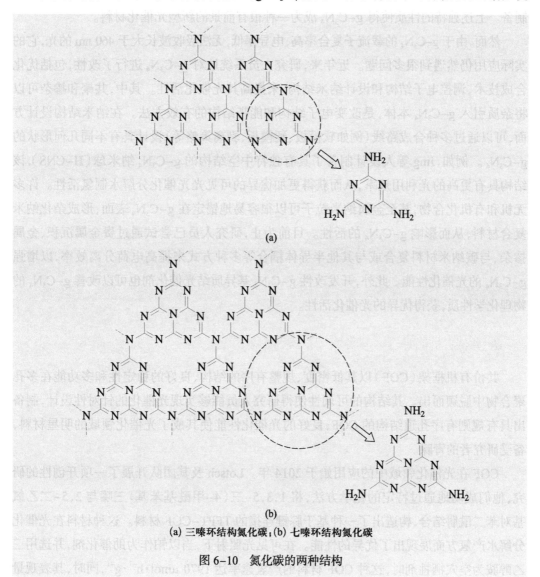

(a) 三嗪环结构氮化碳;(b) 七嗪环结构氮化碳

图 6–10 氮化碳的两种结构

势。首先,其带隙约为 2.7 eV,导带底和价带顶位置分别在 -1.3 V(vs. NHE)和 1.4 V(vs. NHE)左右,这使得它可以作为可见光光催化剂应用于很多光催化反应中。其次,C_3N_4 具有类芳烃结构的 C—N 杂环,使其表现出较好的热稳定性,在空气中 600 ℃ 下仍然可以稳定存在。另外,由于层与层之间较强的范德华力,$g-C_3N_4$ 表现出较好的化学稳定性,在水、乙醇、N,N-二甲基甲酰胺、四氢呋喃、乙醚、甲苯及稀的酸、碱等多种溶剂中均可稳定存在。由于具有类似于石墨的层状结构,理想单层结构的 $g-C_3N_4$ 的比表面积理论值可高达 2500 $m^2 \cdot g^{-1}$。更重要的是,$g-C_3N_4$ 只含有两种地球上含量丰富的元素——碳和氮。这不仅意味着它的制备成本低,也预示它的性质可以通过简单方法进行改进,同时其总体成分无须做明显的改变。此外,聚合物属性使得对其在分子水平上的改性和表面功能化成为可能;同时可以作为较好的载体负载各种无机纳米粒子,有利于 $g-C_3N_4$ 基复合材料的制备。上述独特的性质使得 $g-C_3N_4$ 成为一种很有前景的新型光催化材料。

然而,由于 $g-C_3N_4$ 的载流子复合率高,电导率低,无法吸收波长大于 460 nm 的光,它的实际应用仍然遇到很多问题。近年来,研究人员系统地对 $g-C_3N_4$ 进行了改性,包括优化合成技术、调控电子结构和设计纳米结构,来提高其光催化活性。其中,共聚和掺杂可以将杂质引入 $g-C_3N_4$ 本体,是改变电子结构和能带结构的有效方法。在纳米结构设计方面,可以通过多种合成路线(例如软模板、硬模板、剥离策略等)设计具有不同几何形状的 $g-C_3N_4$。例如,Jing 等人设计制备了具有独特中空结构的 $g-C_3N_4$ 纳米球(H-CNS),该结构具有更高的光利用效率,从而获得更加优异的可见光光催化分解水制氢活性。许多无机和有机化合物,甚至金属纳米粒子可以很容易地锚定在 $g-C_3N_4$ 表面,形成杂化纳米复合材料,从而影响 $g-C_3N_4$ 的活性。目前为止,研究人员已尝试通过贵金属沉积、金属掺杂、与碳纳米材料复合或与其他半导体耦合等多种方式来提高电荷分离效率,以增强 $g-C_3N_4$ 的光催化性能。此外,开发改性 $g-C_3N_4$ 基异质结光催化剂也可以改善 $g-C_3N_4$ 的物理化学性质,获得优异的光催化活性。

2. 共价有机框架

共价有机框架(COF)以其低密度、规整有序的结构、良好的稳定性和多功能在多孔聚合物中脱颖而出。其结构的可调性使得研究人员能够实现光催化的针对性设计,制备出具有规则有序孔道结构的 COF,良好的光催化性能使其成了光催化领域的明星材料,备受研究者的青睐。

COF 在光催化领域中的应用始于 2014 年。Lotsch 及其团队开展了一项开创性的研究,他们成功地通过特定的化学方法,将 1,3,5-三(4-甲酰基苯基)三嗪与 2,5-二乙氧基对苯二酰肼结合,构造出了一种基于腙键连接的 TFPT-COF 材料。这种材料在光催化分解水产氢方面展现出了优异的性能。在可见光照射下,当以铂作为助催化剂,并选用三乙醇胺为空穴牺牲剂时,这种 COF 材料的产氢速率达 1970 $\mu mol \cdot h^{-1} \cdot g^{-1}$,同时,其表观量子效率达到 2.2%。基于实验结果,他们推测 TFPT–COF 中的三嗪单元在光催化过程中扮演了关键角色,可能是促进光生电子–空穴对分离和传输的重要因素。除了光催化水分解制氢的应用之外,近几年 COF 也广泛应用于光催化产过氧化氢领域。唐波、徐庆等人构筑了两种新型的含噻吩单元的共价有机框架材料(TD–COF 和 TT–COF),在不使用牺牲剂的情况下,在水和海水中利用两电子氧还原反应和两电子水氧化反应协同,实现了高产率的光催化 H_2O_2 合成。

为了优化光生电荷的分离性能,研究人员设计了 COF 异质结催化剂,这类催化剂通过共价键连接而成。这些催化剂的设计策略主要包括两个方面:第一种是在 COF 的层内巧妙引入给体和受体,从而构建出异质结催化剂;第二种则是将 COF 与其他材料相结合,形成复合型的异质结催化剂。这两种策略均能够灵活地调整光催化剂的能带结构,并显著增强光生电子与空穴的分离能力,为光催化反应的效率提升提供了有力支持。例如,将 COF 和 g-C_3N_4 通过亚胺键连接,形成异质结 CN–COF,CN–COF 具有高的光催化活性,在可见光下的产氢速率可达 10.1 $mmol\cdot h^{-1}\cdot g^{-1}$。这主要得益于异质结材料适宜的吸光范围、合理的能带结构等因素。此外,通过共价键的连接可改变光生电子传输路径和抑制载流子的复合,从而有效提高光催化活性。

6.3 光催化材料的制备方法

在上一节中综述了常见的光催化材料。迄今为止制备光催化材料的方法有很多,主要分为物理法和化学法,其中物理法又分为物理气相沉积法(PVD)、球磨法和磁控溅射法;化学法又分为水热法、化学气相沉积法(chemical vapor deposition,CVD)和电化学法。不同方法合成出材料的性能和结构也不尽相同,本节内容将对常见光催化材料的制备方法进行介绍。

6.3.1 物理法

1. 物理气相沉积法

物理气相沉积法是在真空条件下,采用物理方法使靶材表面气化成原子、分子或者部分离子,然后沉积到基底表面形成薄膜的方法。PVD 作为一种将光催化剂固定在载体材料上的通用且环保的技术,在研究界越来越受欢迎。该方法不需要苛刻的化学物质,也几乎不产生废物。与化学气相沉积法不同,该过程不涉及任何化学反应。PVD 经过不断延伸发展,已经发展出真空蒸镀、溅射镀膜、分子束外延法、离子镀膜、电弧等离子体镀膜等一系列方法。Patrik Schmuki 等人通过 PVD 法在纯二氧化钛管上沉积贵金属,发现形成的 AuPt 合金具有协同作用,可以显著提高光催化剂降解污染物酸性橙 7 的效率。

2. 球磨法

球磨法,也称为机械力化学法(mechanochemistry),是一种利用球磨机的转动或振动,使硬球对原材料进行强烈的撞击、研磨和搅拌,以将粉末粉碎为纳米级微粒的方法。此过程涉及将不同材料的粉末按一定配比混合,在球磨介质的反复冲撞下,粉末经碰撞、冲击、剪切和挤压作用,从而不断发生变形、断裂和焊合。高强度和较长时间的研磨导致粉末充分均匀和细化,最终形成复合粉末。它是制备或活化新材料的一种常用方法,其基本原理是运用机械能来诱发化学反应的发生或诱导材料结构和性能的改变,因此球磨法又被称为机械力化学法。

在强机械力作用下,固体受到猛烈冲击,在破坏晶体结构时,局部产生等离子体且常伴有受激电子辐射现象。因此物质受到机械力作用时发生的变化通常是各种现象的综合,这些现象很可能降低化学反应的活化能和反应湿度,从而诱发反应物间的化学反应。因为它主要利用机械能对物质进行研磨和混合,以改变其物理特性,如颗粒大小、形状和表面特性,而不涉及直接的化学反应,所以将其归为物理法。

通常将球磨过程分为三个阶段:①受力阶段。颗粒受到撞击,开始破碎、细化、比表面积增大。此时,晶体结晶程度降低,产生晶格缺陷并发生位移,体系温度升高。②聚集阶段。颗粒粒径变小,在范德华力作用下,颗粒发生聚集。此时,比表面积与研磨时间呈指数关系。③团聚阶段。自由能和化学势能减小,微粒团聚,比表面积减小,表面能释放,物质可能再结晶,也可能发生机械力化学效应。因此,机械力化学效应造成的颗粒变化是一种可逆过程,适当球磨发生正反应:大颗粒→粉碎、微细化→小颗粒。过度球磨发生逆反应:小颗粒→粗化、团聚→大颗粒。现今,球磨法不只是传统意义上粉碎物料、减小颗粒粒度的方法,更是粉体材料制备和改性的重要方法之一。利用球磨作用下的低温固相反应可以合成各种超细粉体,弥补高温下化学反应引起的产物不纯、粒子团聚等缺点,具有工艺简单、成本较低、易于工业化的优点;最重要的是能够使得某些低温下通常不能进行的反应得以顺利进行。球磨法为超细粉末及纳米材料的制备提供了新途径,有望成为一种新的合成技术。

此方法一般会受到球磨介质、球料比、介质填充率、球磨气氛、过程处理剂、球磨时间、球磨转速、分级球磨、球磨温度、外加物理能场等因素的影响。高能球磨法的主要缺点包括容易引入杂质、颗粒尺寸分布不均、球磨介质的污染及粉末粒度不均匀等问题。这些问题可能会对最终产品的质量和性能产生负面影响。然而实际的研磨过程比上面讨论的复杂得多,颗粒表面上裂缝的扩展与新裂缝的出现会受到各个颗粒中裂缝之间的相互作用,促使颗粒破碎。

赵涛等人以 TiO_2 和 Fe_3O_4 粉末为前驱体,通过高能球磨法直接合成了 Fe 掺杂的 TiO_2 纳米光催化剂,研究其降解亚甲基蓝的性能。结果表明,与纯 TiO_2 相比,Fe 掺杂的纳米 TiO_2 光催化剂的紫外吸收带边发生了红移,光响应范围拓展到可见光区域;Fe 掺杂可以提高 TiO_2 的光催化性能,其中铁掺杂 5%(Fe 在 TiO_2 中的摩尔分数为 5%)的 TiO_2 对亚甲基蓝的光催化活性最高,降解率可达 81.6%。

3. 磁控溅射法

在真空室内,利用高能粒子(如离子或中性原子)轰击靶材表面,使靶材原子获得足够的能量从表面逸出,并沉积在基片上形成薄膜,这样的物理过程就是溅射。如果在原来的电场中添加一个和电场交互作用的磁场,普通的溅射就成了磁控溅射。而且磁控溅射是一种在技术上的创新,使得电子撞击衬底时散发的热量降低,同时增加了溅射效率。相比较而言磁控溅射具有效率高、成膜牢固、易于控制等优点,在工业化生产中易于实现,且比较容易大批量生产而得到广泛应用。

磁控溅射法的工作原理是工作气体 Ar_2 经电离后产生 Ar^+,在电场作用下加速飞向阴极靶,以高能量轰击靶材发生溅射,主要有直流/射频磁控溅射,以及反应磁控溅射等工艺类型。直流/射频磁控溅射采用 TiN 靶材,直接在基体表面沉积 TiN 薄膜;反应磁控溅射采用纯 Ti 靶材,溅射时通入 N_2 与 Ti 离子反应,形成 TiN 沉积在基体表面。利用磁控溅射方法制备的 TiN 薄膜颗粒细小、薄膜致密且膜基结合力好,但沉积速率慢且成本较高,因此磁控溅射法制备的 TiN 主要用于光学、电学、磁学等功能薄膜的研究与生产。

Karazmoudeh 等人采用磁控溅射法成功制备了未掺杂和掺杂 Zn 的 CuO 薄膜,并研究了 Zn 掺杂浓度对增强 CuO 薄膜的光催化性能和结构性能的影响。当 Zn 掺杂比例为 2% 时,该样品对亚甲蓝降解效率增加到 80% 以上。掺杂 Zn 的 CuO 薄膜具有较好的稳定性,五个循环后也显示出较高的降解效率。

6.3.2 化学法

1. 水热法

水热法是将反应物和溶剂加入反应釜中,通过加热使密封的反应釜内形成高温高压状态,在此状态下合成的材料拥有良好的均一性和结晶度,通过改变合成条件,例如反应温度、反应时间、pH 等,可以控制材料的形貌、比表面积及粒径大小,从而影响材料的性能。水热法被广泛应用于纳米材料制备领域,是目前最受欢迎的合成方法之一。

水热合成反应可以在相对较低的温度下进行,不用进行高温煅烧,有效地避免了煅烧过程中晶粒长大、缺陷形成和杂质引入等问题,但不足之处在于反应压力大、制备周期长,因此难以大规模应用于实际生产。另外,该工艺对原料纯度要求较高,成本也高,而且无法观察到反应釜内的反应过程,只能通过研究人员对纳米粉体进行表征才可以调整反应参数。

Chang 等人采用水热法成功合成了 CdS 纳米棒,并测试了其在不同 pH 下光催化降解亚甲基蓝(MB)的活性。测试发现,纳米棒具有较高的活性,光照 30 min 后,在 pH=4 和 pH=10 的条件下降解性能分别约为 32% 和 35%。Luo 等人通过两步水热法制备了 $MoSe_2/BiVO_4$ 复合材料,该材料在可见光照射下具有良好的降解草甘膦的性能。王雅君等人通过水热法制备了羟基功能化超细 $BiPO_4$ 纳米粒子。其中 $BiPO_4-Na_2HPO_4 \cdot 12H_2O$ 表现出最高的光催化活性,在 50 min 内可以将 5×10^{-6} mg·L^{-1} 的苯酚完全降解。如图 6-11 所示,超细 $BiPO_4-Na_2HPO_4 \cdot 12H_2O$ 的光催化活性为普通 $BiPO_4$ 纳米棒的 5.3 倍,羟基功能化增强了 $BiPO_4-Na_2HPO_4$ 的内建电场,促进了光生电荷的分离和传输。

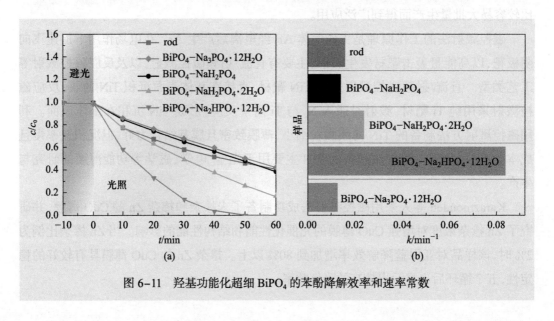

图 6-11   羟基功能化超细 $BiPO_4$ 的苯酚降解效率和速率常数

2. 化学气相沉积法

化学气相沉积法是指在一定的保护气氛下,将气态反应物送到反应装置内,在特定的装置内发生化学反应,最终在基底上生成固态沉淀物。该方法设备简单、易于操作、产品纯度高、掺杂均匀、结构可控、结晶良好,但成本高,而且反应温度太高,许多基底材料都耐不住高温。

CVD 反应的反应物通常是气态,而生成物之一通常是固态,因此其化学反应体系必须满足以下三个条件:①在沉积温度下,反应物必须有足够高的蒸气压。若反应物在室温下全部为气态,则沉积装置就比较简单;若反应物在室温下挥发性小,则需要加热使其挥发,有时还需要用运载气体将其带入反应室。②反应生成物中,除了所需要的沉积物为固态之外,其余物质都必须是气态。③沉积薄膜的蒸气压应足够低,以保证在沉积反应过程中,沉积的薄膜能够牢固地附着在具有一定沉积温度的基底上。基底材料在沉积温度下的蒸气压也必须足够低。目前常用的 CVD 沉积反应有热分解反应、氢还原反应、置换或合成反应、化学输运反应、歧化反应、固相扩散反应。

Li 等人通过 CVD 在三维(3D)石墨烯上生长 MoS_2 纳米阵列(称为 3D 石墨烯/E-MoS_2),新的杂化纳米结构表现出优异的光解水制氢性能,在白光照射下产氢速率为 2232.7 $\mu mol \cdot g^{-1} \cdot h^{-1}$。王雅君等人在碳布上制备了 TiO_2 纳米线,在此基础上,通过 CVD 法制得了 g-C_3N_4/TiO_2 核壳纳米线(图 6-12),以降解双酚 A 为探针反应,发现在可见光照射下 g-C_3N_4/TiO_2 的光催化及光电催化活性均优于纯 TiO_2。

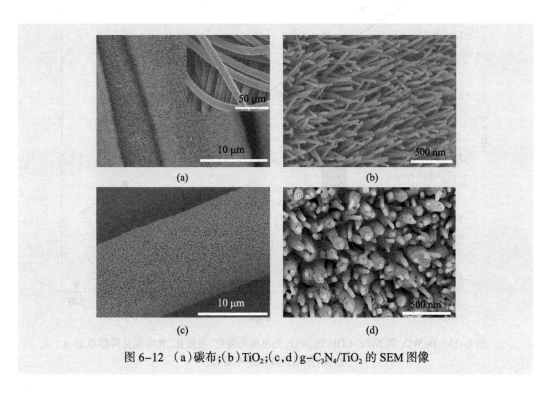

图 6-12 (a)碳布;(b)TiO_2;(c,d)g-C_3N_4/TiO_2 的 SEM 图像

3. 电化学法

电化学法制备薄膜主要有微弧氧化、阳极氧化和阳极(或阴极)电沉积等。电化学法具有操作简单和低成本的优点,广泛应用于催化剂的制备中。其中电沉积法不仅简单且省时,而且易于控制催化剂形貌及组成。主要操作是通过电化学手段在电极基底的表面上沉积光催化剂层,以作为光电催化电极。由此可见,电沉积法作为一种条件温和、操作简单的制备方法,制备时电解液的类型和浓度、沉积电流或电势、沉积时间和溶液温度等条件都会影响光电催化电极材料的形貌和结构。

Zhang 等人通过电化学方法成功地制备了一种片状 BiOCl 薄膜。在紫外光照射下反应 2.5 h 后,甲基橙(MO)的降解率能够达到 98%,并且具有良好的稳定性。王雅君等人通过电化学方法成功合成了 NiFe–LDH/Bi$_2$WO$_6$ 复合光电极,发现当 NiFe–LDH 的沉积时间为 30 s 时,NiFe–LDH/Bi$_2$WO$_6$ 复合电极具有最优的光电化学性能。在偏压 1.5 V 和可见光照射下,NiFe–LDH/Bi$_2$WO$_6$ 复合电极的降解速率常数约为 Bi$_2$WO$_6$ 电极的 4.7 倍(图 6–13),复合电极降解活性的提高归因于 NiFe–LDH 对 Bi$_2$WO$_6$ 光生空穴的捕获,这提高了 Bi$_2$WO$_6$ 光生电荷的分离效率,进而提高了光电催化降解活性。

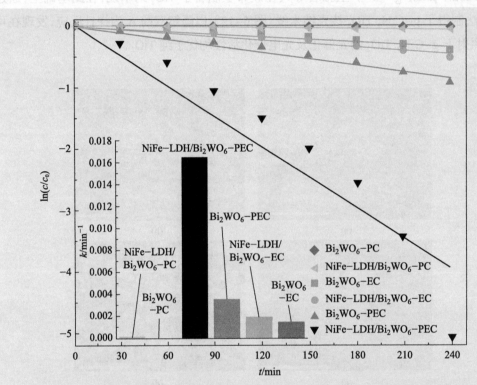

图 6–13   Bi$_2$WO$_6$ 和 NiFe–LDH/Bi$_2$WO$_6$ 光电极光催化、电催化、光电催化降解双酚 A 曲线(插图为降解速率常数)

4. 溶胶–凝胶法

溶胶–凝胶法是近几十年来发展十分迅速的一种制备纳米材料的方法,通过液相中前驱体的水解、缩合等化学反应,最后得到纳米复合材料。溶胶–凝胶法的优点是条件温和、能耗较低、流程简单、反应时间短、成本低廉和纳米粒子大小均一等,主要包含前驱体合成、溶胶化、凝胶化和高温煅烧四个步骤,适用于制备粉体、薄膜、纤维及块状材料,在合成异质结复合物半导体方面也具有广阔的应用前景。

与共沉淀法相比,溶胶–凝胶法产物粒度分布更均匀且粒径较小,可制备超细粒径

（10~100 nm）、化学组成及形貌均匀的多种单一或复合氧化物粉体。该法已成为一种重要的超细粉体制备方法，从而广泛应用于制备复合材料、薄膜、精细陶瓷等。但是该方法也存在一些缺点，如在干燥过程中会逸出许多气体和有机物并产生收缩，在合成干凝胶过程中凝胶容易开裂，出现粉体团聚等现象。

Navarrete–Magaña 等人利用溶胶–凝胶法合成了 WO_3/TiO_2 系列半导体，在水溶液中研究了亚砷酸盐[As(Ⅲ)]光催化氧化为砷酸盐[As(Ⅴ)]的能力。与在紫外线辐射下的单个材料相比，所得材料对 As(Ⅲ) 光氧化表现出增强的光催化活性。当掺杂 WO_3 为 3% 时，WO_3/TiO_2(TW3) 观察到最大的催化效率，在最初的 25 min 内达到 99% 的 As(Ⅲ) 到 As(Ⅴ) 的转化率。Tapouk 等人采用溶胶–凝胶法合成了新型 $PAC/LaFeO_3/Cu$ 纳米复合材料，用于可见光辐照下腐殖酸（Has）的光催化降解。在 36.2 min（反应时间）、5.33 $mg·L^{-1}$ 的 HAs 浓度、715.74 $mg·L^{-1}$ 的 $PAC/LaFeO_3/Cu$ 用量和 pH 为 4.2 的最佳条件下，HAs 的去除率为 95.5%。Wang 等人采用一步溶胶–凝胶法制备了 $La_2Zr_2O_7/rGO$（LZO/rGO）复合光催化剂。rGO 的引入改善了材料的表面微观结构，并略微减小了带隙（LZO/rGO–3 为 2.42 eV），从而扩大了光吸收范围。反应 40 min 后，LZO/rGO–3 对四环素的去除率和反应速率常数分别为 82.1% 和 0.3097 min^{-1}，显著高于 LZO 的去除率和反应速率常数（57.8% 和 0.1741 min^{-1}）。Palanisamy 等人通过溶胶–凝胶法合成了介孔 Fe_2O_3/TiO_2 光催化剂（如图 6–14），用来降解 4–氯苯酚。

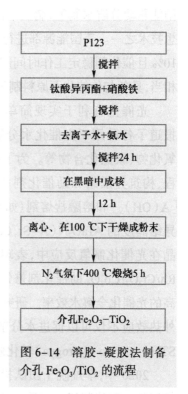

图 6–14 溶胶–凝胶法制备介孔 Fe_2O_3/TiO_2 的流程

6.4 光催化的应用

随着不可再生能源的大量消耗，能源短缺已经成为全球面临的重大挑战。因此，各国正在致力于开发替代性清洁能源及绿色无污染的环境修复技术。光催化作为一种绿色技术，有望实现获取清洁能源和净化环境等目标，在能源和环境领域得到了广泛的应用。

6.4.1 能源应用

在可再生能源中，太阳能是目前受到广泛关注的一种能源。利用太阳能驱动的半导体光催化技术可以实现多种过程,包括光催化分解水制氢,以及光催化还原二氧化碳制低碳燃料等。

1. 光催化分解水制氢

氢能作为一种清洁能源,因其能量密度高、应用场景广泛和零污染排放,成为未来替代化石能源的理想选择。在众多新能源制备技术中,光催化分解水制氢技术可以利用太阳能驱动分解水制氢,制氢条件温和、绿色无污染,被认为是解决当前能源短缺危机的理想技术之一。美国能源部进行了粗略估算,利用纳米粒子光催化剂,若太阳能制氢效率达10%且催化剂稳定工作时间超过3000 h,则太阳能制氢的成本将与化石原料制氢的成本相当,具备与传统化石原料制氢竞争的潜力,可进行大规模工业应用。

光催化有利于实现简单、低成本、大规模的制氢过程。在过去的几十年里,人们报道了各种用于光催化水分解的高效光催化剂,包括金属氧化物、氮化物、硫化物、卤氧化物、碳氮化合物等。为了提高这些材料的催化性能,提出了诸如带隙工程、晶面工程、构筑异质结和助催化剂负载等策略。Domen 团队通过将二硫化钽、金属氢氧化物 $[A(OH)_x]$ 和熔融盐熔剂(如 $SrCl_2$)混合物作为前驱体进行热氮化,成功制备出具有优异结晶度的 $ATaO_2N$($A=Sr,Ca,Ba$)纳米晶。具有 CoO_x 助催化剂修饰的 $SrTaO_2N$ 纳米晶在光催化制氢反应中,表现出 0.15% 的太阳能−氢能转换效率。Mi 等人最近报道了 $Rh/Cr_2O_3/Co_3O_4$ 助催化剂修饰 InGaN/GaN 纳米线,该策略使 InGaN 纳米线表现出了超高的光催化全解水效率。研究发现,通过给催化剂照射高强度聚焦的太阳光,其产生的红外热效应不仅可以促进水分解反应,还可以抑制逆向氢氧复合,实现了 70 ℃下 9.2% 的 STH(solar-to-hydrogen)转化效率。

2020 年,李灿院士团队提出了"氢农场"策略(hydrogen farm project,HFP),用于可扩展的太阳能制氢。这是一种通过氧化还原穿梭离子环实现太阳能存储的可行策略,该方案包括两个子系统:一个是用于存储太阳能和生产质子的高效光催化水氧化系统,另一个是利用质子产生 H_2 的系统。李灿院士等采用钒酸铋($BiVO_4$)晶体充当水氧化光催化剂,通过精确地调节 $BiVO_4$ 的暴露晶面,在以 Fe^{3+} 为电子受体的情况下,光催化水氧化的表观量子效率(AQE)可以优化到 60% 以上。"氢农场"体系的太阳能到氢能转化效率超过 1.8%。2021 年,Domen 等人通过排列 1600 个反应器单元,使用改进的 $SrTiO_3:Al$ 作为光催化剂成功在东京大学内建造了一个 100 m^2 规模的光催化太阳能制氢系统,这是迄今为止报道过的最大太阳能制氢系统。但是为了使光催化水分解早日实现产业化并具有商业竞争力,仍然需要在开发高性能光催化剂方面展开更多的研究。

2. 光催化制过氧化氢

H_2O_2 作为世界上最重要的 100 种化学物质之一,在化工、医疗、能源和环境领域得到了广泛应用。目前,蒽醌氧化是 H_2O_2 工业化生产的主流技术,但该过程存在能耗高及污染大等问题。直接从 H_2 和 O_2 催化合成 H_2O_2 因成本高、H_2O_2 选择性低及 H_2/O_2 混合物在该反应中存在爆炸风险,而难以推广应用。太阳能驱动的光催化制 H_2O_2 只需要地球上丰富的水和氧气作为原料,以可再生的太阳能作为能源供应,因此被认为是一种十分具有前景的生产方法。

目前,光催化生产 H_2O_2 的典型催化剂材料包括 g-C_3N_4、金属氧化物和金属硫化物等。g-C_3N_4 是最有潜力的非金属光催化材料之一,在光催化生产 H_2O_2 方面得到广泛应用。一方面,它具有合适的带隙和部分可见光响应能力;另一方面,g-C_3N_4 在反应过程中对 H_2O_2 的生成具有较高的选择性。然而,g-C_3N_4 固有的一些缺点限制了它的发展。常用的热聚合方法容易导致 g-C_3N_4 发生团聚,使其比表面积较小。因此,人们探索了多种改性方法来优化 g-C_3N_4 的光催化性能,如形貌调控、掺杂、构建复合材料、表面改性和负载助催化剂等。乔明华等人利用硝酸根阴离子嵌入分解策略,有效地将块状氮化碳(bulk-C_3N_4,BCN)剥离成少层 C_3N_4(few-layered C_3N_4,fl-CN)。硝酸根阴离子的分解不仅使 BCN 剥落,而且还能将含氧物质结合到 fl-CN 上,这有利于 O_2 吸附及相关的化学过程。在可见光照射下,fl-CN-530 催化剂的 H_2O_2 产率为 952 $\mu mol \cdot g^{-1} \cdot h^{-1}$,是 BCN 的 8.8 倍。王亮等人利用水热-煅烧策略,成功设计出零维/二维碳点改性氮化碳纳米片异质结($CDs_{10}MCN$)复合材料。$CDs_{10}MCN$ 复合材料展现出了卓越的 $n \rightarrow \pi^*$ 电子跃迁特性,其 H_2O_2 产率可以达到 1.48 $mmol \cdot L^{-1}$,显著提升了催化效率。

此外,生产 H_2O_2 的光催化剂还有金属氧化物和金属硫化物等。常见的金属氧化物包括二氧化钛(TiO_2)、三氧化钨(WO_3)、氧化锌(ZnO)等,而金属硫化物则包括 CdS,ZnS 和 In_2S_3 等。相对于金属氧化物,金属硫化物通常具有更高的导带位置和更宽的光响应范围。然而,它们对反应物吸附能力较弱,光稳定性较差,因此必须对催化剂进行科学合理的改性以提高 H_2O_2 的生成效率。与此同时,光催化剂的稳定性也需要得到提升。

6.4.2 环境应用

近半个世纪以来,伴随着可持续发展和"双碳"目标的提出,全球性的环境和能源问题受到越来越多的关注。实现"双碳"目标是一场广泛而深刻的变革。光催化技术的应用对解决中国环境污染和能源短缺问题,实现"双碳"目标具有重大和深远的战略意义。光催化在环境领域的应用大致可分为水污染处理、大气污染处理及土壤污染处理三大类。

1. 水污染处理

随着工业进步和人口增长,大量难降解的有机污染物被排放到水体中,环境污染成为一个日益严峻的全球性问题。大多数有机污染物具有致癌性、高毒性和长期残留性等特点,难以通过传统的处理方法有效治理,目前急需探索环保有效的污染物清除技术。光催化技术可以直接利用太阳光进行污染物降解,对环境友好,然而,其实际应用受到太阳能利用率低、催化剂分离困难、催化剂稳定性差及矿化率低等因素的限制,为此人们通过形貌调控等多种手段来改善这些问题,提高催化剂对污染物的催化降解效率。

如图 6-15(a)所示,王雅君等人制备了碳包覆 C_3N_4 纳米线三维光催化剂(3D C_3N_4@C-xmol/L)。得益于 3D C_3N_4 与表面碳层之间的强界面电场,以及独特的三维结构与表面碳层之间的协同作用,3D C_3N_4@C-xmol/L 表现出优异的光吸收性能和光催化降解性能。3D C_3N_4@C-xmol/L 的光吸收范围拓宽到了全光谱,对水中污染物双酚 A 和苯酚降解的速率常数分别是 g-C_3N_4 的 41.2 倍和 5.7 倍 [图 6-15(b~d)]。敖燕辉等

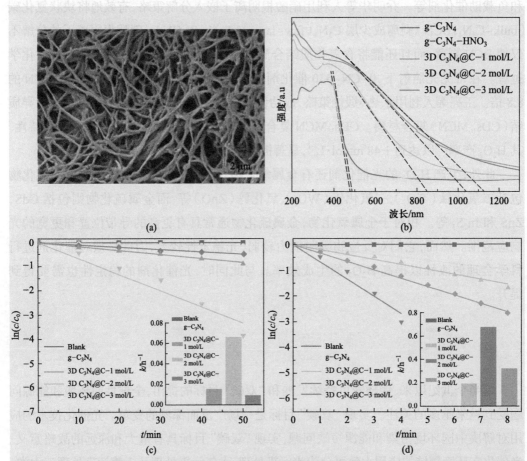

(a) 3D C_3N_4@C-2mol·L^{-1} 的 SEM 图片;(b) g-C_3N_4,g-C_3N_4-HNO_3 及 3D C_3N_4@C-xmol·L^{-1} 的 UV-Vis 光谱;(c) g-C_3N_4 及 3D C_3N_4@C-xmol·L^{-1} 在可见光照射下对双酚 A 的光催化降解率 ($\lambda \geqslant$ 420 nm),插图为反应速率常数 k;(d) g-C_3N_4 及 3D C_3N_4@C-xmol·L^{-1} 在可见光照射下对苯酚的光催化降解率 ($\lambda \geqslant$ 420 nm),插图为反应速率常数 k

图 6-15   碳包覆 C_3N_4 纳米线三维光催化剂

人通过尿素和 5-溴噻吩-2-甲醛聚构建了多孔氮化碳基供体-π-受体有机共轭聚合物（PCN-5B2T$_x$D-π-A OCPs）。这样的修饰不仅增加了比表面积，改善了光吸收，而且增强了分子内的电荷转移，进一步促进传质过程发生。同时，PCN-5B2T$_x$D-π-A OCPs 对水中 2-巯基苯并噻唑（2-MBT）的降解表现出优异的光催化活性，比氮化碳高约 10 倍。王志宁等人选择四种具有不同拓扑结构的 Zr$_6$O$_8$ 卟啉 MOFs（PCN-223，PCN-224，PCN-225，MOF-525），并系统研究了其在可见光下去除高盐度废水中污染物的性能与机理。研究表明，卟啉 MOFs 中单羧酸盐、配体和 Zr 的摩尔比会导致所制备的 MOFs 孔隙率、孔径分布、晶体缺陷和表面电性质变化，从而使得材料对双酚 A 的吸附与光催化降解性能产生差异。

2. 大气污染处理

进入 21 世纪以来，随着城市工业化进程的加快和机动车保有量的大幅增加，大气污染呈现出煤烟型与机动车污染共存的新型大气复合污染，细颗粒物和臭氧为主要污染物，严重危害生态环境和人类健康。挥发性有机物（volatile organic compounds，VOCs）是光化学烟雾污染的重要前驱体，在光照条件下能与氮氧化物发生光化学反应生成臭氧及其他光化学氧化物；同时 VOCs 也是二次有机气溶胶的重要前体，在大气中经过一系列的氧化、吸附、凝结等过程生成悬浮于大气中的细颗粒物。因此，要控制大气复合污染，就要对 VOCs 予以关注并加强监测、控制和治理。太阳能光催化降解在环境温度下对 VOCs 等污染物具有普适性，且无需苛刻的反应条件，在空气净化方面具有非常广阔的应用前景。

王传义等人以新型 Bi 基 MOF（CAU-17）作为前驱体，构建了表面等离子体 Bi 和氧空位修饰的 Bi@BiOBr/C 光催化剂，Bi@BiOBr/C 在可见光下对气态 NO 的光催化去除率可以达到 69.5%。安太成等人构建了 Z-型异质结光催化剂（Au-TiO$_2$@NH$_2$-UiO-66），实验发现，在可见光照射 6 h 后，Au-TiO$_2$@NH$_2$-UiO-66 对工业排放的典型 VOCs 乙酸乙酯的去除率和矿化率分别可以达到 94.6% 和 85.0%。材料的界面性质通常在表面氧空位的形成中起重要作用，在不同的晶面引入外来离子会导致材料的电子结构发生变化，从而促使晶格中的氧逸出形成氧空位。受此启发，陈浩等人利用软化学方法实现对 Bi$_2$MoO$_6$ 表面氧空位的构筑。在流动反应体系，经过改性的 Bi$_2$MoO$_6$（BMO-001-Br）对 NO 的光催化去除率可以达到 62.9%。

3. 土壤污染处理

土壤是人类赖以生存的重要条件之一，地球表面的陆地面积占地球表面总面积的 29%，其中现有耕地约占全球陆地总面积的 10%。但是，近年来土壤受污染形势非常严峻。由于人类对金属矿物的过度开采和冶炼，以及化工、电子、仪表、机械制造等工业生产过程,产生了大量含重金属离子(镉、铬、铜、汞、镍等)的废水,这些都是土壤的主要污染源。没有经过处理的污染场地一旦发生大规模污染扩散,将会对国家的可持续发展造成难以估量的影响。因此,加强对污染源的管控和监测,以及采取有效的修复措施,以确保土壤和环境的健康与可持续发展是至关重要的。利用太阳能作为光源来驱动污染物降解反应的光催化技术可以通过光照激发催化剂表面的电子,从而促进有害物质的降解和去除,这为解决重金属污染和土壤修复提供了具有前瞻性和可持续性的解决方案。这一新兴技术的出现为环境保护和可持续发展注入了新的活力,并具有广阔的应用前景。

生物炭(BC)作为一种廉价易得的环境友好材料已被广泛用于土壤修复。然而,BC 不具备有机污染物降解能力,限制了其在农药和重金属复合污染修复中的应用。通过改性赋予 BC 有机污染物降解能力,有望拓展其在环境修复领域的应用。林爱军等人将 $g-C_3N_4$ 负载于碱改性生物炭(BCNaOH)上,得到了一种光响应型土壤修复剂 $BCNaOH/g-C_3N_4$,并将其用于农药和重金属复合污染水田的修复。如图 6-16 所示,一方面,$BCNaOH/g-C_3N_4$ 具有光催化降解能力,有望在水田修复中实现农药的快速降解;另一方面,BCNaOH 不仅能快速去除重金属,还可以作为电子受体增强光生电荷的分离能力,提高光催化效率。$BCNaOH/g-C_3N_4$ 充分利用 BCNaOH 与 $g-C_3N_4$ 二者优势,可实现 Pb 的吸附并快速降解水田中溶解释放的阿特拉津(ATZ),表现出优异的水田复合污染修复能力。

重金属 Cr(Ⅵ)具有生物积累性、高溶解度、不可生物降解性和致癌性,相较于 Cr(Ⅲ),Cr(Ⅵ)具有更高的毒性。光催化技术是一种高效环保的方法,可以将有毒的 Cr(Ⅵ)还原为毒性较小的 Cr(Ⅲ),从而达到水体修复的目的。活化草酸能够产生大量具有氧化和还原能力的自由基,如超氧自由基和羟基自由基。因此,郑修成等人采用静电自组装策略制备了 S 型异质结 $FeWO_4/g-C_3N_4$(FWO/CNS)光催化剂,将其用于活化草酸氧化 RhB、去除 Cr(Ⅵ)。该异质结催化剂可以有效活化草酸,促进大量自由基产生从而更加高效地去除污染物。李永涛等人研发了一种兼具高吸附性与可回收性的沸石负载水凝胶复合材料(Z@CA)。实验结果显示,Z@CA 对水体中的 Cd(Ⅱ)表现出优异的吸附性能。盆栽实验结果显示,Z@CA 的应用显著降低了土壤中生物可利用态镉和总镉含量,有效减少了空心菜地上镉的累积,降幅达到 91.4%。此外,Z@CA 在土壤应用后保持了完整的结构,具有出色的机械强度和稳定性。

近半个世纪以来,伴随着可持续发展和"双碳"目标的提出,全球性的环境和能源问题受到越来越多的关注。利用可持续的清洁能源来治理环境污染及减少碳排放关乎着全人类的发展。太阳能驱动的半导体光催化技术被认为是解决能源危机和环境污染的理想方案。目前,光催化已经被广泛研究用于环境净化、能源转化和化学品生产等多个领域。光催化材料的研究开发已经有越来越多的报道,包括无机金属氧化物,以及目前研究热度

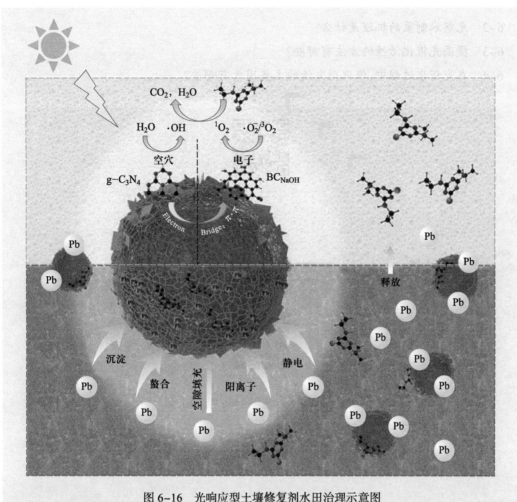

图 6-16　光响应型土壤修复剂水田治理示意图

比较高的有机半导体光催化剂（如 g-C_3N_4，COF 等）。这些材料在催化活性和选择性等方面均有一定的提升。然而，目前大部分光催化的研究还停留在实验室研究阶段，只有小部分研究实现了工业化应用，且也未实现大规模工业化应用，尤其在催化剂合成方法上还需要更加高效且绿色环保的合成技术。总而言之，光催化是一个充满机遇与挑战的领域，值得科学工作者为之不懈地努力奋斗。目前相关领域研究人员已经在光催化的理论及实践方面取得一定进展，但是在拓宽太阳能吸收范围，寻找更高效、更稳定催化剂的道路上，依旧有很长的路需要走。

思考题

6-1　二氧化钛的常见晶相结构有哪几种？二氧化钛光催化的基本原理是什么？

6-2 光解水制氢的机理是什么?

6-3 提高光催化活性的方法有哪些?

6-4 在光催化过程中,催化剂失活的主要因素有哪些?

思考题参考答案

参考文献

第七章
储氢材料

7.1 氢气的储存

7.1.1 氢气储存的历史

随着世界人口不断增长,以及工业化、城市化进程加快,能源消耗迅速上升。目前,全球超过 85% 的能源消耗来自煤炭、石油和天然气,鉴于化石燃料的不可再生性和人类社会对其的依赖性,随之而产生的环境污染和能源危机等问题使得人们不得不寻求一种清洁、高效的可再生能源来代替传统化石能源的使用。氢能作为一种二次可再生能源,被视为 21 世纪最具发展潜力的清洁能源之一,其最具吸引力的特性之一是它的高能量密度,这将氢与其他传统燃料区分开来,并使其成为优秀的燃料和能量载体。

氢储存对于推进氢在输送固定电力、运输和便携式电力系统中的应用至关重要。由于氢气在常温常压下是所有能源中密度最低的,且易燃、易爆、易扩散,所以氢气的储存和运输已成为制约氢能规模化应用的瓶颈问题。开发安全、高效、经济的氢气储运技术是发展氢能经济的关键环节。理想储氢技术需满足含氢质量分数和体积密度高、循环寿命长、安全性高等条件。此外,还应尽量降低储氢成本,提高充放氢速率。

7.1.2 储氢材料的研究进展

氢可以储存在特定材料的表面(吸附)或金属基体内(吸收),其中,利用活性炭和沸石等经典体系在多孔材料中的物理吸附储氢已经有很长的历史。最大存储容量与 H_2 分子可接触的表面积密切相关。例如,一种全新的多孔性晶体材料,称为配位聚合物或金属有机框架(MOF),也被证明在一定条件下具有良好的吸氢性能。近年来,金属氢化物(MH)在储氢方面的应用也得到了广泛的研究,且可以利用低品位的能源,在合理的压力下提供高体积储氢密度。此外,对于作为储氢材料的特定合金,在环境条件下具有可逆的氢储存吸收－解吸模式,为金属间化合物(也称为储氢合金)中氢储存的研究开辟了道路,因此氢可以储存在特定的金属基体中,称为储氢合金。另有研究结果表明,在固态基质(例如金属氢化物)中存储氢具有安全的优点,因为化学吸附过程原则上使得存储给定数量的氢所需的压力远低于使用纯压缩存储所需的压力。

7.1.3　储氢方法与技术

储氢是氢能系统的关键要素,尤其是在大规模利用氢的情况下。为了满足氢能市场当前和未来的潜在需求,为每种应用提供强大可靠的存储解决方案至关重要。目前氢的存储方式主要有三种:高压气态储氢、低温液态储氢和固体材料储氢。与压缩氢气储存相比,以液态形式储存氢气可以获得更高的密度。因此,液氢单位体积可以存储更多的能量。同样,在以材料为基础的氢储存中,氢原子或分子可以附着在材料的表面,或者原子可以集成在材料的晶格中。然而,储存的有效性在很大程度上取决于新材料的发展,以便在合理的温度和压力下储存和释放大量的氢。除以上三种常见手段外,储氢方法还有盐穴储氢、含水层储氢和枯竭油气田储氢等地下储氢方式。

1. 高压气态储氢

氢气是在标准压力条件下能够占据较大空间的最轻的气体,因此,为了有效地储存和运输氢气,需要通过压缩氢气并将其储存在不同类型的储存介质中来显著减小氢气的体积,国内主要的高压气态储氢容器分类及特点如表7-1所示。

表 7-1　高压气态储氢容器分类及特点

类别	型号	气瓶质量与容积比值(20 MPa)	成本	设计使用寿命(国内)	制造标准(国内车用)
金属气瓶	Ⅰ型	容重比大(1.0 左右)	较低	15 年	GB 17258
金属内胆环向缠绕气瓶	Ⅱ型	容重比大(0.75 左右)	中等	15 年	GB 24160
金属内胆全缠绕气瓶	Ⅲ型	容重比较小(0.35 左右)	较高	15 年	氢气瓶 GB/T 35544
非金属内胆全缠绕气瓶	Ⅳ型	容重比小(0.3 左右)	较Ⅲ型低较Ⅰ、Ⅱ型高	15 年	暂无标准
无内胆全缠绕气瓶	Ⅴ型	—	—	—	—

以气态形式储存氢是目前最常用、最有效和最简单的技术之一。常见的储氢方法是将氢储存在厚壁圆柱形或标准合格的储罐中,这些储罐由高强度材料制成,确保储罐的寿命和耐久性。然而,罐体的设计仍然没有得到优化,存在储罐尺寸过大、材料使用效率低、压力容器寿命差等问题。根据研究,高压气体钢瓶是目前最常用的储氢方法,其工作压力为 200 bar。当考虑到交通运输领域时,传统的储氢技术,如压缩气瓶和液罐仍然需要改进,以获得比汽油车更好的续驶里程和性能。

同时,仍需要进一步研究和开发的主要领域包括用于低压储存的廉价材料,以避免氢气泄漏和低成本大规模生产高压储罐为目标的新制造工艺,用于检测可能泄漏的传感器的进步,以及对最终用途要求的规范和标准的需求。所以,高压气态储氢技术的优点是成熟、结构简单、充放氢速度快、成本及能耗低,但缺点是体积储氢密度低、安全性能差、存在氢气泄漏和爆炸的风险,目前主要应用于轻质高压储氢罐和氢燃料电池。

2. 低温液态储氢

以液态形式储存氢是提高氢能量密度的一种实用方法。液化过程的优点是单位体积储氢密度大、安全性相对较好,缺点是氢液化并保持极低的温度所造成的能耗极大,且由于巨大的内外温差,系统会持续蒸发损失。此外,低温液态储氢对储氢容器要求较高,目前主要用于军事航天领域。

低温液态
储氢

3. 固体材料储氢

相比于高压气态储氢和低温液态储氢,固体材料储氢能很好地解决传统储氢技术的储氢密度低和安全系数差的问题。固体材料储氢机理总体上可分为两类,即物理吸附储氢和化学吸收储氢。物理吸附储氢材料包括碳质吸附材料、金属有机骨架和沸石等。氢气被吸附在材料的微孔、骨架或管结构上,该过程不伴随化学反应的发生。对于化学吸收储氢,材料主要有各类金属合金、金属氢化物、配位氢化物及氢气水合物等,储氢过程有化学反应的发生,氢气被存储在金属氢化物的晶格中。

在目前的储氢方式中,固体储氢系统是最可靠、最安全、体积效率最高的储氢方式。寻找和研制高性能的储氢材料成为固态储氢的当务之急,也是未来储氢发展乃至整个氢能利用的关键。美国能源部设定的储氢材料的氢储存目标为质量储氢密度达到 6.5%,体积容量达到 0.05 kg/L。国际能源署提出理想储氢材料的性能目标为质量储氢密度大于 5.5%,放氢温度小于 423 K,循环寿命大于 1000 次。储氢材料除了需要具有高的质量和体积容量外,理想的体系还应在近环境温度下表现出快速的吸附动力学、高可逆性、高稳定性和高成本效益。

4. 地下储氢技术（UHST）

（1）盐穴储氢

盐穴是在 500~1500 m 深的地质盐矿中形成的人工洞穴，盐穴储氢技术利用了天然盐层（如圆顶或层）通过溶解开采形成的腔室。这些盐层往往位于地表以上 2000 m，因为低于这个水平的压力和温度更容易使盐变形，即使对于工程良好的洞穴也会带来稳定性问题。盐岩具有低孔隙度、低渗透性、塑性好和损伤自愈等特点，适合作为储氢材料。值得注意的是，与多孔技术不同，盐洞不需要考虑多相现象，这些多相现象可能会降低注入速度，因为残余水会聚集在洞穴底部。

盐穴的孔隙度和渗透率随夹层岩性质的不同而不同。因此，在评价盐穴密闭性时，夹层岩多样性的影响是必要的。研究表明，中国层状盐岩夹层岩性质多样，因此孔隙度和渗透率也不同。随着夹层埋深的增加，这些特征逐渐减弱。在早期阶段，由于孔隙压力的作用，氢气泄漏会随时间增加，但后期趋于稳定。因此，孔隙度和渗透率对洞穴的密封性起着关键作用，H_2 的泄漏和回流也依赖于此。

（2）含水层储氢

含水层蓄水技术利用了世界各地沉积盆地中地下岩石固有的多孔性，目的是用氢气取代水占据的多孔空间，这是在注入压力大于储层毛管压力，且小于盖层毛管压力的情况下实现的，为了使储层孔隙喉道内的水能够排出，同时防止盖层渗漏。

地下含水层储氢目前主要有两种方式，第一种是在厚厚的蒸发层中的人造盐洞，另一种是深层动力层，如含盐含水层或枯竭的油气田。深盐水含水层分布在世界各地，被认为有能力提供更大的储存容量，并有可能在更长的时间内满足需求波动。

虽然地下天然气储存量大部分集中在含水层，但到目前为止，还不存在纯氢储存量。但如果深层含水层可以被利用，它可以用于整个能源部门和地区的脱碳，是地下储氢最具成本效益的选择。

根据上述条件，盐水含水层似乎很有希望成为季节性氢气储存的替代选择，但仍然存在一些关键问题，即上覆密封的稳定性和完整性，使含水层能够保持有限的压力范围和低流量。研究表明，含盐含水层中氢气的注入能力、产能和储存能力与缓冲气（CG）和工作气（WG）有关。在较高的深层储层中，需要较低的 CG/WG 值。致密的背斜使得天然气的注入更加困难，对生产的影响很小。

含水层地下储氢将促进可再生氢部门的发展，可根据市场需要提供灵活的注入和提取周期。然而，地下储存地点有限，会造成地理上的稀缺问题，因此，为了保证含水层储氢在未来项目中的可行性，注入和提取周期应该频繁。另一个潜在的问题与氢气和正在发生的水分及化学物质的反应有关，这可能会改变气体的成分。

（3）枯竭油气田储氢

利用枯竭油气田储氢是多年来一直使用的地下储氢技术,利用枯竭油气田储氢的主要好处是现有基础设施的可用性、地理上的可用性和减少的缓冲气容量。石化行业的现有基础设施极大地促进了使用成本最低的技术。

地下储氢最适合长期大规模使用。此外,用于以气态形式储存氢气的地下地质位置有两种类型:多孔介质,其中气体储存在砂岩或碳酸盐地层的孔隙空间中;洞穴储存,其中氢气储存在厚岩中挖掘或溶液开采的洞穴中。同样,在地质结构中储氢也有额外的技术、环境、经济和其他方面的考虑。考虑到独特的储层特征,以及不超过地下地层破裂压力的氢气注入和提取压力,选择正确的开发参数也至关重要。

与此同时,地下储氢技术面临着独特的挑战,这些挑战包括选址、地球化学反应和 H_2S 形成、储层微生物生长、盖层井和地质完整性、不稳定置换,以及生物和非生物产气。

此外,地下储氢面临的其他挑战还包括氢气污染、密封质量降低、注入能力降低、断层再活化、化学不平衡、矿物溶解和沉淀、储层性质变化、混合和扩散及微生物堵塞等。

同样,向储层注入氢气会改变地层孔隙水、溶解气体和岩石基质之间的化学平衡,导致多种地球化学反应,包括高氢损失,产生污染储存氢的其他气体,矿物溶解或沉淀导致注入性降低或增加,以及力学性质的变化。基于此,对于储氢,必须研究盖层的接触角、界面张力和润湿性,以实现高效的注氢和抽氢。

研究人员同时在研究地下储氢技术的机制及有效监测方法。地下储氢技术机制被认为是一种有效的技术,可以根据需求在空盐洞、深层含水层、枯竭烃储层或地下煤层等地质构造中长时间储存大量氢气。根据早期的研究,盐洞被认为是地下储存方法的可行储存地点,尽管枯竭的油气储层、煤层或深层含水层等沉积储层在地理上丰富而广泛。为了测试此类沉积储层的可行性,对储层岩石孔隙网络中氢在实际储层条件下的行为进行了评估,并与这些尺度前效应确定了储层的多相流体动力学相关。然而,对这种孔隙尺度现象仍缺乏较好的研究。

岩盐渗漏可以忽略不计,因为夹层是氢气渗漏的主要通道。地下储氢技术的最佳效率是建立在强大的机制和有效的监测基础上的,这些机制贯穿储氢循环的整个生命周期。根据市场的能源需求和用于储存的油田类型,地下储氢系统通常遵循循环操作,交替进行注入和提取。

此外,在储存氢气的地下,指进是一种可能污染氢气的潜在活动,因此,研究指出,需要额外的措施和设备来减轻这种污染,并在此基础上,必须通过确保满足井底压力、毛细管进入压力和破裂压力来优化流量,以防止指进活动发生。在 UHST 所涉及的挑战中,缓冲气体的混合是地下储氢损失的原因之一,由于地下储氢没有全面的监测技术,天然气储存中使用的其他地质储存技术影响了 UHST 所采用的监测系统。

7.2　物理吸附储氢材料

7.2.1　物理吸附储氢材料种类

物理吸附储氢是利用微孔材料物理吸附氢气分子,依靠氢气分子与储氢材料间较弱的范德华力进行储氢的一种方式。其在特定条件下对氢气具有良好的、可逆的热力学吸附、脱附性能。这类储氢方式所使用的储氢材料具有高比表面积、低温储氢性能好等优势。提高材料对氢气的吸附作用使氢气分子更容易、更牢固地吸附在微孔材料的表面或孔腔中,已成为进一步提高物理吸附储氢材料储氢量的一条重要途径。

1. 碳基储氢材料

碳基储氢材料主要包括活性炭、石墨烯、碳纳米管、碳纳米纤维、介孔碳和碳气凝胶等。碳材料利用碳轴表面具有强烈极性的悬挂键,吸附氢气分子。从微观结构上来看,决定碳基材料吸附性能的核心要素是孔分布,特别是孔径和孔容,因此在表面引入官能团来提升碳材料比表面积、孔径大小可以有效提高储氢量,其储氢特点为安全性高、成本低、寿命长及吸放氢条件合适。

(1) 活性炭储氢材料

活性炭又称炭分子筛,是经活化的多孔、大孔容、高比表面积、高表面活性的碳材料,特别是微孔活性炭,可以提供巨大的比表面积,孔隙容积一般在 $0.25 \sim 0.9 \ \mathrm{mL \cdot g^{-1}}$,微孔表面积为 $500 \sim 1500 \ \mathrm{m^2 \cdot g^{-1}}$。活性炭因其成本低、储氢量高、稳定性高、使用寿命长、易规模化生产而成为一种极具潜力的储氢材料。通过提高比表面积、多种表面官能团改性,以丰富活性炭的微孔结构,增加其对氢气的结合吸附作用,储氢机理如图 7-1 所示。但目前的研究,均需要在低温、高压下才能具备较好的储氢量,对于实际应用具有一定的限制。

除了以合成材料为前体制备的微孔活性炭材料外,许多基于天然材料合成的活性炭也表现出优异的吸氢能力。活性炭材料的储氢性能与微孔体积成正比,且与温度和压强有一定的关系,温度越低,压强越大,则储氢能力越优秀。除此之外,活性炭的物质状态也会影响其储氢容量和吸放氢速率,纤维状活性炭的吸放氢速率甚至比颗粒状的快十数倍。不仅如此,活性炭表面酸度也是影响因素之一,表面酸度越高,储氢容量越大。针对实际应用来说,因为活性炭在低温、高压下才能表现出高吸氢能力,开发潜力较差,不适合氢能的规模化应用。

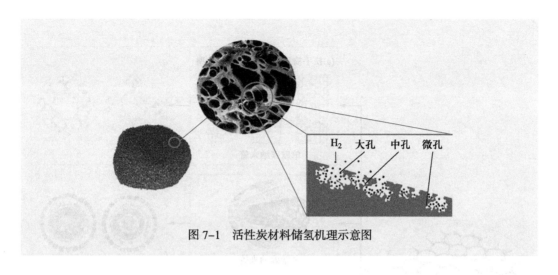

图 7-1 活性炭材料储氢机理示意图

（2）石墨烯储氢材料

石墨烯是通过碳原子的 sp^2 杂化紧密堆积形成的具有二维六元环单层结构的碳材料，其比表面积大、原料来源丰富、化学稳定性好。它的截面呈十字形，主要有薄片状、袋状、管状等，它的质量、结构和直径决定其储氢能力，储氢质量介于 1%~15%，不同石墨烯储氢材料分子模型及氢气吸附模型如图 7-2 所示。但纯的石墨烯具有化学惰性，不利于其吸附气体，因此人们尝试通过原子掺杂或基团修饰来提高石墨烯的储氢容量。

（3）碳纳米管储氢材料

碳纳米管（CNT）具有良好的化学和热稳定性及中空结构，在结构上碳纳米管可以看作是石墨烯片层卷曲而成，故可分为单壁碳纳米管和多壁碳纳米管，纳米材料所具有的量子效应、表面效应等特性使其对氢气的吸附能力增强。碳纳米管具有特殊微孔结构，质量较轻，氢在碳纳米管中的吸附为单分子层吸附。研究人员发现在相同条件下不同碳纳米管的储氢容量有差异，不同温度和压力条件下同一种碳纳米管的储氢容量也不同。

碳纳米管在常温下的储氢能力不够理想，吸氢能力大多在 1%（质量分数）以内，对碳纳米管进行活化处理可以在一定程度上提高碳纳米管的储氢性能。例如，经氢氧化钾活化后的多壁碳纳米管因存在的缺陷表面而拥有更高的比表面积、微孔体积及更低的结晶率，氢气分子可以很容易地通过范德华力吸附在缺陷位点和多壁碳纳米管的内部空间中，进而提高氢吸附能力。

由于氢气与材料的相互作用较弱，基于物理吸附机制的储氢材料往往需要低温高压才能实现储氢，而较高的比表面积和纳米限域效应有利于碳纳米材料的储氢。然而，制备小纳米尺度的碳纳米管的工艺方法和过程较为复杂且成本偏高，目前制备方法以激光法、电弧法为主，技术都达不到大规模生产与推广。同时，CNT 的储氢机制尚不明确，它的吸氢效率也一直备受争议，其在低温或高压条件下表现出较高的储氢容量，而在中等温度和

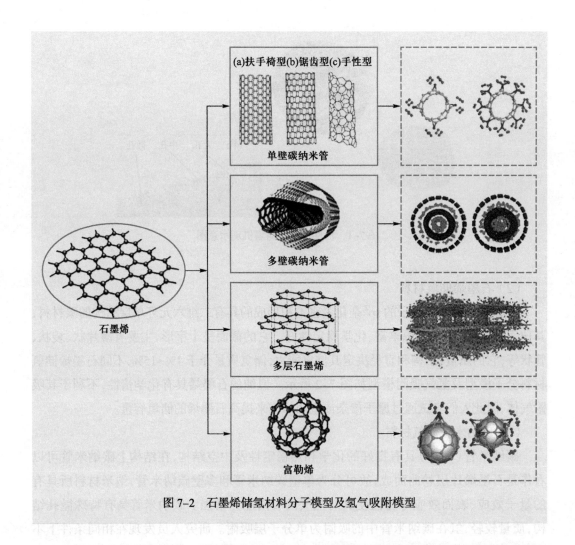

图 7-2   石墨烯储氢材料分子模型及氢气吸附模型

压力条件下的储氢容量则大大降低。所以,CNT 可以成为其他储氢材料的有效添加剂以改变材料的动力学性能,但继续研究纯碳纳米管对于实际应用,尤其是车载应用的氢吸附的价值不高。

此外,低维材料具有较高的表面能,容易发生颗粒团聚从而失去因低维而产生的特殊效应。所以,保持限域稳定性、提高比表面积是改善物理吸附储氢容量的重要途径。

（4）碳纳米纤维储氢材料

碳纳米纤维（CNF）表面具有分子级的微孔,比表面积大,同时碳纳米纤维的层间距远大于氢气分子的动力学直径,因此可以吸附大量氢气,且碳纳米纤维内部有中空管结构,可以像碳纳米管一样使得氢气凝结在其中,进一步提高储氢容量。

碳纳米纤维的储氢能力强烈依赖于结构,碳纳米纤维对氢气的吸附在低温常压条件下与总微孔容积具有良好的相关性,具体来说与材料的孔隙率有很大关系,而在室温和高压条件下的吸氢量既取决于微孔容积,也取决于微孔尺寸分布。此外,目前碳纳米纤维的制备工艺还处在实验室阶段,其生产成本高,循环使用寿命短,距离工业推广还有很长的路要走。从应用的角度来看,碳纳米纤维和碳纳米管一样都不是理想的氢载体。

（5）介孔碳储氢材料

介孔碳是一类新型的非硅基介孔材料,孔径为 2~50 nm,具有巨大的比表面积和孔体积,其材料特点是介孔形状、孔径尺寸、孔壁组成、结构和性能等可调控,因此在众多领域具有潜在的应用价值。

（6）碳气凝胶储氢材料

碳气凝胶是一种具有低密度的三维网状纳米多孔无定形碳材料,孔隙为 1~100 nm,与传统气凝胶相比,其强度更高,比表面积和孔隙率更大,连续的三维网状结构使其在吸、放氢性能上具有很大优势。在储氢行为中,氢气分子与碳气凝胶之间的作用力较弱,因此与其他碳材料类似,需要在低温下应用来实现储氢量的提高。近几年研究人员通常利用钯、铂、铁等金属对碳气凝胶进行表面修饰,或在体系中引入化学吸附和溢出效应形成复合体系,有助于提高材料储氢容量。

2. 无机多孔储氢材料

沸石是众多无机多孔储氢材料(例如沸石、海泡石、硅藻土等)中作为储氢材料研究最多的。沸石分子筛价格低廉、技术成熟,有着规整的孔道和可观的内表面积,能够选择性吸附气体,是一种具有发展潜力的储氢材料。沸石的储氢量取决于微孔结构,而微孔结构又与合成沸石分子筛的阳离子及骨架直接相关。沸石在低温下具有较大的氢容量是因为在低温下沸石的孔道直径接近氢气分子的动力学直径,因此未来的发展方向应聚焦于确定沸石储氢的最佳孔道直径,并据此合成制备高储氢容量的沸石分子筛材料。

3. 有机骨架储氢材料

有机骨架材料是一种多孔晶体,具有较大的比表面积、结构可设计性和孔道可调控的独特性。其中,键合原子的链、分支和环等构建出大小不同的孔道,使其具备对氢气的吸附能力。但和多数多孔材料一样,有机骨架材料在室温下的吸氢量远远低于储氢材料实际应用的要求,且同时存在循环性能差的问题。常用的有机骨架材料有金属有机骨架材料(MOFs)和共价有机骨架材料(COFs),它们是通过金属离子或共价键连接的有机三维多孔材料。几种 MOFs 和 COFs 材料的分子结构模拟图如图 7-3 所示。

（1）金属有机骨架材料

MOFs 材料具备孔隙率高、孔结构可控、比表面积大、化学性质稳定、制备过程简单等特点,是固态储氢材料的一个新热点。其中,MOFs 框架中因有金属原子裸露,氢与金属原子有较强的相互作用,进一步提高了其储氢性能。在 MOFs 中加入大量的金属纳米颗

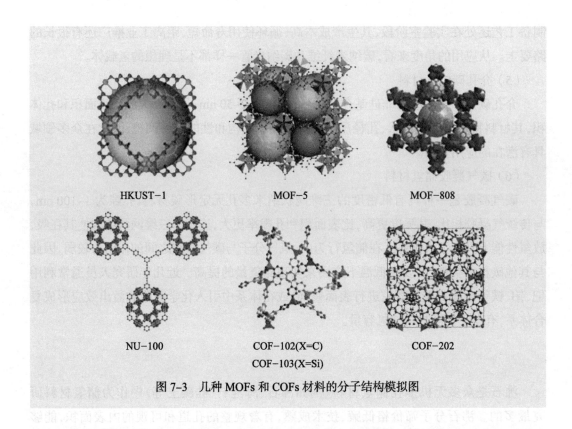

HKUST-1   MOF-5   MOF-808

NU-100   COF-102(X=C)   COF-202
                COF-103(X=Si)

图 7-3   几种 MOFs 和 COFs 材料的分子结构模拟图

粒会导致表面积和孔体积的减小,小孔隙不仅有利于低温低压下的氢吸附,而且有利于室温下的氢吸附,因为小孔隙使得相对壁面的势能重叠,从而增加了氢气分子与骨架之间的相互作用能。随着金属氢化物研究的深入,有研究者利用 MOFs 和氢化物形成混合材料,使其兼具物理吸附和化学吸附特性。由于 MOFs 与氢化物形成金属纳米颗粒的协同作用,预计氢气物理吸附的等容热将增加,氢气化学吸附和解吸的温度将降低。

（2）共价有机骨架材料

另一种有机骨架结构是 Yuan 等首次报道的三维共价有机骨架材料 COFs,其优点是密度比 MOFs 更小。随后研究者通过增加比表面积等方法优化结构,利用金属掺杂等方法对 COFs 材料进行功能改性,但目前用于储氢的报道并不多。

目前为止,人们已经研究了近百种 MOFs 的储氢性能,其中有 3 种 MOFs 在液氮下的储氢能力已经得到证实:MOF-5（5.1%）、均苯三甲酸铜 MOF 材料 HKUST-1（3.6%）、MIL-53（4.3%）。经验和模拟实验都表明,MOFs 中氢气是以分子态被吸附的,金属氧簇是其优先吸附位点,但其吸附机理还有待于进一步研究。MOFs 材料的主要优点是它们的可逆性和高速氢吸附过程,缺点是常温下储氢量过低,在极低的温度下才表现出良好的氢吸附能力。目前有关 MOFs 材料储氢的理论模型和计算都在不断发展之中,但是仍有许多问题需要攻克,这些问题的解决会将 MOFs 材料在工业化、实用化道路上推进一大步。

7.2.2 物理吸附储氢技术特点

固态储氢技术较为多元化,是因为固态储氢体系种类繁多,作用机制也各不相同。吸附储氢是固态储氢技术中较为重要的分支,其作用机制主要是依靠较大的比表面积和孔道,使氢气分子吸附在材料表面及孔道中,达到储氢的目的。物理吸附过程不会产生化学变化,氢气分子不会发生断键过程,因此这种储氢方式不会影响氢气的发生路径,从而对氢气纯度等造成影响。

由于氢的分子键与材料的结合力较弱,因此需要通过提高储氢材料比表面积、材料表面基团修饰等来提升氢与材料的结合能力。其中碳基储氢材料的比表面积大、孔类丰富,在低温下具有很好的可逆储氢性能,但常温下无法达到良好效果,对于操作条件、储氢设备等存在一定的技术挑战,需要进一步研究和开发。有机骨架结构的储氢材料,晶体结构丰富、比表面积大,但通常存在有机溶剂滞留孔隙影响金属吸附氢气的问题,在可逆储氢上容易造成性能不稳定,需要通过元素调整来提高储氢性能,同时,有机骨架结构在可逆吸附氢时容易出现骨架坍塌、材料粉化等问题,需要研究人员进一步优化材料晶体结构。

7.2.3 物理吸附储氢材料未来发展与展望

氢的利用关键在于氢气的储运技术,而吸附储氢技术的关键在于找到合适的储氢材料,物理吸附储氢技术具有高安全性、可逆性的特点,是氢气规模化、商业化高效利用的重要研究方向。但物理吸附储氢材料因储氢容量低、吸氢温度低的特点使其在应用推广上具有很大的局限性。虽然近几年随着氢能产业链的布局,吸附储氢材料的开发已经取得了很大进展,但不同的材料仍存在不同的适应性问题。因此,为了突破技术瓶颈,吸附储氢技术仍需要在以下几个方面开展重点研究。

(1)进一步探索高性能储氢材料结构,通过元素掺杂、催化剂添加、结构优化等方法提升储氢材料的质量储氢密度,改善吸放氢温度,向高容量、常温常压储运发展。

(2)与其他氢气储运方法建立复合储氢体系,包括化学吸附储氢、高压储氢、有机液态储氢等。复合储氢体系兼顾不同储氢方法的技术特点,可以提升氢气储运效率,降低可逆操作条件难度,为氢气的规模化存储提供新途径。

(3)突破吸附储氢材料及设备在规模化制备生产上的关键技术,降低储氢材料和设备制备成本等,形成可行的技术路线。

7.3 化学储氢材料

7.3.1 金属氢化物储氢材料

金属氢化物是金属与氢反应形成的氢化物。实际的金属储氢材料不仅仅是纯金属，而多数是金属间化合物与多元合金，因此也称为储氢合金。金属氢化物储氢技术是氢气以原子的状态在合金中储存的手段，其在输运过程中受到热效应和分子运动速度的约束。金属氢化物储氢材料的制备技术和工艺相对成熟，且具有安全可靠、储氢能耗低和储氢容量高等特点，因此应用较为广泛。

有些金属与氢结合形成的氢化物是低沸点的挥发性化合物，不能作为储氢材料，例如 SiH_4，CuH 等。目前研制成功并广泛使用的金属氢化物储氢材料，按照主要元素可分为镁系（A_2B 型）、钛系（AB 型）、稀土系（AB_5 型）、钒系（BCC 结构）和锆系（AB_2 型），常用金属合金储氢材料的特点见表 7-2。元素 A 通常为 Mg，Ti，La，Zr，V 等决定合金吸氢量，元素 B 通常为 Zn，Al，Cr，Mn，Fe，Co，Ni，Cu 等决定吸放氢可逆性。这些材料都能有效克服高压气态和低温液态两种储氢方式的不足，且质量和体积储氢密度大、操作容易、运输方便、成本低、安全等，特别适合对体积要求较严格的氢气应用场所。

表 7-2 常用金属合金储氢材料特点

类别	代表合金	优点	缺点	质量储氢密度/（%）
A_2B	Mg_2Ni	储氢含量高	条件苛刻	3.6
AB	TiFe	成本低	活化困难	1.8
AB_5	$LaNi_5$	压力低、反应快	价格高、储氢密度低	1.4
AB_2	Ti 基，Zr 基	无须退火除杂，适应性强	初期活化难、易腐蚀	1.85
$AB_{3-3.5}$	$LaNi_3$，Nd_2Ni_7	易活化、储氢量大	稳定性差、寿命短	1.55

1. 镁系储氢合金

A_2B 型镁（典型的 Mg）系储氢合金是储氢材料中的研究热点。Mg 在地壳中的含量排第八位（2.7%），储量丰富。镁化学性质活泼，所以在自然界是以化合物或矿物质形式存在。在 300~400 ℃和较高的氢压下，镁能与氢气直接反应生成 MgH_2，并放出大量的热，其理论质量储氢密度可达 7.6%，所以目前研究最多且产业化前景较好的金属氢化物是镁基氢化物 MgH_2，这得益于金属元素镁的储量较为丰富、材料成本低、质量轻、便于运输，并且对环境非常友好等特点。虽然镁基氢化物 MgH_2 的储氢容量高,但氢化物稳定性强、吸放氢动力性能差,镁在超过 420 ℃温度下烧结严重,循环稳定性差,热存储要求操作温度高于 600 ℃,这些限制了其在热能存储中的应用。机械球磨、添加第三种元素等方法可以适当降低镁基氢化物的稳定性,但仍很难改变镁基材料的热力学,无法从本质上克服镁基氢化物储放氢动力学缓慢这一特点,距常温常压下吸放氢的性能要求差距较大。此外镁易氧化的特性也制约了镁系储氢合金的发展。

镁系储氢合金的典型代表是 Mg_2Ni,理论储氢容量为 3.6%(质量分数),但吸放氢需要的温度过高且速率慢,研究发现在 Mg–Ni 系列合金中添加其他元素,如 Cr,Mn,Fe,Co 等,可以提高材料的储氢性能,但其储氢容量也随之降低。

2. 钛系储氢合金

钛系储氢合金主要以 AB 型的 Ti–Fe 合金和 AB_2 型的 Ti–Zr–Mn 为代表。二者的质量储氢密度都在 1.8%~2.0%,储氢容量较为可观,且生产制备、成本性能比均适中,是目前最成熟的可直接应用到固态储氢装置的合金类型。

例如,Ti–Fe 储氢合金具有可在室温条件下吸收氢、反应速率快、原料丰富、成本低廉、容易制备的优点。目前钛系储氢合金面临的主要问题是活化困难,吸放氢要求很高的活化温度和活化压强(200~400 ℃,5~10 MPa),且生成致密的 TiO_2 层而很难被活化,活化后极易与空气中的 O_2,CO_2,H_2O 等杂质气体接触并丧失吸放氢活性。所以,也可以通过机械球磨或者加入第三种元素,或者在球磨的时加入易活化的合金元素如 Mn,Cr,Zr 和 Ni 等元素部分代替 Fe 进行混合球磨,从而增强合金表面的催化活性,改善 Ti–Fe 的储氢性能,实现常温活化,提高实用价值。

Ti–Zr–Mn 储氢合金作为室温条件下能够可逆吸放氢的合金材料,较高的储氢容量是其有望作为固态储氢技术应用的主要原因。除储氢容量大以外,成本相对较低,吸放氢的平衡压力范围更广,适合较多场景使用。缺点是制造工艺较难,且填装密度低,与稀土系 AB_5 型储氢合金相比均显著降低,因此其在固态储氢装置中所发挥的性能参数与稀土系 AB_5 型储氢合金相当。

3. 稀土系储氢合金

稀土系储氢合金从结构上主要分为两类:$LaNi_5$ 型储氢合金(AB_5 型)和 La–Mg–Ni 超晶格储氢合金(AB_3 型、A_2B_7 型),具有储氢容量较大、稳定性能好、活化性能好的优点,同时吸放氢反应速率快、滞后小,但是合金的原料成本较高,循环性不好,而且吸氢后容易产生晶体膨胀而导致合金粉化,且稀土元素 La 价格昂贵,因此为了降低成本并提高储氢容量,经大量研究后,可以采用其他金属(Al,Mg,Fe,Co,Cu,Mn,Cr)替代部分 Ni 改善 $LaNi_5$ 的储氢性能,主要用于镍氢电池或储氢装置。镍氢电池具有环境友好、快速充放电、低成本、宽温区(−40~70 ℃)使用的良好特性,且能在快速充放电过程中保持性能的相对稳定,在抗震、防水防热、无毒害物质产生方面具有更高的安全性。储氢装置因体积储氢密度高,可用于大规模固定式或移动式氢气储存领域(如加氢站、叉车、自行车等)。目前,稀土系储氢材料是生产工艺最为成熟,产业规模最大的固态储氢材料,可作为氢能实现产业化过程中的关键技术手段。

4. 钒系储氢合金

钒系储氢合金的储氢容量大,可在常温下吸放氢,反应速率快,但金属钒成本高,常温常压下放氢不彻底,因此大范围应用存在一定难度。

5. 锆系储氢合金

锆系储氢合金(如 $ZrMn_2$)易活化、储氢量大、循环性好、吸放氢速率快,但合金的原料成本高。通过元素的替换,如采用 Ti 代替部分 Zr,会使晶胞体积减小,可以很好地提高合金的储氢性能,增长合金的寿命,再用 Fe,Co 代替部分 Mn,形成多元合金来改善 $ZrMn_2$ 的综合性能。

7.3.2 配位氢化物储氢材料

金属配位氢化物储氢材料一般通过碱金属或碱土金属与第三主族元素结合形成储氢量高、再氢化难的储氢材料,主要有金属铝氢化合物与金属硼氢化合物两类,通式为 $A(BH_4)n$(其中 A 为 Li,Na,K 等碱金属及 Be,Mg,Ca 等碱土金属,B 为 Al 或 B 元素等)。目前正在研究的金属铝氢化合物有 $NaAlH_4$,$LiAlH_4$ 和 $Mg(AlH_4)_2$ 等,金属硼氢化合物有 $LiBH_4$,$Mg(BH_4)_2$ 和 $Ca(BH_4)_2$ 等,它们理论的质量储氢密度能达到 7.5%~18.5%,图7-4 是三种金属硼氢化合物的结构图。

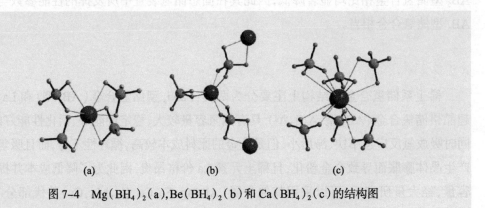

图7-4 $Mg(BH_4)_2$(a),$Be(BH_4)_2$(b)和 $Ca(BH_4)_2$(c)的结构图

1. AMH₄ 型金属络合氢化物

NaAlH₄ 是目前研究最广泛的储氢材料,在一定条件下的可逆储放氢容量达 5.6%,虽然该储氢材料作为可逆储氢材料具有较广阔的前景,但是其在有机溶剂里合成比较困难,且具有危险性,这使得 NaAlH₄ 的应用受限。

四氢硼酸盐是含氢量最高的储氢材料中的含氢化合物。其中,在典型的复合金属硼化物(MBH₄)中,碱金属硼氢化物因其高的质量储氢密度和可调的特性而受到世界各国研究人员的广泛关注。复杂金属硼化物的分解过程如下所示:

$$M(BH_4)n \longrightarrow nMH + 3n/2H_2 \tag{7-1}$$

$$nMH + nB \longrightarrow nB + nM + n/2H_2 \tag{7-2}$$

硼氢化锂(LiBH₄)、硼氢化锌[Zn(BH₄)₂]、硼氢化钠(NaBH₄)、硼氢化钙[Ca(BH₄)₂]等碱金属硼氢化物由于具有高的质量储氢密度和体积储氢密度,已经被证明是所有复杂金属硼氢化物中非常具有潜力的氢存储材料。

高储氢容量是配位氢化物用作储氢材料的最大亮点,但它也存在以下缺点:①合成较困难,一般采用高温、高压氢化反应或有机液相反应合成;②放氢动力学和可逆吸/放氢性能差;③反应路径复杂,放氢一般分多步进行,实际放氢量与理论储氢量有较大差别。因此,配位氢化物尚不能完全满足实用化的需求。

2. 化学氢化物储氢材料

化学氢化物是指通过化学反应实现放氢的含氢化合物,可通过热解、水解等反应放出大量氢。化学氢化物的一个重要体系是金属氮氢化合物储氢体系,例如 Li₃N–H 体系,以此为基础,还衍生出了 LiNH₂–CaH₂,Mg(NH₂)₂–LiH,Mg(NH₂)₂–NaH 和 Mg(NH₂)₂–MgH₂ 等多种金属氮氢化合物 – 金属氢化物储氢体系。

另一类重要化学氢化物以氨硼烷(NH₃BH₃)为代表。NH₃ 基团中的正氢与 BH₃ 基团中的负氢相互作用从而发生分解放氢反应。NH₃BH₃ 理论质量储氢密度为 19.6%,通过将碱金属氢化物引入 NH₃BH₃ 体系,可合成碱金属氨基硼烷化合物,大大降低放氢温度。氨硼烷储氢量高,放氢温度适中,接近实用化储氢材料的要求,但其放氢时可能释放氨气,影响材料的使用环境。

7.4　典型储氢材料的合成方法

7.4.1　镁系储氢材料合成方法及改进手段

镁具有丰富的储量、较高的理论质量储氢密度（7.6%）和体积储氢密度（110 kg/m³ H₂）、低廉的成本价格，且单质镁可以在高温条件下与氢气反应生成 MgH₂，故 MgH₂/Mg 体系被认为是最有潜力的储氢体系之一。镁和氢之间的可逆反应可用下式来描述，其氢化反应示意图如图 7-5 所示。

$$MgH_2 \longrightarrow Mg+H_2 \tag{7-3}$$

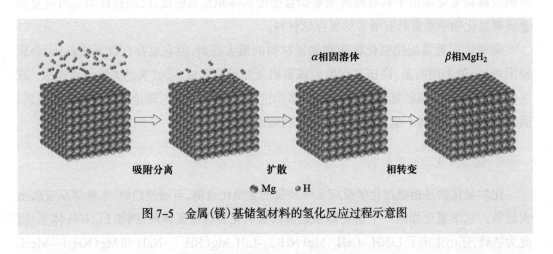

图 7-5　金属（镁）基储氢材料的氢化反应过程示意图

尽管在过去的几十年中 MgH₂ 被认为是一种潜在的轻质低成本储氢材料，然而，由于其高热力学稳定性（$\Delta H = 76$ kJ·mol⁻¹）和较差的动力学性质，MgH₂ 只能在高温下（≥ 300 ℃）才有优异的吸附氢性能，且在吸放氢循环中，MgH₂/Mg 颗粒的团聚和长大导致循环稳定性差。因此，为了使 MgH₂ 在储氢中得到广泛应用，必须调整其热力学和动力学性能，镁基储氢材料吸放氢反应热力学和动力学与储氢性能关系如图 7-6 所示。目前在改善 MgH₂/Mg 体系储氢性能方面，多使用纳米化、合金化、添加催化剂、复合轻金属配位氢化物等方法。

1. 纳米化

纳米化能够缩短氢的扩散和离解途径，增大材料表面自由能，当尺寸小于几纳米时甚至改变了热力学性能。将粒径减小到纳米级还可以大大增加材料的比表面积，从而提供

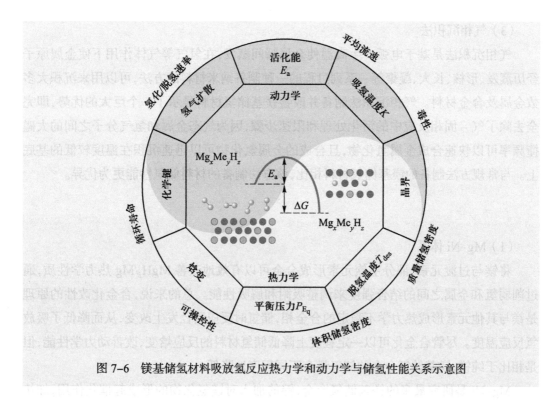

图 7-6　镁基储氢材料吸放氢反应热力学和动力学与储氢性能关系示意图

更多的成核位置和活性位点,促进氢沿着 MgH$_2$/Mg 界面或氢化物内部边界和缺陷快速扩散。

纳米化

（1）高能球磨法

高能球磨法是一种广泛应用于制备储氢材料的纳米化技术,可以减小材料的颗粒和微晶尺寸,完美分散添加剂,并提供新鲜且高活性的表面。研究人员致力于制备可控且尺寸均匀的纳米镁基材料,然而高能球磨法的缺点是不能精准控制材料的粒径分布在特定的范围内,而且易引入杂质,球磨时间过长还易引起材料的团聚和长大,使得材料的循环稳定性减低。研究发现,纳米尺寸和球磨后生成的 γ-MgH$_2$ 相,是 MgH$_2$ 氢解吸温度显著降低的原因。但是在多次吸放氢循环过程后,由于颗粒粗化导致纳米颗粒团聚,MgH$_2$ 通过球磨所获得的改善效果会慢慢消失。

（2）化学还原法

化学还原法是通过化学反应还原前体获得镁纳米晶体的一种方法。研究发现,可以利用萘化锂化学还原二正丁基镁制备纳米 Mg 颗粒。通过调节反应物比例,在一定程度上控制成核和生长过程,合成不同尺寸的纳米镁。此外,还可利用金属氢化物和氯化物在四氢呋喃中溶解度的巨大差异,通过超声辅助在没有支架或支撑的情况下成功获得超细 MgH$_2$ 纳米颗粒。通过控制超声处理的时长可以获得所需纳米尺度的 MgH$_2$ 颗粒,而且暴露于超声波而产生的湍流和微流有助于反应物的碰撞,同时阻止过量的晶体生长,避免纳米粒子团聚。

（3）气相沉积法

气相沉积法是基于电弧产生高温使金属瞬间蒸发，在氢气等气体作用下使金属原子经历蒸发、形核、长大、凝聚等一系列过程的一种制备纳米材料的方法，可以用来沉积大多数金属及合金材料。气相沉积法制备并改善镁基储氢材料显示了一个巨大的优势，即完全去除了气–固相反应中的活化处理和限速步骤，因为气态金属和氢气分子之间的大碰撞频率可以快速合成金属氢化物，且合成的金属氢化物可以迅速沉积在温度较低的基底上。与常规方法制备的镁基储氢材料相比，该方法制备的材料储氢性能更为优异。

2. 合金化

（1）Mg–Ni 体系

将镁与过渡元素、部分主族元素形成合金可以有效地改善 MgH_2/Mg 热力学性质，通过削弱氢和金属之间的结合强度来调整吸附和解吸性能。总的来说，合金化改性的原理是镁与其他元素形成热力学不稳定的合金相，储氢时反应路径发生改变，从而降低了吸放氢反应温度。尽管合金化可以一定程度上降低储氢材料的反应焓变，改善动力学性能，但是相比于纯镁，镁基储氢合金的储氢量会不同程度地降低。

Mg–Ni 是研究最多的镁基储氢合金，镍的加入对镁氢化物的形成起催化作用，加快了氢化反应速率。在常温常压下，$MgNi_2$ 一般不发生吸氢反应，因此 Mg–Ni 体系储氢合金主要是指 Mg_2Ni，Mg_2Ni 在 2 MPa、300 ℃下很容易与 H_2 反应生成其氢化物 Mg_2NiH_4，Mg_2NiH_4 中的 Ni—H 键相互作用弱于 MgH_2 中的 Mg—H 键是导致 Mg_2NiH_4 脱氢焓变较低的根本原因。为了进一步改善 Mg–Ni 系合金的储氢性能，常添加第三种元素部分取代 Mg 或 Ni。这些元素的添加可抑制 Mg 在合金表面的氧化，从而提高 Mg–Ni 系储氢合金的循环寿命。

除 Mg–Ni 体系外，Mg–Fe 体系也是一类重要的镁基储氢合金。Mg–Fe 体系里一种比较有吸引力的金属氢化物是 Mg_2FeH_6，其质量储氢密度和体积储氢密度分别高达 5.5% 和 150 kg·m^{-3}。但由于 Mg–Fe 体系没有稳定的化合物，Mg_2Fe 相很不稳定，因此 Mg_2FeH_6 通常由 MgH_2 与 Fe 在高压氢气压力下高温反应得到，较小的活化能和有利的热力学表明 Mg_2FeH_6 是一种有前途的移动应用储氢材料。

（2）Mg–过渡金属体系

其他过渡金属也可以与 Mg 构成 Mg–TM 合金。例如，利用球磨法和氢化法制备得到的 Mg_2CoH_5 氢化物，显著增强了氢吸附动力学。

（3）Mg–稀土金属体系

除了过渡金属，添加稀土元素（RE=La，Nd，Ce，Pr）制备的 Mg–RE 也是一类具有代表性的储氢合金，稀土元素的添加显著改善了镁基合金的氢化/脱氢动力学。例如，利用感应熔炼法合成的 Mg_3RE 合金，合金在氢化后会生成相应的稀土氢化物 REH_x，掺杂了稀土元素的镁基合金极易产生非晶结构,而非晶结构为氢的扩散提供了快速通道,由此导致了快速氢化/脱氢动力学。此外,有进一步的研究结果表明,Mg_3RE 的结构在氢化/脱氢循环后保持不变并稳定存在,储氢能力也有了大幅提高。

3. 添加催化剂

掺杂催化剂已被证明可以显著提高 MgH_2 的动力学性能,而不会过度损失其储氢容量。催化剂的加入可以有效地降低反应能垒,从而加快吸放氢速率。

（1）过渡金属催化剂

理论研究证实,具有特殊三维轨道态的过渡金属更倾向于与氢原子形成共价键,这意味着催化剂作为活性位点可以在其表面加速氢气分子的解离和重新结合,增强 MgH_2 的氢化/脱氢动力学。此外,多元过渡金属也被研究者引入 MgH_2/Mg 体系以改善储氢性能。理论计算表明,H 和 Ni/Cu 之间的强相互作用导致 MgH_2 的稳定性减弱,Mg—H 键的结合强度降低,脱氢性能增强。

从大量过渡金属催化剂改善 MgH_2 储氢性能的研究中不难看出,过渡金属原子对 Mg 吸放氢的影响与元素的电负性有一定关系。电负性较高的过渡金属单原子如 V,Cr,Fe,Mn,Co,Nb,Cu 和 Zn 等可显著提升 Mg 的动力学性能,而电负性低于 1.6 的过渡金属单原子如 Sc,La,Ce 和 Ti 等由于元素较为活泼,易发生氧化和团聚现象,不能有效提升 Mg 吸放氢的动力学性能。因此,在选择合适的过渡金属催化剂时,除了要考虑到吸放氢过程的活化能、焓变甚至是元素价格外,元素电负性也应该成为考量因素之一。

（2）金属氧化物催化剂

金属氧化物在氢化过程中可原位获得金属基活性位点,从而催化 Mg 吸放氢反应,因此也可以用作改善 MgH_2 储氢性能的催化剂。

金属氧化物种类众多,其中 Nb 氧化物是最有效的 MgH_2 催化剂之一。Nb_2O_5 可充当分散剂,细化 MgH_2 颗粒;铌元素和氢元素相互作用能高,可以提高氢气的吸附性能;Nb_2O_5 可以增强氢气分子在 Mg/MgH_2 表面的分裂和氢原子向 Mg/MgH_2 晶格中的传输。

（3）其他金属化合物催化剂

除了过渡金属和金属氧化物外,金属和卤族元素形成的金属氟化物、硫化物等及碳氮化物（MXenes）也可用作催化剂以改善镁基储氢材料的动力学,其催化性能受到研究者们的广泛研究。

金属氟化物仅具有催化作用,不会改变形成焓,但会显著增加吸收/解吸动力学性能。这种效应可能是因为氟阴离子的存在削弱了 Mg—H 键,导致了 MgF_2 的形成并提供了一个富电子中心来捕获过渡金属原子。此外,氟阴离子还可以调整过渡金属原子的电子结构,以影响其解离/复吸的活性。MXenes 是其他金属化合物储氢材料中一种新兴的储氢体系。二维 MXenes 的部分金属性质可以为材料提供一个很好的吸附分子氢的机会。

（4）非金属添加剂

在非金属添加剂中,碳基材料是最常用的材料,并且碳基材料本身在 MgH_2/Mg 中可以起到防止颗粒团聚的作用。目前碳质添加剂多作为载体来负载 MgH_2 或其他催化物质,复合催化剂结合了两者的优点,对 MgH_2/Mg 体系的储氢性能有显著提升。

（5）复合轻金属配位氢化物

由于轻金属配位氢化物均由轻质元素组成,其理论储氢容量要比其他传统的固体储氢合金高很多,因此将轻金属配位氢化物与 MgH_2 构建复合材料可以显著增加体系的储氢容量。MgH_2–$LiBH_4$ 复合体系是活性氢化复合物反应氢化体系的代表,通过协同作用改善了放氢动力学性能,而储氢容量不会大量衰减。该复合体系在放氢的同时会生成 LiH 和 MgB_2,而 MgB_2 正是体系可逆储氢的关键物质。

遗憾的是,即使复合轻金属配位氢化物在一定程度上改善了热力学性能,但动力学性能仍然不能够应用于实际,因此在这种情况下掺杂金属添加剂或纳米化来进一步改善动力学过程是有必要的。

7.4.2　钛基储氢材料合成方法及改进手段

钛及其合金是一种很有潜力的储氢材料,但缺点之一是容易生成一层致密的 TiO_2 膜,因而需要较高的活化温度和气体压强。此外,钛基合金还容易受到水和氧气等杂质毒化,且在吸放氢过程中存在严重的滞后现象。因此,需要改善合金的活化性能,扩大其适用范围,使之具备更好的实用价值。

Ti–Fe 合金质量储氢密度为 1.8%,是一种性能优良、成本低廉的储氢材料。其活化困难、抗毒化能力差等缺点可以采用 Mn,Co,La 等元素部分取代加以改善。除了 Ti–Fe 合金,其他钛基合金材料均是 AB_2 型拉弗斯相。Ti–V 合金是钛基储氢材料的潜在备选。需要注意的是,V 的价格是 Ti 的 8 倍,选择合适的钛基合金储氢材料还需要多方面考虑。

7.4.3　稀土系储氢材料合成方法及改进手段

稀土储氢合金的动力学性能和稳定性好且储氢容量较高。在镍氢电池上的应用取得巨大成功后,稀土成为固定式氢燃料储氢载体重要选择方案之一,极具发展前景和应用潜力。

AB_5 型的 $LaNi_5$ 是稀土基储氢合金的代表,也是应用前景最好的一类。$LaNi_5$ 作为储氢材料的优点有容易活化、吸放氢速率快、滞后小、平衡压适中、抗毒化能力强;其缺点是稳定性不足、多次循环后容易退化、粉化现象严重、价格昂贵导致经济性较差。

为了对 $LaNi_5$ 的储氢性能进行改善,达到特定应用所需的吸附和解吸条件,通常使用部分元素取代的方法,使用第三组分元素如 Fe,Al,Cu,Mn,Co 等部分取代 Ni,可以降低氢平衡压力。

7.4.4 配位氢化物储氢材料合成方法

配位氢化物储氢材料的质量储氢密度和体积储氢密度在现有固态储氢材料中是最高的,其合成和改进手段主要包含以下几个方面。

1. 铝氢化物

（1）$NaAlH_4$ 储氢体系

$NaAlH_4$ 是迄今为止金属铝氢化物中研究最为充分的材料,也是仅有的可商业化生产的几种金属铝氢化物之一。多步反应是配位氢化物吸放氢反应的显著特点,且每一步反应条件不同,这为配位氢化物的合成增加了难度。据此需要对 $NaAlH_4$ 储氢体系吸放氢性能进行改善才能发挥出它巨大的应用潜力,添加催化剂有一定的改善作用,但遗憾的是目前具体的催化机理尚不清楚,仍需进一步研究。Ti 基类催化剂在众多添加剂中表现出最好的催化效果,在提高 $NaAlH_4$ 的吸放氢动力学性能与热力学性能的同时,还可以改善其可逆循环性能。

（2）$LiAlH_4$ 储氢体系

$LiAlH_4$ 体系是配位铝氢化物另一个重要材料,其理论质量储氢密度高达 10.5%。$LiAlH_4$ 的放氢反应可以分为三步,其第一步反应是在低于 $LiAlH_4$ 熔点的情况下进行的,故该步反应为放热反应,因而阻碍了反应产物加氢过程,且第三步反应温度较高。这些因素极大限制了 $LiAlH_4$ 体系的实际应用。

催化剂掺杂是改性 $LiAlH_4$ 较为常用的方法,多价态过渡金属催化剂如 Ni,Ti,Co,Fe,Mn,V 和 Nb 是研究最多的。此外,金属复合氧化物也被用作催化添加剂来改善 $LiAlH_4$ 储氢性能。目前对 $LiAlH_4$ 进行改性的方式多是掺杂催化添加剂,催化添加剂的引入较为有效地降低了体系的放氢温度,且同时改善了放氢动力学性能,但其具体作用机制尚待进一步查明。较差的可逆性是制约 $LiAlH_4$ 体系实际应用的最大障碍,目前的研究极少有报道 $LiAlH_4$ 体系的可逆吸放氢行为,且已有的报道中氢气容量较低,完全达不到实际应用的标准,所以对于可逆吸放氢的探索是今后研究的重中之重。

（3）其他储氢体系

在铝氢化物体系中,还有一些研究较少的材料如 $KAlH_4$ 和 $Mg(AlH_4)_2$。相比于其他配位铝氢化物,$KAlH_4$ 较低的理论储氢容量不占据任何优势,但是能够在无任何催化剂的情况下进行可逆吸放氢,因此研究如何在较低反应温度下实现无催化剂可逆储氢应是 $KAlH_4$ 用作储氢材料未来发展的重点。而 $Mg(AlH_4)_2$ 虽然理论质量储氢密度较高,能够达到 9.3%,但目前大量研究都证实其可能不适合作为可逆储氢介质,因此想要将 $Mg(AlH_4)$ 应用于实际还需要更加深入的研究工作,开发新的合成技术,探索新的手段来实现可逆储氢。

2. 硼氢化物

(1) $LiBH_4$ 储氢体系

配位硼氢化物理论质量储氢密度普遍较高,$LiBH_4$ 更是高达 18.5%。理论上 $LiBH_4$ 受热分解放氢并伴随 LiH 和 B 的生成,分解产物 LiH 的放氢温度过高,一般不作储氢考虑。在金属配位硼氢化物中,H 原子主要以共价键的方式与 B 结合,所形成的配位体进而与金属阳离子以离子键形式结合。由于组成元素原子间的强键合作用及高取向性,金属硼氢化物吸放氢反应通常面临着严重的热力学和动力学问题。从已有研究来看,纯 $LiBH_4$ 吸放氢温度较高,放氢速率缓慢,可逆性较差,难以满足工业生产中的应用要求。过渡金属催化剂可有效降低金属硼氢化物的活化能垒,显著改善体系的动力学性能和可逆储氢能力。就储氢的化学机理而言,通过纳米化来调控材料颗粒尺寸和结构亦是一种有效改善硼氢化物储氢性能的方法。

(2) $NaBH_4$ 储氢体系

$NaBH_4$ 热分解温度超过 500 ℃,正因为其热分解温度过高,热分解析氢效率偏低且反应条件苛刻,目前对于其热分解反应的研究较少,研究多集中在它的水解析氢,但其水解反应副产物偏硼酸钠水合物不溶于水并伴随有热量的释放,抑制了析氢反应的继续进行,进而降低了 $NaBH_4$ 的放氢量。因此,通过催化剂促进 $NaBH_4$ 的水解析氢反应是一个常用的改进策略。需要注意的是,$NaBH_4$ 水解析氢反应是不可逆的,且 $NaBH_4$ 再生成本高,这些限制了其大规模应用。

(3) 其他储氢体系

在其他配位硼氢化物中,有关 $Mg(BH_4)_2$ 的研究较少,但其也是一类极具发展前景的配位硼氢化物。$Mg(BH_4)_2$ 理论质量储氢密度可达 14.8%,镁电负性比锂高,因而镁配位氢化物稳定性低于锂配位氢化物,故 $Mg(BH_4)_2$ 热分解温度低于 $LiBH_4$,但是 $Mg(BH_4)_2$ 分解析氢和 $LiBH_4$ 一样是一个十分复杂的过程,涉及多种未知中间产物。目前多构建配位氢化物之间的不稳定复合体系来改善 $Mg(BH_4)_2$ 的吸氢热力学及可逆储氢性能。

7.4.5 碱金属氨基化物

在碱金属氨基化物储氢体系中,$LiNH_2$ 是一种很好的储氢材料。$NaNH_2$–$NaBH_4$ 也是一类研究较多的氨基化物复合体系。有研究表明,在储氢性能和应用前景方面,$NaNH_2$–$NaBH_4$ 复合体系比 $LiNH_2$–$LiBH_4$ 更具有优势。该体系可以在适当温度范围内析出大部分的氢气,且不会伴生大量副产物氨气,热稳定性也低于配位硼氢化物。

7.4.6 其他典型金属基储氢材料合成方法

1. 水合物储氢材料

气体水合物是主体分子水与客体分子,如甲烷、二氧化碳等在高压、低温环境下自发形成的一种笼型晶体化合物。不同于上述固态储氢材料,水合物储氢材料通过水分子间氢键作用而形成的不同三维笼型结构"捕获"氢气分子,并通过分子间作用力使笼内结构更加稳定。水合物固态储氢原料是水,充气和放气过程环境友好可逆,成本低,且一般情况下 1 m^3 水合物可容纳 $160\sim170 \text{ m}^3$ 标准状态气体。这些特性使得水合物在气体储运方面相较传统气体储运技术有着明显的优势,也因此被视为一个具有巨大应用潜力的储氢方向,图 7-7 展示了近几年水合物储氢技术的发展。对于纯水体系,氢气水合物的相平衡条件极为苛刻,这极大影响了水合物储氢的商业应用与发展,据此水合物形成促进剂进入了研究者的视野。当体系中加入水合物形成促进剂后,形成氢气水合物的相平衡条件会发生显著变化。

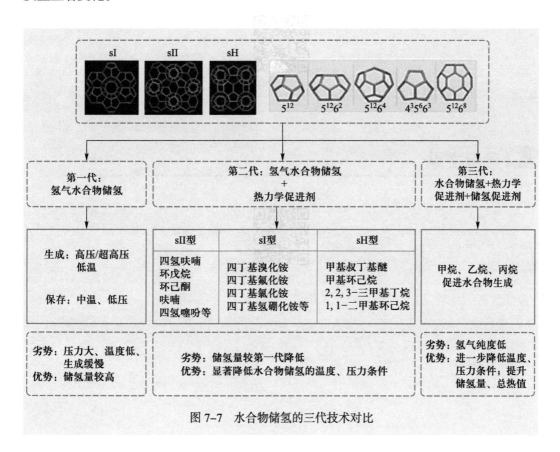

图 7-7　水合物储氢的三代技术对比

2. 其他类型氢气水合物

半笼型水合物也是一类研究较多的以季铵盐为代表的用于储氢的水合物，四丁基溴／氟化铵（TBAB/TBAF）作为典型的半笼型水合物受到了许多研究。半笼型水合物在接近环境压力和温度条件下就能捕获气体分子，这种独特的储气效果使得其备受关注。但是较低的储氢密度限制了其工业化的应用，目前仍需要进一步有针对性地研究，才能实现完全可行的储氢。

思考题

7–1   我国为什么大力发展氢能产业？

7–2   目前氢能发展遇到的瓶颈问题有哪些？

7–3   未来，储氢材料的工业化发展需要首先关注哪几个方面？

思考题参考答案

参考文献

第八章
生物能源材料

8.1　生物燃料概述

1. 生物燃料的意义

全球人口空前增长,加上城市化进程加快,导致对各种形式能源的需求增加,环境污染加剧。对能源供需的分析表明,2019 年全球 84% 的一次能源需求来自化石燃料,主要供应来源包括石油(33.1%)、煤炭(27%)、天然气(24.2%)、水电(6.4%)、可再生能源(5%)和核能(4.3%)。自 2010 年以来,全球经济产出每增加 1%,能源生产产生的碳排放量就增加 0.5%(《2020 年世界能源统计回顾》)。全球燃料储备的减少、燃料价格的上涨及化石燃料对环境的影响,促使人们探索可持续、可负担、可再生和环保的能源。在这种情况下,开发和利用生物燃料作为替代能源就显得尤为重要。

生物燃料主要是从各种生物资源中通过物理、化学、生物或组合方法提取的液体或气体燃料。生物燃料的生产和消费日益受到重视,因为它们能够替代化石燃料,满足全球能源需求,同时减少燃料对全球变暖的影响。除了具有可持续性、可减轻环境污染和减少温室气体排放之外,生物燃料还具有其他一些优势,例如可再生性、未来供应的安全性和经济性,因此生物燃料比化石燃料更为可取。

2. 生物燃料的分类

生物质可转化为各种生物燃料,包括生物柴油、生物甲醇、生物乙醇等液体燃料,以及甲烷和氢气等气体燃料。生物燃料与石油燃料的主要区别在于含氧量。与石油燃料相比,生物燃料的含氧量为 10%~45%,而石油燃料基本上不含氧,因此生物燃料的化学性质不同于石油燃料。根据生物质的化学性质和复杂程度,生物燃料可分为第一代、第二代和第三代生物燃料。

第一代生物燃料是以食物为原料生产的,主要利用农作物如玉米、甘蔗、小麦和油料种子(油菜籽、大豆、棕榈等)等生产生物柴油和生物乙醇。由于利用粮食作物生产燃料,第一代生物燃料会直接影响到粮食价格。第二代生物燃料主要利用不可食用的木质纤维素类材料作为能源生产的基质来生产生物乙醇和生物柴油。这些基质主要包括农业副产物(如甘蔗渣和纤维素作物废料),以及非作物植物(如多年生禾本科植物)。由于部分第二代生物燃料的生产会占用土地,也会造成粮食生产和生物燃料生产之间的竞争。第三代生物燃料的开发解决了粮食与生物燃料生产在土地使用和农业资源分配等方面的竞争问题。这一代生物燃料使用藻类生物质和蓝细菌(也称蓝藻)等光合微生物来生产生物乙醇、沼气和生物柴油。并且,近些年还出现了利用转基因的微藻类生产生物燃料(有时也被归为第四代生物燃料)。由于这些光合微生物生长速度快、脂质含量高、不需要土地、易于在人造、可控和营养丰富的环境(如开放式池塘或封闭式光生物反应器)下培养、易于收获,光合微生物或许可以成为一种可行和可持续的替代品来满足当前和未来的燃料需求。

目前第一代原料仍是生物燃料的主要来源,鉴于全球饥饿和森林砍伐问题,开发其替代品至关重要。因此,木质纤维素类材料和微藻被认为是目前实现可持续发展目标的最佳选择。

3. 生物燃料的应用范围

交通运输、建筑、工业和农业是对燃料需求最大的部门。在全球消耗的所有燃料中,交通运输业所占的份额最大,达到70%,而这些燃料目前主要来自化石燃料。在过去几十年里,尽管面临环境、社会和经济方面的挑战,全球交通运输业对燃料的需求仍在不断增长,预计未来还将进一步增长。因此必须考虑使用更清洁、更可持续的生物燃料取代化石燃料,以应对不断增长的能源需求和持续出现的相关挑战。除了用于交通运输外,生物燃料还可以作为发电、供热、烹饪及航空业的燃料。全世界的研究者们都在想办法提高生物质利用和生物燃料生产的效率。

生物柴油可被生物降解,此外,生物柴油的燃烧效率、十六烷值和闪点都很高,硫含量和芳烃含量也很低,因此被广泛用作运输燃料。生物柴油既可以作为纯品使用,也可以与汽油混合使用。

除生物柴油外,生物航空燃料是另一种生物燃料。生物航空燃料又称绿色柴油或生物喷气式飞机燃料,是一种从生物质中提取的合成蜡油。它可与源自石油的喷气式飞机燃料结合使用,帮助航空业减轻环境污染。生物柴油和生物航空燃料都是运输业中传统燃料的潜在替代品,可为车辆、电动发动机和飞机提供动力。

其他生物燃料,如生物乙醇、生物甲醇和生物丁醇等生物醇类,以及通过生化处理产生的生物甲烷和生物氢等生物气体,也是很有前途的绿色清洁燃料。

4. 生产生物燃料的物理、化学和生化过程概述

虽然第一代至第三代生物燃料使用的原料不同,但其加工过程的原理相似。首先是

预处理过程。因原料的结构特性不同,预处理方法各异,其目的是减小颗粒并去除部分难以降解的成分。之后是转化过程,具体方法主要取决于原料的化学成分。原料中的油脂可通过酯交换转化为生物柴油,而糖、淀粉和蛋白质则可以通过发酵和气化生产生物燃料和生物气。

　　油籽、植物油、动物脂肪和废弃食用油中的脂肪酸和 / 或甘油酯可以通过酯交换反应合成 C14~C20 的脂肪酸甲酯(fatty acid methyl esters,FAMEs),也就是生物柴油。加速酯交换反应生产生物柴油的方法包括使用强硫酸、强碱、固体酸 / 碱或合适的酶(脂肪酶)。碱催化转化效率高,因此目前的工业生产方法主要使用碱催化,但是这种方法产生的碱性废水会造成环境污染。相比之下,使用酶催化的方法条件温和,污染少。

酯交换
反应

　　淀粉和木质纤维素类生物质中的糖分可通过浓酸或酶的水解作用释放出来,这一过程被称为糖化。利用酸回收糖化的操作成本高,并且酸水解常常会腐蚀设备,所以酶水解是糖化的首选方法。目前实现高效糖化的主要技术障碍在于,不同类型的木质纤维素类生物质中有各种难分解结构,需要将不同的酶混合起来发挥特定的协同作用。例如,诺维信公司(Novozymes)针对特定原料开发了一种定制混合酶技术,以在水解转化过程中实现最佳性能。糖化后释放出的糖类可以通过酵母、细菌或其他真菌发酵生产出生物乙醇。目前的研究进展主要集中在如何同时进行糖化和发酵,以提高生产效率,防止底物抑制。最后,经过分离和提纯获得的生物乙醇可单独用作燃料或与汽油混合使用。

　　另一种方式是将生物质转化为混合化合物。在这种情况下,不同的成分不需要通过水解或萃取分离。例如,合成气发酵可以从生物质中生成 H_2 和 CO 或 CO_2,然后通过甲烷化、厌氧发酵或费托合成反应生产生物甲烷、生物乙醇或生物柴油。LanzaTech 公司就曾尝试利用果园木材和果壳生产的合成气来合成乙醇。另外,将煤与生物质共气化也可实现较高的热力学效率和相对较低的二氧化碳排放。

　　在转化阶段,目前应用最广泛的转化方法是厌氧消化(anaerobic digestion,AD)。厌氧消化通过使用一组不同的微生物对所有的有机化合物进行新陈代谢,产生气体混合物,即沼气(主要由甲烷和二氧化碳组成)。这种方法可利用各种原料基质,如污水、污泥和城市固体废物等,来产生能源。而且,对于含水量高的基质,厌氧消化尤为合适。由于这种方法的反应过程缓慢(数天至数周),研究者们提出了许多创新方法来提高沼气生产率,不同生物质转化技术的优缺点如表 8-1 所示。

5. 参与生物燃料生产过程的微生物

　　微生物在生化转化过程中发挥着重要作用,它们是部分木质纤维素类材料的来源,是酶的生产者或代谢工厂。如前所述,第三代生物燃料来自藻类和蓝细菌等光合微生物。其中,已知已确定的微藻类约有 4 万种。许多微藻可以在自身生物质总含量中积累

表 8-1 不同生物质转化技术的优缺点

技术	转化条件	主要产物	优点	缺点
水解和发酵	30~50 ℃；pH 4.5~6.0	糖，CO_2，生物乙醇	可大规模应用	复杂性；成本高（尤其是木质纤维素类生物质）
气化	350~1800 ℃	气体（CO，CO_2、H_2、CH_4）	结构紧凑；成本低；效率高（40%~50%）	实验室或中试规模；氮氧化物、CO_2 和灰分；复杂（尤其木质纤维素类生物质）
厌氧消化	35~55 ℃；厌氧	气体（CO_2，CH_4）	经商业验证；适用于含水量高的有机废物	恶臭；反应器内基质含量低；反应过程长

20%~80% 的脂质，其中混合营养型微藻产生的脂质含量比异养型微藻高出 69%。表 8-2 列出了一些经过深入研究的微藻物种，包括常见的小球藻属（*Chlorella* sp.）

表 8-2 用于脂质生产的微藻种类

种或属	油含量 /%	脂质生产率 /($mg \cdot L^{-1} \cdot d^{-1}$)
纤维藻属 *Ankistrodesmus*	28~40	459
布朗葡萄藻 *Botryococcus braunii*	34~75	—
原球藻 *Chlorella protothecoides*	40~55	1209~3701
索罗金小球藻 *Chlorella sorokiniana*	22~24	420~550
小球藻 *Chlorella vulgaris*	35~50	200~1100
杜氏藻 *Dunaliella tertiolecta*	33	
微拟球藻属 *Nannochloropsis*	35~47	290~321
栅藻属 *Scenedesmus*	34	820

微藻类的脂质产量对光照强度、温度和碳源等培养条件很敏感。例如，在高温条件下，球等鞭金藻（*Isochrysis galbana*）和斜生栅藻（*Scenedesmus obliquus*）的脂质含量会增加，而普通小球藻的情况则相反。因此，对特定菌株进行评估并了解其最佳生长条件对收获更高含量的脂质至关重要。近些年出现的转基因微藻对废水等低营养环境的适应性有所提高，同时脂质生产率和碳固定能力也有所增强。

微生物是淀粉植物和木质纤维素类生物质水解过程中的酶的生产者。淀粉酶、葡糖淀粉酶和纤维素酶混合物是将淀粉和纤维素转化为可发酵糖的重要催化剂。曲霉属、里氏木霉和细菌（包括地衣芽孢杆菌）常被用作生产工业酶的宿主菌株。

6. 生物燃料的研发和进步

为了在满足全球燃料需求的同时,减少温室气体排放,生物燃料技术的研发和进步需要关注以下几点。

（1）优化当前的生物燃料生产技术,以提高木质纤维素类生物质转化的生产力和效率;

（2）原料多样化,以确保生物燃料生产在现有的生态和经济条件下的可行性(例如,通过光合作用和电化学手段进行碳固定,以及将生物废物转化为增值产品);

（3）探寻既能提高燃料经济性和性能,又能减少碳排放的更理想的分子。

生物燃料的研发不仅要努力克服技术障碍,还要综合考虑社会、经济和环境因素,为生物燃料工业提供长期、经济、可靠的生产系统。

8.2　木质纤维素类材料生产生物燃料

为了弥补第一代生物燃料的不足,第二代生物燃料从非食用的植物木质纤维素类残余物(如农业废弃物和木材废料)中提取,这些残余物中的聚合糖可高达70%,而且木质纤维素类物质是地球上最丰富的生物质形式。这些生物燃料很有吸引力,因为它们的净碳足迹(排放的碳减去消耗的碳)可以是中和的,甚至是负的。与第一代生物燃料相比,由木质纤维素类生物质生产生物燃料在能源上是可持续的,并且更有助于减少温室气体排放。而且与农作物相比,用农林残留物或木屑生产生物燃料更具经济优势。但是,木质纤维素类物质的结构难以分解,阻碍了酶的消化,导致生物燃料产量相对较低。

想利用木质纤维素类材料生产生物燃料,需要先通过热处理、化学处理和/或生化预处理等方式提取出可发酵的糖类,这会耗费大量能源和资金。而其他方面,例如原材料供应不稳定,在生产过程中需要使用陆地水,也是第二代生物燃料需要解决的问题。因此研究者们努力开发第二代生物燃料的转化技术,以提高其整体效率。目前,木质纤维素类生物燃料的生产在技术上已取得了许多进展,实现了清洁和经济可行的工艺,比如木质纤维素的高效降解,以及同时生产高价值产品等。

8.2.1　木质纤维素类材料的化学组成与结构

在化学方面,木质纤维素类材料由纤维素、半纤维素和木质素组成。这些化学物质是由单糖(葡萄糖、果糖和半乳糖)聚合生成的,而这些单糖则由叶的光合作用产生。纤维素的化学结构相对简单,是通过葡萄糖苷键连接β-D-葡萄糖单元组成的。而半纤维素其实是一个统称,因为它包括了许多不同的分子,在许多参考文献中都使用半纤维素这个名称作为这类分子的代表。半纤维素主要是支链碳氢化合物,主要单元成分是戊糖和己糖(例如 L- 阿拉伯糖、D- 木糖、D- 葡萄糖、D- 甘露糖和 D- 半乳糖)。木质素由不溶于大多数溶剂的芳香分子组成,是木材中最稳定的成分,很难分解成单体单元。软木木质素主要由交联的愈创木基丙烷单元组成,而硬木中也含有丁香基丙烷(占 25%~50% 的质量)及一小部分干氧基苯基丙烷。除了上述三种主要成分外,木质纤维素类材料还含有树脂和矿物元素等,其主要成分包括脂肪酸、脂肪酸酯、树脂酸、酚类和不皂化物。这些物质占木质纤维素类材料质量的比例从 1% 到 20% 不等,取决于植物种类和生长的位置。

通常,软木的纤维素含量为 $(42 \pm 2)\%$,半纤维素含量为 $(27 \pm 2)\%$,木质素含量为 $(28 \pm 3)\%$,其他提取物含量为 $(3 \pm 2)\%$,而硬木的相应化学成分含量分别为 $(44 \pm 2)\%$、$(28 \pm 5)\%$、$(24 \pm 4)\%$ 和 $(4 \pm 3)\%$。木质纤维素类材料中的每种成分都会以不同的方式影响生物质的热化学转化。

1. 纤维素的结构与性质

纤维素是一种坚韧、纤维状、不溶于水的物质,存在于植物的细胞壁中,尤其是茎秆、树干和植物体的所有木质部分。纤维素占木材质量的大部分,例如棉花几乎就是纯纤维素。它能够给植物细胞壁提供强度和刚度,防止细胞膨胀和质膜破裂(当渗透条件有利于水分进入细胞时,可能会导致细胞膨胀和质膜破裂)。全世界每年植物合成的纤维素超过 10^{11} 吨,因此纤维素这种简单的聚合物是生物圈中最丰富的化合物之一。

与直链淀粉一样,纤维素分子也是由 10000~15000 个葡萄糖单位组成的线型、无支链的同聚多糖,其化学结构如图 8-1 所示。但是纤维素中的葡萄糖残基呈 β 构型,而淀粉中

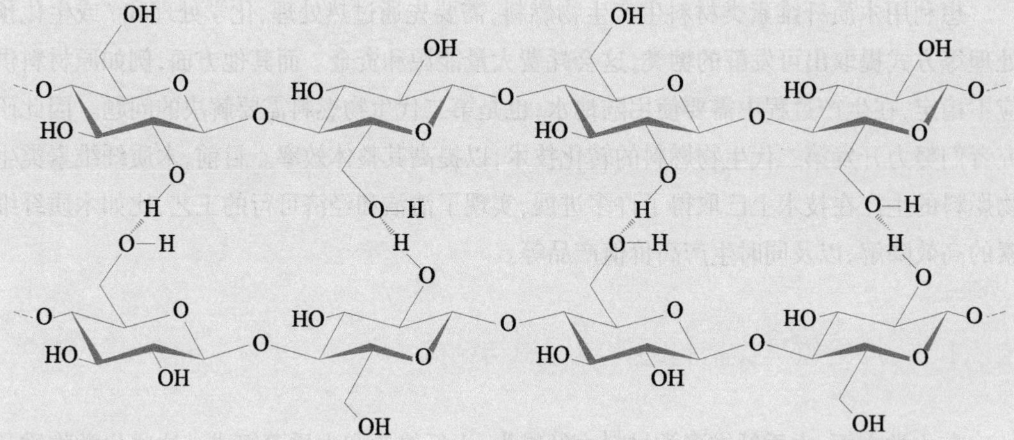

图 8-1 纤维素的化学结构

的葡萄糖呈 α 构型。纤维素中的葡萄糖残基通过(β1→4)糖苷键连接,而直链淀粉中的葡萄糖残基则通过(α1→4)糖苷键连接。这种差异导致纤维素和直链淀粉的单个分子在空间中的折叠方式不同,从而使它们具有截然不同的宏观结构和物理特性。

2. 半纤维素的结构与性质

　　纤维素只含有葡萄糖单位,而半纤维素的组成则会因生物质类型的不同而大相径庭(图 8-2)。一般来说,半纤维素部分主要由木聚糖(硬木和草)或甘露聚糖(软木)组成,这两种物质都需要各自的酶类(例如木聚糖酶、β- 木糖苷酶、甘露聚糖酶和 β- 甘露糖苷酶)来水解 β-1,4 糖苷键。另外,半纤维素上会出现阿拉伯糖、葡萄糖、半乳糖或乙酰基等大量取代侧链。由于这些侧链会影响水解效率,因此应使用辅助酶来去掉侧链并促进半纤维素骨架的水解。虽然半纤维素的降解需要多种酶,但由于其结构更容易被分解,因此通常比纤维素更容易降解。

纤维素与
直链淀粉
的结构

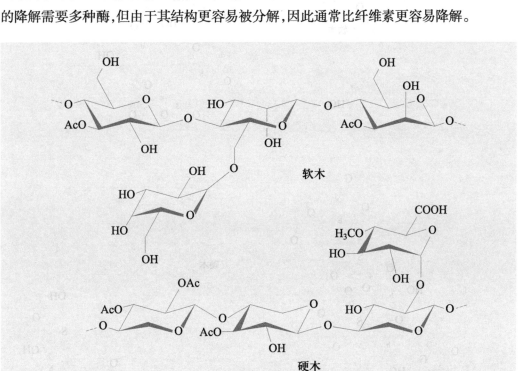

图 8-2　半纤维素的化学结构

3. 木质素的结构与性质

　　在各种替代性可再生资源中,木质素是地球上最丰富的芳香族生物聚合物,占木质纤维素类生物质质量的 15%~30% 和热值的 40%。因此,在生产含有环烷烃和芳烃的高级生物燃料前体时,木质素是一种优于其他生物衍生成分(即纤维素和半纤维素)的前体。从化学角度看,木质素是含氧苯丙醇 C9 亚基(即对香豆酰基 p-coumaryl、对松柏醇基 p-coniferyl、和芥子醇 sinapyl alcohols）的聚合物，通过芳香基 – 芳香基和芳香基 –O–
芳香基随机连接（图 8-3）。

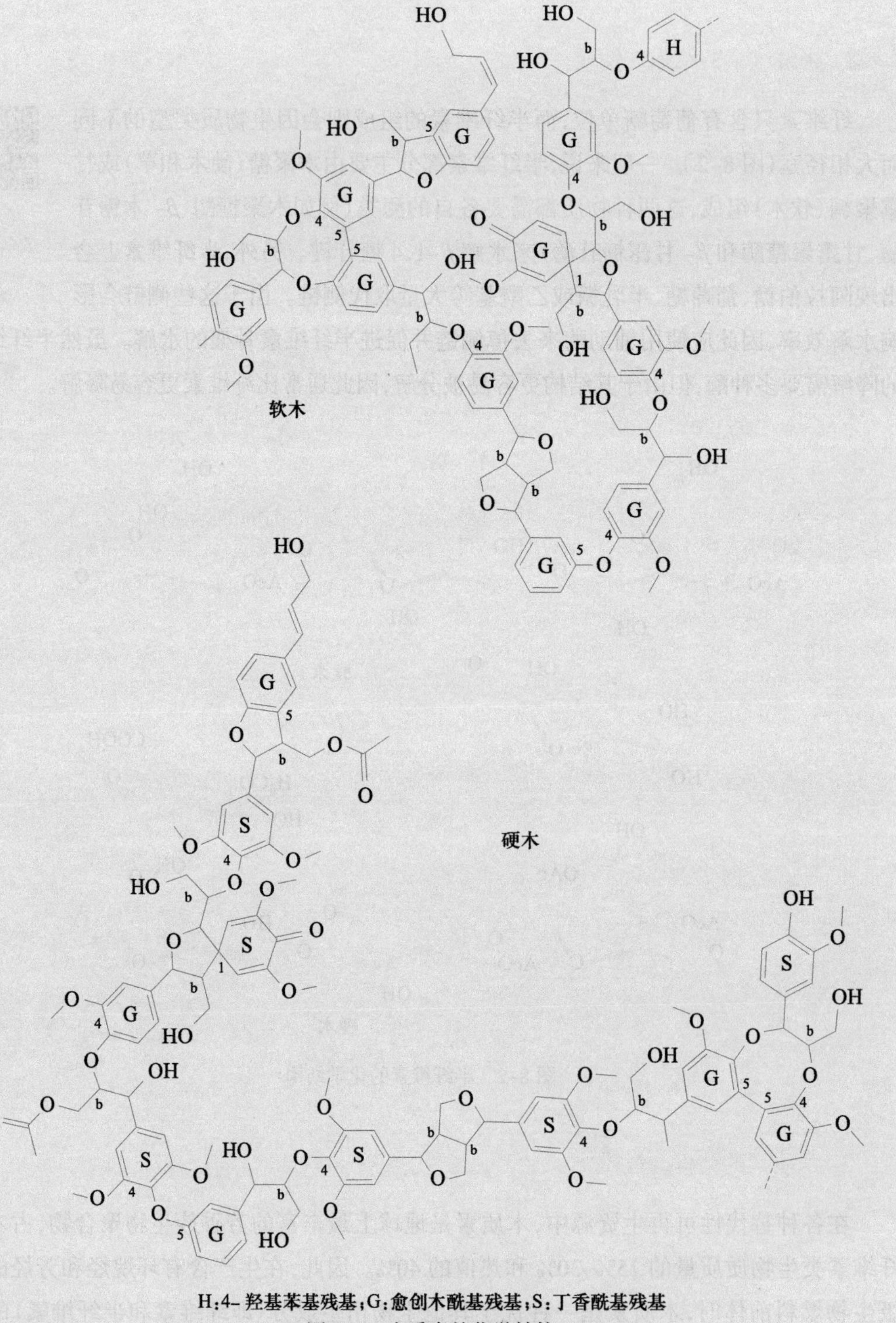

H：4– 羟基苯基残基；G：愈创木酰基残基；S：丁香酰基残基

图 8-3　木质素的化学结构

8.2.2 生物质预处理

木质纤维素类生物质的低堆积密度、高氧含量和高碱金属含量是生物质热解的关键挑战。不同类型的生物质,即使是从植物不同部位收集的相同类型的生物质,也呈现出不同的形态结构和理化特征。这种生物质原料的不规则性和差异性会对生物质转化效率产生不利影响。生物质预处理可以通过去除或改变生物质中不需要的官能团和结构来提高其品质,有利于生物质转化并优化后续热解产物的形成。目前有许多生物质预处理技术正在开发中,可分为四类:物理预处理(包括研磨和致密化)、化学预处理(包括酸碱预处理、水热预处理、蒸汽爆炸和氨纤维膨胀)、热预处理(包括干燥和烘焙)和生物预处理。所有预处理方法都会极大地影响后续生物质热解的过程。

1. 物理预处理

(1)研磨

研磨的目的是减小生物质原料的粒径,降低木质纤维素的聚合度和结晶度。粒径的减小极大地影响后续生物质热解的过程。Shen 等发现,随着平均生物质粒径从 0.3 mm 增加到约 1.5 mm,生物油产量下降。他们提出,随着粒径的增加,生物质的实际加热速率降低,导致木质素衍生的低聚物的产量降低,这是生物油产量降低的主要原因。此外,研磨过程中生物质细胞结构的部分破坏有利于生物油的生产。Asadullah 等指出,与慢热速率热解($0.17\ ℃\cdot s^{-1}$)相比,高热速率热解($>1000\ ℃\cdot s^{-1}$)过程中粒径对碳结构的影响更大。然而,生物质很难研磨,因为它是纤维状的。在生物质转化过程中,研磨工艺占总运营成本的很大一部分,可以通过在研磨前进行烘焙来降低这部分成本。

(2)致密化

生物质致密化(也称为造粒化)是一种施加机械力将生物质残渣或废物(锯末、刨花、碎屑或板坯)压实成大小均匀的固体颗粒(如颗粒物、煤球和原木)的过程。致密化改变了生物质的性质,包括含水量、单位堆积密度、耐久性指数、硬度和能量含量。一般来说,致密化后的生物质具有较低的含水率、较高的密度和硬度及较高的能量含量,从而便于储存和处理,降低了运输成本,促进了生物质转化的经济加工。致密化后生物质性质的改变会影响后续的热解行为和产物分布。生物质的颗粒大小和堆积密度会影响热解过程中的传热效率。Rezaei 等发现,高密度的木屑颗粒导致颗粒中挥发物的释放率降低,颗粒内部的热扩散率降低。Zeng 等研究了山毛榉木屑颗粒的太阳能热解作用,发现造粒化增加了焦油的停留时间,促进了二次裂解生成气态产物。

2. 化学预处理

（1）酸碱预处理

生物质含有少量矿物质,通常以碳酸盐、硫酸盐、磷酸盐和氯化物的形式存在。这些矿物质会显著影响热解过程,并可能对热解产物产生不可预测的影响。此外,生物质热解后生物炭中保留的钾和钠会降低灰分的熔化温度,并导致炭燃烧器出现问题。另外,生物油中的可溶性无机物可能会增加其腐蚀性和潜在的污染,并导致不利的黏度效应、老化率和过滤器堵塞。酸预处理通常使用稀盐酸或硫酸,是从生物质中去除矿物质的常用方法。酸预处理后,生物质的孔隙体积和比表面积增加,平均孔径和能量密度升高。矿物质的去除也提高了生物油的产量。Brown 等报道,酸预处理后生物油产率从 19% 提高到了 27%。

同时,酸处理溶解了大部分半纤维素,大大降低了生物油中羟基酸、醛和酮的含量。Gray 等对木材进行酸处理后快速热解,发现低分子量化合物,特别是乙酸和甲酸的产量显著降低。Brown 等用硝酸和硫酸预处理玉米秸秆,发现热解后甲酸和乙酸的产率降低了 80% 以上,而乙醇醛（hydroxyacetaldehyde, HAA）的产率降低了 50%。然而,简单的后续洗涤不能完全去除酸预处理后生物质孔隙结构中残留的酸。这些保留在生物质中的酸参与了后续生物质的热解,并在热解中也起了催化作用。在酸性离子的催化作用下,纤维素主要转化为无水糖,这是羧酸和酮产物还原的原因之一。

碱预处理使用碱性溶液,如 NaOH, Ca(OH)$_2$ 和氨水,来部分去除木质素和半纤维素。它是在时间相对较长的低温下进行的,并且碱浓度较高。然而,在碱预处理过程中,一些碱转化为不可回收的盐或作为盐掺入生物质中,因此灰分含量会显著增加。Wang 等发现,未经处理的松木的灰分含量为 0.39%,而经过 0.5%NaOH 预处理过的原料,灰分含量增加到 2.49%,这一变化导致生物油产量降低,炭产量增加。残留的碱催化了脱水反应,导致生物油中的含水量增加了近两倍。在碱预处理过程中,去除一些酸性基团,如半纤维素上的乙酰基和糖醛酸基团,会导致生物油的 pH 更高。由于碱预处理去除了一些半纤维素和木质素,半纤维素中的糠醛和 5- 羟甲基糠醛（5-hydroxymethylfurfural, HMF）的浓度及木质素中酚类化合物的浓度有所降低。

（2）水热预处理

水热预处理通常在 180~260 ℃ 的温度下进行,表压高达 4.69 MPa。它也被称为湿法焙烧或水热碳化,因为它通常用于获得稳定性、碳含量和能量含量更高的生物质原料。经过水热预处理后,生物质可以保留 80%~95% 的原始能量含量和 55%~90% 的原始质量。水热预处理形成的水性化学物质主要包括半纤维素脱水形成的乙酸、戊糖和己糖,以及戊糖（例如木糖）和己糖（例如葡萄糖）脱水产生的糠醛和 HMF,外加少量酚类成分。Liu 等发现,生物质初始原料的 FTIR 光谱和水热预处理过的生物质的 FTIR 光谱之间是有差异的,水热预处理之后 β- 糖苷键对应的峰值显著降低。由于纤维素的分解温度相对较高,可以推测只有一部分纤维素被降解,而几乎所有的半纤维素在水热预处理过程中都被分解掉了。热解产物的分布也有相应的变化。Stephanidis 等发现,与未经处理的生物质相比,预处理后的生物质 C/H 和 C/O 值变化不大,但灰分更少。水热预处理会产生大量的糖,主要是 1,6- 无水 -β-D- 吡喃葡萄糖(1,6-anhydro-β-D-glucopyranose,LG),同时减少生物油中的羧酸、酮和酚。Chang 等观察到,在水热预处理后,生物油中 LG 含量显著增加,但代价是酮和酸的含量降低。

（3）蒸汽爆炸

蒸汽爆炸预处理是在高温(180~240 ℃)和高压蒸汽条件下的瞬时泄压过程。通过此预处理可以提高生物质的品质。蒸汽爆炸预处理后,生物质结构被破坏,矿物质释放到可溶性液体中,因此预处理后生物质中的灰分和碱金属含量降低。此外,蒸汽爆炸预处理还提高了碳含量,降低了氧含量,从而提高了生物质原料的热值。不仅如此,蒸汽爆炸还提高了颗粒的密度、抗冲击性和耐磨性。Ding 等发现,蒸汽爆炸预处理后,样品的吸湿性显著降低,尺寸稳定性提高。蒸汽爆炸后,松树材料和桉树材料的平衡含水率分别降低了46% 和 61%。

蒸汽爆炸也改变了生物质的结构和后续的热解过程。在蒸汽爆炸过程中,木质素解聚成低分子量产物,并与其他降解产物缩合。它还部分降解了半纤维素并促进了其热解。Biswas 等发现,蒸汽爆炸引起半纤维素解聚,并将半纤维素分解区转移到低温范围。蒸汽爆炸后木质素的反应性增加,而条件不佳时,由于发生缩合和再聚合,木质素的反应性会降低。Xu 等观察到,蒸汽爆炸预处理羊毛纤维残渣有利于热解后炭的形成,并将结果归因于蒸汽爆炸过程中生物质中松散物质的去除。Wang 等研究了蒸汽爆炸后生物质成分分布的变化,发现所有半纤维素在预处理过程中都降解了,这导致半纤维素生物油中典型的热解产物如酸、糠醛和 HMF 等减少了,但同时所生产的生物油中 LG 和其他无水糖的浓度有所提高。

（4）氨纤维膨胀

氨纤维膨胀是一种预处理技术,是指在高压(约 2 MPa)和中等温度(60~120 ℃)下用无水氨处理生物质,然后快速减压。在氨纤维膨胀预处理过程中,半纤维素被降解为低聚糖并被脱乙酰化,而木质素与氨水反应,导致木质素解聚和木质素 – 碳水化合物键的裂解,纤维素也发生了脱结晶。Vijay 等研究了氨纤维膨胀预处理对玉米秸秆、草原绳索草和柳枝稷的结构和后续热解过程的影响。他们发现,与未经处理的原料相比,预处理后从这些原料中获得的生物炭表现出更大的体积和颗粒密度,并且没有观察到生物油的变化。目前氨纤维膨胀预处理对生物质热解影响的研究有限,需要进一步调查。

3. 热预处理

（1）干燥

从各种源头收集的生物质几乎都含有相当数量的水。例如,锯末含有高达 60% 的水分。生物质中过多的水分会重新凝结在热解液产品(如生物油)中。虽然生物质含水率较高可能导致生物质热解的液体产率较高,但水分主要对水相有贡献,对生物油来说,反而会稀释生物油,降低生物油品质。干燥是一种热物理过程,通过热空气或烟气去除生物质中的水分,主要发生在室温到 150 ℃ 的温度区间。简而言之,当生物质在 50~100 ℃ 的温度下干燥时,生物质颗粒会收缩,孔隙率会降低。重新润湿后,结构可以恢复。当在 120~150 ℃ 下干燥时,尤其是在压力下,生物质中的木质素会软化并开始流动。

热解前进行生物质干燥可提前除去材料中的水分,因此可以提高热解过程的能源效率和生物油品质。干燥技术包括自然干燥、热风干燥和微波干燥。Chen 等分析了干燥对生物质性质和挥发分脱除(脱挥)过程的影响,发现水分对秸秆的成分和化学结构没有影响。然而,干燥会导致样品的晶粒尺寸减小,表面出现小裂纹,因此干燥有助于生物质热解过程中的传热和传质,从而提高热解速率,并进一步影响挥发性物质的产率。Wang 等比较了常规干燥与微波干燥的影响,发现微波干燥速率比热风干燥速率快 5 倍以上。微波干燥后,固体炭和液态油的产量增加,而气体产量减少。此外,液态油表现出低水分和更高的液体大分子含量。微波干燥改善了原料的孔隙结构,有利于挥发性物质的演化,并抑制了生物油蒸气的二次裂解反应,从而提高了生物油的品质。

（2）烘焙（torrefaction）

烘焙,也称为轻度热解,是一种易于执行的预处理过程,是在惰性气氛下以低热速率在 200~300 ℃ 下进行。在烘焙过程中,生物质变干燥,同时释放出大量的 CO(约 20%)和 CO_2(约 80%),以及少量挥发性有机物。原料的体积可以减少 30%~70%,而 90% 以上的原始能量保存在烘焙后的生物质中。烘焙后的生物质具有以下特性:(1)较高的热值或能量密度。因为烘焙后的生物质具有更多的 C—C 和 C—H 键,它们与初始生物质中的 O—H 键和 C—O 键相比能释放出更多的能量。(2)较低的 O/C 和 H/C 值。较高的焙烧温度和停留时间降低了 O/C 和 H/C 值,使得烘焙产物与煤相似。(3)较高的疏水性或耐水性。可延缓生物质被真菌降解,从而降低储存难度。(4)更易研磨。烘焙不仅可以降低研磨所需的能量,还可以降低生物质的平均粒径。(5)更均一的生物质特性,这对生物质能源生产链的过程优化、控制和标准化具有吸引力。

烘焙改变了生物质的组成分布。通常,半纤维素的降解发生在 200 ℃ 以上,木质素在 160~900 ℃ 缓慢分解,而纤维素分解则发生在 200~400 ℃。因此,生物质烘焙过程中的主要反应是半纤维素的分解。Chen 等观察到,半纤维素在 275 ℃ 下烘焙 1 h 后质量降低了 52.6%,比纤维素和木质素的质量减少幅度大得多。

生物质的化学结构也因烘焙而改变。根据 2D-PCIS 分析,羟基脱水、O- 乙酰基支链解离和醚键断裂是烘焙过程中的主要反应。半纤维素中 O- 乙酰基的解离和羟基的脱水发生在生物质烘焙过程中,羟基的去除生成了羧基和共轭酮。Wang 等观察到纤维素的有序晶体结构被破坏,木质素中的芳醚键和 C4- 丙基链在烘焙过程中被解离。为了抑制纤维素、半纤维素和木质素结构信号重叠的干扰,对各组分进行了研究,以阐明结构变化。Wang 等发现,纤维素的结晶度在纤维素烘焙过程中,先略有增加,然后随着温度的升高而急剧下降,这是结晶区与无定形区之间的竞争性降解所致。他们进一步提出,在半纤维素烘焙过程中,羟基的脱水和分支的解离是低温下的主要反应,而单糖残基的解聚和碎裂发生在高温下。Neupane 等人观察到,烘焙导致芳基醚键的裂解和木质素的脱甲氧基化。

烘焙过程中理化特性的变化会影响生物质热解行为。Zheng 等发现,生物油中的水分和乙酸含量在高温下降低,而生物油的芳香性、较高的热值和密度都增加了。Wang 等分析了烘焙对针叶木热解的影响。研究发现,由于烘焙过程中碳水化合物的解聚,乙酸的产率随着烘焙后 HMF 和 LG 的减少而显著降低,而由于丙基支链的解离和木质素中甲氧基的去甲基化,形成了更多的愈创木酚和邻苯二酚及较少的 C4- 丙基酚。Chen 等发现,烘焙对固体炭和气体的形成有显著影响。他们发现,烘焙提高了固体炭的产量,降低了液态油和沼气的产量,并使沼气中 H_2 和 CH_4 含量更高。在考虑烘干对每种组分的影响时,发现烘干导致糠醛、脂环酮和无水糖增加,但代价是纤维素的 HMF 降低,而典型的热解产物,如酸、呋喃和脂环酮,在半纤维素烘干后均降低了。对木质素进行烘焙增加了对酚类化合物的选择性,降低了对呋喃类化合物的选择性。

烘焙已成为生物质热化学转化中重要的预处理步骤。为了获得化学品和高品质的生物油,研究者们提出了由烘焙和随后的快速热解(或催化快速热解)组成的两阶段生物质热解法。Bergman 等认为,通过将烘焙与压缩成型相结合,生物质的热转化经济性可以提高 30%~70%。烘焙和催化热解的结合有利于芳烃的生产。Chen 等发现,烘焙和催化热解的结合显著增强了芳烃的形成,但牺牲了生物油的产率。催化快速热解生物质可提高芳烃的碳产率。Adhikari 等也得出结论,通过木质素的催化热解,烘焙有利于高芳烃的产生。然而,一些研究产生了相反的结果。Mahadevan 等得出结论,在原位催化快速热解过程中,高烘焙温度会导致芳烃的产量损失显著。Zheng 等观察到,烘焙对纤维素催化快速热解的产物分布影响不大。

4. 生物预处理

与其他预处理技术相比,生物预处理更环保。它使用各种类型的腐生真菌来降解生物质的某些成分,不需要消耗高能量就能使样品更容易参与热解反应,从而提高了整个过程的能源效率。在生物预处理过程中,褐腐菌、白腐菌和软腐菌等微生物被用来降解生物质中的木质素和半纤维素。

白腐菌是自然界中最重要的木质素降解微生物,其胞外氧化酶可有效将木质素降解为 H_2O 和 CO_2。Yang 等研究了白腐菌预处理后玉米秸秆的热解。在生物预处理过程中,木质素的结构被破坏,纤维素的结晶度降低,使得玉米秸秆结构简单、不紧凑,更适合热解。生物预处理还加速了生物质的热降解,降低了活化能和工作温度,使热解更加高效节能。此外,通过生物预处理,硫含量降低了 46.15%,从而显著减少了 SO_x 等污染气体的排放。Zeng 等发现白腐菌具有显著的木质素降解能力,而褐腐菌优先降解纤维素的无定形区。生物预处理促进了玉米秸秆的热分解。褐腐菌处理使生物油的产量从 32.7% 提高到 50.8%,白腐菌处理使产量从 16.8% 提高到 26.8%。然而,生物预处理工艺的速率对于工业应用来说还是太低了,通常需要与其他预处理技术联合使用。

生物质预处理技术作为热解早期的必要步骤,越来越受到关注。不同的预处理方法不同程度地改变了生物质的化学组成和结构。酸、碱处理,蒸汽爆炸和氨纤维爆炸对生物质的影响相似,因为部分半纤维素用溶剂溶解,同时部分木质素降解为低级聚合物。因此,纤维素很容易降解,形成更多的无水糖和呋喃。但是目前预处理技术主要用于水解,而不用于热解。烘焙是低温热解。在 200~300 ℃半纤维素裂解,去除多余的氧气,从而降低了生物质热解油和气态产品中的氧气含量。水热处理是一种湿法烘焙,对生物质原料和热解过程的影响与烘焙相似。但是它通常不用作热解的预处理步骤,因为生物质与高温高压的水接触时常常会发生碳化。

8.2.3　纤维素类生物质热解

1. 热解概述

热解是木质纤维素类生物质基质在高温非氧化条件下的热降解过程。这一过程因其可从离散的生物质中生产出一系列固体、液体和气体产品而备受关注。热解根据加热速率、温度和固体停留时间等工艺参数可分为慢速热解、快速热解和闪速热解。慢速热解发生在相对较低的温度下(< 500 ℃),停留时间较长,通常被称为碳化,广泛用于木炭生产。快速热解在较高的加热速率($10~200$ ℃·s^{-1})和较短的停留时间(< 2 s)下进行,生物油产量高(50%~70%)。闪速热解的加热速率更高($103~104$ ℃·s^{-1}),停留时间更短(< 0.5 s),生物油产量更高(75%~80%)。为了通过生物质热解系统实现高能效,需要考虑多种热解参数,包括生物质类型、颗粒大小、反应条件、反应器类型和反应器内的传输现象,以及催化剂添加和蒸汽冷凝机制等其他变量。研究中使用的不同热解反应器包括固定床反应器、间歇或半间歇式反应器、回转窑、流化床反应器、微波辅助反应器,以及一些新型反应器,比如等离子体或太阳能反应器。

2. 基于全木质纤维素类生物质的整体热解

全木质纤维素类生物质组分在热解过程中的行为受一些参数的影响,例如特定元素的不同反应速率和稳定性、生物质组分之间的相互联系,以及热解副产物的可接受性,这些参数在很大程度上影响着反应器的配置。在木质纤维素热解过程中会发生许多反应,这些反应通常被浓缩为三个重要步骤:①可用水分蒸发;②初级生物质降解;③次级反应(包括油裂解和再聚合)。大部分的生物质热解发生在200~400 ℃的初级生物质降解阶段,这将导致固体炭的形成。而发生在生物质内表面的次级反应则会进一步加速温度的升高。半纤维素分解发生在250~350 ℃,通常以木聚糖为特征标志物。而纤维素基的热解发生在325~400 ℃ 之间,其副产物为左旋葡聚糖。木质素是最稳定的降解产物,降解温度在300~550 ℃。

(1) 生物炭

生物炭是木质纤维素类生物质热解产生的固体产物,是一种含碳量在65%~ 90% 的高碳材料。固体生物炭的物理化学性质主要取决于原料的类型和工艺参数,因此其用途十分广泛。研究发现,在缓慢热解(<500 ℃)过程中,生物炭产量最大,但生物油产量随之减少。生物炭的微孔性质、阳离子交换能力和高比表面积增强了它们过滤和吸附有毒污染物的能力。由于其吸附特性,它们常通过物理化学活化后成为活性炭大规模生产的前体。此外,它们还可用于催化、堆肥、发酵解毒和电化学储能。生物炭还可用作有机肥料,因为它在土壤中具有很高的养分保留能力,并为微生物提供了共生环境。此外,由于生物炭对产出物和固碳的影响,与直接焚烧生物质相比,生物炭可大大减少温室气体排放。Akom 等人报告称,1 kg 木质纤维素类生物质可产生 0.36~0.45 kg 生物炭,转化率为36%~45%。图 8-4 是生物质热解生成生物炭和生物油的示意图。

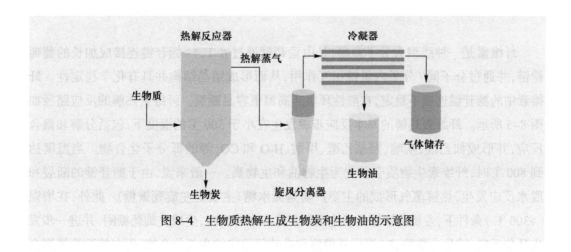

图 8-4　生物质热解生成生物炭和生物油的示意图

（2）生物油

生物油又称热解油（或热解液），是一种深棕色液体，含有多种含氧元素，可用作燃料或者化学品。生物油一般分为三类：小分子羰基化合物（酸、酮、醛）、糖基化合物（呋喃和氢化糖）及木质素基化合物（酚类、芳香族低聚物）。通常采用快速或闪速热解工艺来提高生物油的产量。生物油的热值较低是因为其水分含量较高（15%~30%）。除了高氧含量（35%~40%）和高水分含量外，羧酸的存在还会将 pH 降至 2~3.7，不利于生物油的生产。因此，在用传统燃料替代生物油之前，需要提高生物油的物理化学特性。这可以通过采用催化裂化和高压加氢处理等技术将生物油转化为液体燃料，用于实现运输。此外，它们还可用作化工生产的原料，如酚类（树脂制造）、化肥和制药工业中的添加剂、食品工业中的增味剂（如乙醇醛），以及其他各种特种化学品。

（3）热解气体

热解产生的气体主要是 H_2、烃类气体（C1–C4）、CO_2、CO 和 H_2S 的混合物。木质纤维素类生物质热解生成合成气体或富含 H_2 的气体的最理想条件是升高温度、添加催化剂和缓慢停留时间。羰基和羧基官能团的热降解导致 CO_2 的生成，C—O—C 和 C=O 键的断裂则导致 CO 的生成，而 C—H 和芳香族基团的断裂会导致 H_2 的形成。低温热解产生的主要气态产物是 CO 和 CO_2，而加速升温下的木质素解聚产生的主要气态产物是 CH_4。一般来说，热解气体的 LHV 在 10~20 MJ/Nm³，这取决于产品的分布。$ZnCl_2$、白云石、K_2CO_3、Na_2CO_3、Ni/Al、Ni/Fe、CaO、Fe_2O_3、Cr_2O_3 和 Rh/CeO_2 都可用作催化剂，以促进 H_2 的生成，并使气体含量符合下游应用（费－托合成）的要求。此外，湿生物质的 H_2 产量比干生物质产量高 40%。产品在使用之前，必须进行一定的处理，以抑制热解气体中存在的不利元素，如灰尘、焦油、重金属、蒸汽和硫化氢。除上述事实外，它还广泛用于产生热量/电力和液体生物燃料，或在某些情况下用作热解反应器中的载气。

3. 基于纤维素的热解

纤维素是一种线型大分子多糖，是由葡萄糖通过 β–1,4–糖苷键连接成加长的葡萄糖链，并通过分子间/分子内氢键相互作用，从而形成结晶结构并具有化学稳定性。纤维素中的糖苷键连接不稳定，在酸性环境或高温下容易断裂。纤维素热解的反应路径如图 8-5 所示。纤维素热解的基本反应步骤发生在小于 300 ℃ 的温度下，包括分解和聚合反应，并形成如乙醛、呋喃、羟基乙醛、甲酸、H_2O 和 CO_2 等的低分子化合物。当温度达到 800 ℃ 时，纤维素生物质会转化为生物油和生物炭。一般来说，由于糖苷键的断裂和脱水反应发生，热解蒸气形成的主要产物是无水糖（主要是左旋葡聚糖）。此外，在增温（>300 ℃）条件下，左旋葡聚糖会发生重新定位和水合反应，生成左旋葡糖酮，并进一步发生环化反应，转化为糠醛、5-羟甲基糠醛和吡喃等稳定的含氧化合物，而左旋葡聚糖则会发生聚合反应，生成—COOH，—COO—，—C=O，—OH 和 C—O—C 等活性官能团。

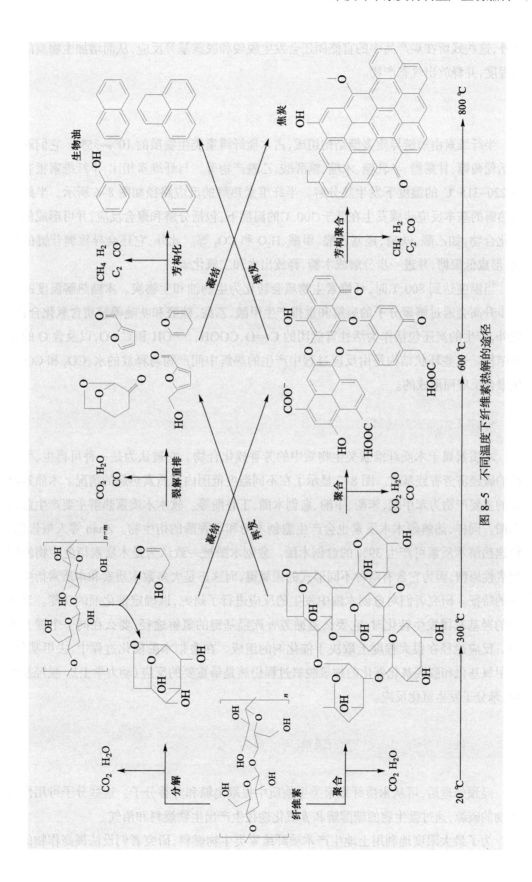

图 8-5　不同温度下纤维素热解的途径

此外,这些残留在炭产品中的官能团还会发生脱羧和脱羰基等反应,从而增加生物炭的芳香程度,并释放出气态产物。

4. 基于半纤维素的热解

半纤维素由短链异质多糖结构组成,占木质纤维素类生物质的 10%~35%。它们通常包括葡萄糖、甘露糖、半乳糖、木糖、糖醛酸、乙酰产物等。与纤维素相比,半纤维素很容易在 220~315 ℃ 的温度下发生热分解。半纤维素热解的反应路径如图 8-6 所示。半纤维素热解的基本反应步骤发生在低于 300 ℃的温度下,包括分解和聚合反应,并可形成低分子化合物,如乙醛、呋喃、羟基乙醛、甲酸、H_2O 和 CO_2 等。此外,它还会导致糖苷键的裂解,形成低聚糖,并进一步分解成木糖,释放出水和二氧化碳。

当温度达到 800 ℃时,纤维素生物质会转化为生物油和生物炭。木糖热解温度的进一步升高会通过解聚分子的裂解和重排产生甲酸、乙酸、糠醛和呋喃等轻质含氧化合物。此外,产生的炭还包括作为活性官能团的 C=O,COOH,—OH 和 C—O,以及含 O 的环状结构。这些环状结构是由反应过程中产生的热解中间产物与释放的水、CO_2 和 CO 发生聚合反应而形成的。

5. 基于木质素的热解

木质素属于木质纤维素类生物质中的芳香族化合物。它被认为是一种可再生、可持续的碳经济芳香族基质。图 8-7 显示了在不同温度范围内木质素热解的情况。木质素热解的主要产物为苯甲醚、苯酚、甲酚、愈创木酚、丁香酚等。软木木质素热解主要产生愈创木酚。同样,热解硬木木质素也会产生愈创木酚和丁香酚的衍生物。Zhao 等人报告称,快速热解木质素可产生 39% 的愈创木酚。愈创木酚被一致认为是木质素衍生生物油的代表性原型,因为它含有两种不同形式的碳氧键,而这正是大多数木质素和木质素衍生产品的特征。研究者们对愈创木酚中发生的反应进行了研究,以确定催化剂的功能。当苯酚的羟基基团发生转化时,它要么遵循芳香族羟基键的氢解途径,要么在同一个键上加氢。反应途径在很大程度上取决于催化剂的组成。在愈创木酚催化过程中,去甲基化 / 去甲氧基化和脱羟基化催化的加氢脱氧过程仍然是最重要的反应(动力学上)。脱羟基之后,苯分子发生氢化反应。

8.2.4 作物光合固碳效率的提高

经预处理后,可从木质纤维素类生物质中提取出糖和芳香分子。这些分子可用作微生物的碳源,通过微生物的糖酵解和 β 氧化途径生产出生物燃料和沼气。

为了最大限度地利用土地生产木质纤维素类生物燃料,研究者们设法提高作物的光

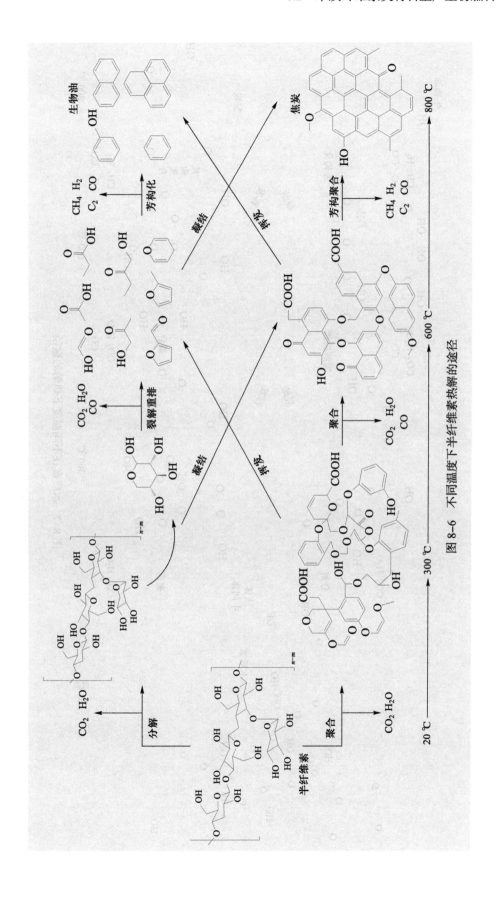

图 8-6 不同温度下半纤维素热解的途径

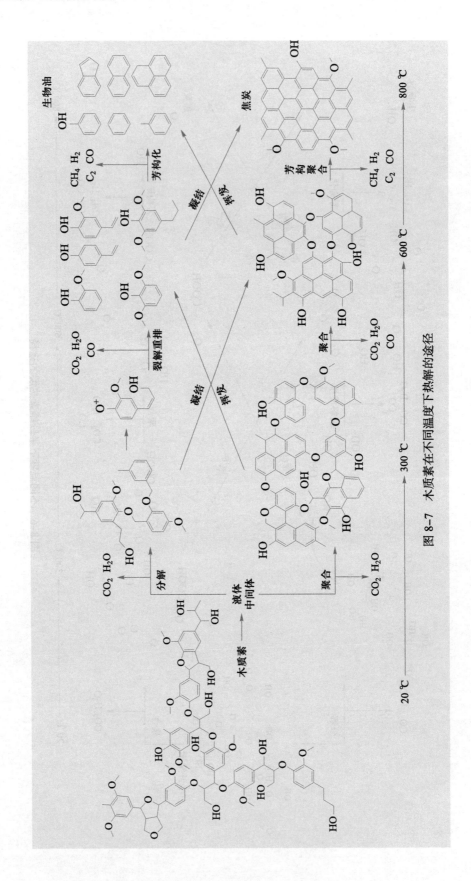

图 8-7 木质素在不同温度下热解的途径

合能力和碳固定效率,以使作物能更好地积累生物质。非光化学淬灭(non-photochemical quenching, NPQ)和光呼吸等生物过程不利于将光子能量转化为固定碳,这是因为非光化学淬灭过程会将多余的光子能量转化为热能(不利于产物生成),而且从非光化学淬灭状态过渡到碳固定状态(产物生成)的过程通常比较缓慢,以致作物种植时生物质无法更好地积累。研究表明,在模式作物烟草(*Nicotiana tabacum*)中降低 NPQ 可加速生物转化过程,从而使植株高度、叶面积和总生物量积累增加 15%。光呼吸是另一个限制生产力的过程,这是因为光呼吸过程中核酮糖 -1,5- 二磷酸羧化酶 / 氧化酶(RuBis-CO)与分子氧而不是二氧化碳发生反应,从而导致碳固存效率的净损失(图 8-8)。因此,在生物燃料作物中引入可以替代光呼吸的途径有可能提高植物的能量转换效率。随着植物工程和基因调控技术的发展,许多性状都可以叠加到单个生物燃料作物中,以提高植物的生产力并最大限度地提高生物质产量。

糖酵解与
β 氧化

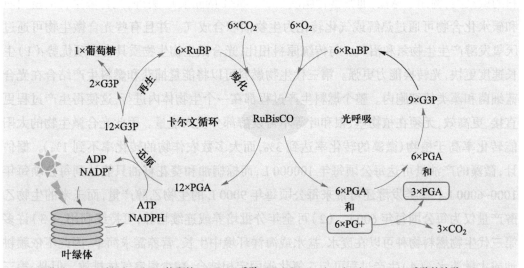

RuBP:ribulose-1,5-bisphosphate,核酮糖 -1,5- 二磷酸,5C;PGA:3-phosphoglycerate,3- 磷酸甘油酸,3C;G3P:glyceraldehyde 3-phosphate,甘油醛 -3- 磷酸,3C;PG+:phosphoglycolate,磷酸乙醇酸盐,2C

图 8-8 核酮糖 -1,5- 二磷酸羧化加氧酶(RuBisCO)在碳固定和光呼吸过程中发挥的重要功能

利用木质纤维素类生物质生产生物燃料有赖于微生物将细胞壁的糖类等成分生物转化为燃料和产品。高效生物转化的一个主要障碍是原料的材料顽固性,以及木质素对这一过程的抑制作用。细胞壁工程已显示出,通过增加 C6 糖 /C5 糖的比例、降低木质素含量、减少细胞壁聚合物乙酰化,可以使细胞壁更容易降解,并提高原料的转化效率。虽然木质素是造成原料难以分解的一个主要因素,但是有些特殊的微生物可以将这些芳香族聚合物转化为可用的产品。因此在不同的加工体系中引入专门的微生物,有可能优化木质纤维素类原料的转化过程,从而减少生物燃料生产的废物流,提升可行性。

通过交叉学科的发展,可以将这些不同的策略协同应用起来,这有可能改变利用木质纤维素类生物质生产生物燃料/生物产品的方式或生产模式,使木质纤维素生产生物燃料在经济上更可行,开创绿色技术的新时代。

8.3 光合微生物生产生物燃料

如前所述,第一代和第二代生物燃料源于粮食作物及木质纤维素类材料。利用光和二氧化碳在农作物中生产生物质,生物质经预处理后提取出碳水化合物、脂类、蛋白质等物质,这些物质再由微生物通过糖酵解和 β 氧化途径生产生物燃料和沼气的碳源。

第三代生物燃料从蓝细菌和藻类等光合微生物中生产。光合微生物可以在单细胞内实现光合作用,并直接合成生物燃料,而不是将生物质喂给微生物。典型的生产生物燃料的微藻类,例如小球藻,通常富含脂质(35%~50% 的脂质)。另外,光合微生物的蛋白质和碳水化合物可通过热解或气化转化为生物油和合成气。并且有些光合微生物可通过厌氧发酵产生生物氢和沼气。与传统原料相比,光合微生物生物质具有多项优势:(1)生长速度更快,光转换能力更强。第三代生物燃料可以将能量捕获和燃料生产结合在光合蓝细菌和藻类的细胞内。整个燃料生产过程都在一个生物体内进行,这使得生产过程更直接、更高效,无须在植物茎、根和叶等不可发酵部分投入能量。因此光合微生物的太阳能转化率高于植物(微藻的转化率达到 3%,而大多数农作物的转化率不到 1%)。据估计,微藻的产油量可达每公顷每年 100000 L,而棕榈油和葵花籽油只能达到每公顷每年1000~6000 L。藻类发酵还可带来每公顷每年 9000 L 的生物乙醇产量,而玉米的生物乙醇产量仅为每公顷每年 600 L。(2)可全年分批培养或连续培养,可持续利用。(3)许多第三代生物燃料物种可以在废水、盐水或海洋环境中生长,营养需求简单,因此不依赖耕地或大量淡水。(4)生产过程可与二氧化碳固定相结合,减少温室气体排放。但是,第三代生物燃料现有的生产体系转化效率仍然相对较低,因此目前大规模培养光合微生物的技术仍处于早期发展阶段。在选择合适的光合微生物物种、培养程序优化、反应器设计和下游萃取技术等方面仍有待研究。

近些年,还出现一种新兴生物燃料(常被归类为第四代生物燃料),这种生物燃料使用转基因微藻类生产。据报道,这种原料具有更高的二氧化碳捕获能力和生物燃料生产率。例如,转基因后的三角褐指藻(*Phaeodactylum tricornutum* sp.),其脂质含量增加了 35%,甘油三酯含量增加了约 1.1 倍。

光合微生物的培养可以在池塘等开放系统中进行,也可以在光生物反应器等封闭系统中进行。开放式池塘的运营成本较低,但存在污染风险,而且需要对非封闭系统中的转基因生物进行严格监管。而在封闭系统培养更容易

甘油三酯
与脂质的
结构

严格控制培养条件,污染风险较低,但运营成本较高。如果能解决以下限制因素,则可降低这些成本:(1)NPQ 过程中的光耗散;(2)可利用的光谱较窄;(3)微生物的碳固定效率低。

第一个限制因素是 NPQ 过程中的光耗散。光合微生物 NPQ 的光耗散与能源作物类似,因此可通过与能源作物类似的工程改造策略来解决。截断绿藻的叶绿素 A 和修改蓝细菌光合系统的光收集复合物天线尺寸已被证明可将太阳能到产品的转换效率提高3 倍。

第二个限制因素是可利用的光谱较窄。这是由于光合微生物只能捕获 400~700 nm 范围的可见光,导致 50% 的入射太阳能无法被捕获。然而,陆生蓝细菌在远红光环境中生长时,会表达一种新型叶绿素 f。例如,在 *Synechococcus sp.* PCC7002 中异源表达的这种叶绿素可以成功地将光吸收范围扩大到 750 nm,从而拓宽了用于生物燃料生产的太阳光谱吸收范围。

第三个限制因素是光合微生物的固碳效率低。碳固定能力差的问题在本质上更为复杂,因为主要的 CO_2 固定酶,即核酮糖 -1,5- 二磷酸羧化加氧酶(ribulose-1,5-bisphosphate carboxylase/oxygenase,RuBisCO)的催化活性较差,而且会和 O_2 发生反应。RuBisCO 是自然界中最丰富的酶之一,在碳进入生物体(碳固定)和光呼吸过程中发挥着重要的功能。RuBisCO 可以催化 RuBP(核酮糖 -1,5- 二磷酸)与 CO_2 结合发生羧化,然后裂解形成两个 PGA(3- 磷酸甘油酸)分子。该反应是卡尔文循环的一个关键步骤(图 8-8)。事实上,由于 RuBisCO 无法兼顾 CO_2 亲和力和羧化速率,提高RuBisCO 活性的尝试成功率有限。但是可以换一种思路,对卡尔文循环进行工程改造,以增加 RuBisCO 的底物——核酮糖 -1,5- 二磷酸(ribulose-1,5-biphosphate,RuBP)的再生。这种方法可以使生物乙醇产量增加 69%。此外,还可以设计一个碳汇,将固定了的碳从卡尔文循环中抽出,从而促进循环,加速 CO_2 的固定。例如,在细长突触球菌 PCC7942(*Synechococcus elongatus* PCC 7942)中引入 2,3- 丁二醇途径,并让酶催化 3- 磷酸甘油酸(PGA)生成丙酮酸,可使总碳产量增加 1.8 倍。另外,人们还引入了非天然碳固定途径,以规避 RuBisCO 的缺陷及其复杂的调控。某些古细菌可以通过还原乙酰辅酶 A(乙酰 -CoA)途径,利用甲酸脱氢酶和 CO 脱氢酶 / 乙酰 -CoA 合成酶来固定碳。这种途径的 ATP 效率很高,只需要两个 ATP 就能合成乙酰 -CoA,而卡尔文循环则需要 7 个 ATP。但是该途径通常在厌氧条件下运行,因此它对有氧光合作用生物的适用性可能有限。尽管如此,一项体外研究表明,烯酰 -CoA 羧化酶 / 还原酶的特性优于 Ru BisCO,与来自生命三大领域的其他 16 种酶一起,可被纳入一个循环途径,在此途径中辅助因子可以再生。

决定藻类生物燃料可行性的一个关键参数是宿主菌株的生产力。某些微藻类可将其干重的 80% 储存为脂质,这使它们在生物柴油的生产中非常具有吸引力;而其他菌株则会积累碳水化合物,这些碳水化合物可通过发酵制成生物乙醇。进一步的研究和应用证明了提高脂质(如三酰甘油)的产量,和将残余蛋白质和碳水化合物进行发酵转化具有一定的可行性。脂质的长度和饱和度也可以通过代谢工程来调整,这样产生的生物柴油可以直接用于车辆,而无须对发动机进行过多改装。

欲通过光合微生物直接生产特定的生物燃料,通常需要代谢工程,因此蓝细菌因其遗传可控性而被广泛使用。目前已生产出一系列不同的燃料分子,包括醇类、游离脂肪酸、氢气分子和烷烃。例如,在蓝细菌模式菌株集胞藻(*Synechocystis sp.* PCC6803)中可以生产出 5.5 g·L^{-1}(212 mg·L^{-1}·d^{-1})的乙醇或 4.8 g·L^{-1}(302 mg·L^{-1}·d^{-1})的丁醇。在这些例子中,达到高滴度的最有效的方法是使用现有的最强启动子来驱动反应途径中酶的过度表达。不过随着对蓝细菌新陈代谢的深入了解,以及更先进遗传工具的开发,可能会出现更有效的方法。事实上,转录组学研究已经揭示了小 RNA 对细胞调控的重要性,并且基因组学模型已经将生产与生长结合起来。当然,要使蓝细菌达到模式异养生物宿主的生产率,该领域还有很长的路要走。

8.4 电化学方法生产生物燃料

光伏等人造装置捕获阳光的效率高于光合作用,部分原因是它们能够捕获太阳光谱大部分的光波。光伏技术的问题在于能量储存,而在光合作用中,通过形成化学键就可以轻松实现能量储存。微生物电催化就是这两种方法的混合体。该方法可将无机营养生物与电化学电池的阴极耦合,由电极提供的电子驱动 CO_2 还原和碳固定。这是一个新的研究领域,它利用电力作为电子来源,利用自养微生物的二氧化碳固定和能量储存来制造燃料和其他有价值的产品。能量转移可以通过与电极直接接触或使用电子介质来实现。人们几十年前就知道,氧化还原酶可以利用电极作为电子源头或电子的接收器。虽然活细胞膜的导电率很低,但许多微生物有能力利用导电菌毛或外膜细胞色素将电子穿过膜来进行厌氧呼吸。在一项研究中,包括地杆菌属(*Geobacter*)和梭菌属(*Clostridium*)在内的多种产乙酸细菌被证明能将 CO_2 还原成乙酸盐及少量 2- 氧代丁酸盐,其法拉第效率超过 85%。这种电合成系统模拟了光合作用的自然过程,在阳极析出氧,在阴极将 CO_2 还原成增值分子。值得注意的是,与光合作用不同,碳和电子流主要用于合成还原碳产品,而不是生物质。这种方法的缺点是阴极上能够形成生物膜的可用表面积有限,因此难以进行大规模生产。

微生物电催化

另一种方法是使用电子介质,将电子从电极穿梭到细胞。例如,固定化的脱硫弧菌(*Desulfovibrio vulgaris*)已被用来生产 H_2,以甲基紫精作为阴极和氢化酶之间的氧化还原媒介。在另一项研究中,罗尔斯通氏菌(*Ralstonia eutropha*,又被称为钩虫贪铜菌(*Cupriavidus necator*)),被设计改造为利用电化学产生的甲酸盐来固定 CO_2,从而合成异丁醇和 3- 甲基 -1- 丁醇。电化学水裂解产生的 H_2 也可以被用作电子介质,以促进巴克氏甲烷八叠球菌(*Methanosarcina barkeri*)产生甲烷。虽然甲烷可以直接通过无机电催化产生,但这种生物无机混合的方法可以实现更高的效率和更低的过电位,展示了一种完全由太阳能驱动的甲烷生产系统。在另一项研究中,使用一种与细菌生长更兼容的钴磷水裂解催化剂,可以推动真养罗氏菌(*Ralstonia eutropha*)在 H_2 上生长。该装置可以用 $1\,kW\cdot h$ 的电力捕获 $180\,g\ CO_2$。但是,使用 H_2 作为电子介质的一个问题是 H_2 的溶解度低,这导致了还原当量无法最大限度地转移到细胞中。为了克服这一问题,研究者们使用了一种生物相容性的纳米乳液,将 H_2 转移和后续氧化的速率提高了 3 倍以上。

8.5　厨余垃圾生产生物燃料

　　废弃物中的碳水化合物、脂类和蛋白质,可用作微生物的碳源,通过糖酵解和 β 氧化途径生产生物燃料和沼气。将废弃物转化为燃料可以解决生物燃料面临的两个紧迫问题:(1)厨余垃圾的成本很低(尤其在定期实施收集的情况下),而且比将其填埋更具有可持续性,因为每吨有机垃圾填埋会产生近 $400\,kg$ 的二氧化碳排放;(2)厨余垃圾中的碳水化合物、脂类和蛋白质含量很高,很容易被微生物利用消耗,无须进行大量预处理。根据联合国粮食及农业组织(FAO)的数据,全世界有三分之一的供人类消费的食物被损失或浪费,即每年损失或浪费 13 亿湿吨,相当于 1610 亿美元(FAO,2015)。对食物垃圾进行转化不仅有利于生物燃料的经济可行性,而且对土地多样性和环境都有积极影响。

　　细菌厌氧消化(AD)是将厨余垃圾转化为沼气的常用方法,沼气中 50%~75% 为甲烷,25%~50% 为 CO_2。该工艺可进一步升级,生产出与化石天然气品质相当的可再生天然气(renewable natural gas,RNG),同时可有效降低碳排放量(每吨废物减少 17~70 kg CO_2 排放)。厌氧消化是通过细菌将高分子量或高颗粒含量的材料水解为较小的可溶性碎片(如脂肪酸、葡萄糖和氨基酸)来实现的。这些碎片降解为挥发性脂肪酸,再进一步消化为沼气、乙酸盐、CO_2 和 H_2 等。然后,甲烷菌可利用这些分子产生甲烷。除甲烷外,生物氢也是一种无碳、无污染的燃料,在已知燃料中能量产量最高,为 $122\,kJ\cdot g^{-1}$(甲烷为 $50.1\,kJ\cdot g^{-1}$)。通过在现有的厌氧消化技术中加入暗发酵阶段,还可以从废弃物中转化出甲烷和氢气的混合物(生物乙烷)。有几个关键参数已被证明可提高甲烷和氢气产量及系统稳定性,包括合适的温度(30~40 ℃)以提高代谢率和破坏病原体,pH 在 6.5~7.2 以利于产甲烷菌生长,碳氮比为 20~30,以及最佳脂质浓度。研究还表明,将厨余垃圾与其他有机底物共同消化可将厌氧发酵的性能提高 383%,这是由于缓冲能力和养分平衡得到了提升,这表明有必要对细菌进行工程改造,以提高其对 pH 的耐受性并拓宽营养底物的范畴。

8.6　塑料垃圾生产生物燃料

全世界每年会产生超过 3.5 亿吨的塑料。合成塑料对许多物理和化学因素具有很强的抵抗力,因此在自然环境中降解极为缓慢。一些微生物已显示出降解塑料并最终将其转化的巨大潜力。例如,大阪堺菌(*Ideonella sakaiensis*)能够将聚对苯二甲酸乙二醇酯(polyethylene terephthalate,PET)作为主要碳源和能源进行代谢,PET 酶和 MHET 酶 [mono(2-hydroxyethyl)terephthalate,对苯二甲酸单(2-羟乙基)酯] 这两种酶负责将 PET 降解为对苯二甲酸和乙二醇这两种单体。据报道,其他细菌和真菌也能降解酯键连接的聚氨酯、聚乙烯、聚苯乙烯和聚酰胺塑料。尽管缺乏经过充分研究的解聚酶,但聚苯乙烯、聚丙烯和聚乙烯可以通过热解等非酶处理方法进行降解。由此产生的长链碳氢化合物可以很容易被解脂耶氏酵母(*Yarrowia lipolytica*)等微生物代谢掉。来自现有微生物的部分或全部塑料降解途径有可能被整合到重组微生物宿主中,这样不仅能分解聚合物,还能将降解产物转化为燃料、有价值的化学品或可生物降解的塑料。

8.7　醇类、脂肪酸和萜烯基生物燃料

现有的生物燃料通常是短链醇、脂肪酸酯和萜烯等简单分子。可以通过代谢工程去改造那些转化碳水化合物、丙酮酸和其他糖酵解中间产物的天然代谢途径来制造生物燃料,这需要额外的还原当量才能将这些氧化底物转化为高度饱和的产物。该转化通常需要改变两种结构:(1)通过消除官能团(如脂类中的羧基和磷酸基)或添加简单的官能团(如醇、脂肪酸中的乙酯或不饱和萜烯中的亚甲基),将天然前体转化为可燃产物;(2)改变碳数和密度,可通过延长分子长度或引入分支和环等修饰来实现。

短链醇生产途径可直接将初级代谢物转化为燃料分子,而无须额外的链延伸。例如,无论有没有乙酰-CoA,乙醇生产途径都可以将丙酮酸还原为乙醇。由于这些途径在微生物中天然存在并且非常简单,它们非常高效,并且可以与许多微生物宿主兼容,因此生物乙醇可以大规模生产并实际应用。不过,乙醇的链长很短、含氧量高,因此能量密度低、吸湿性强。与乙醇相比,通过酮酸途径生产的醇类(如丁醇和丙醇)具有更长的链和更好的燃料特性(更高的能量密度和更低的吸湿性)。在这些途径中,氨基酸生物合成的中间产物 2-酮酸酯通过 2-酮酸脱羧酶(2-keto-acid decarboxylases,KDCs)转化为酸,然后通过醇脱氢酶(alcohol dehydrogenases,ADHs)转化为醇 [图 8-9(a)]。

ACP(酰基载体蛋白)

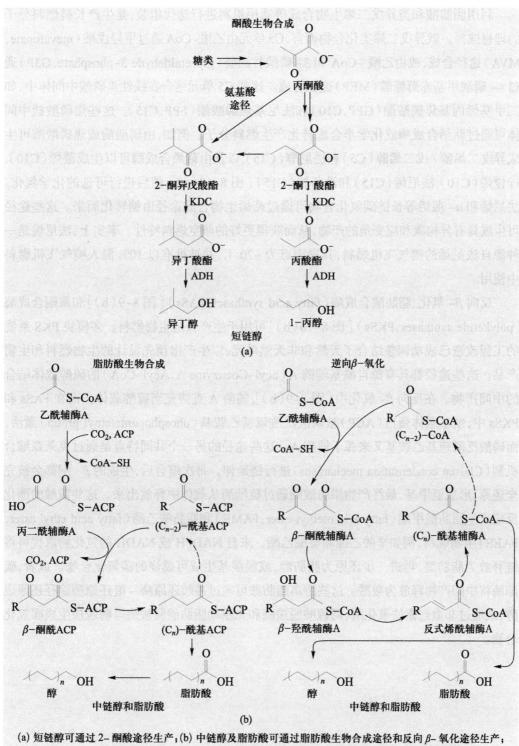

(a) 短链醇可通过 2-酮酸途径生产；(b) 中链醇及脂肪酸可通过脂肪酸生物合成途径和反向 β-氧化途径生产；
KDC：2-keto-acid decarboxylases，2-酮酸脱羧酶；ADH：alcohol dehydrogenases，醇脱氢酶；
ACP：酰基载体蛋白；CoA：coenzyme A 辅酶 A

图 8-9 利用微生物代谢途径来生产不同链长和结构功能的生物燃料和生物产品

利用脂肪酸和类异戊二烯生物合成等通用机制进行迭代组装,是生产长链燃料分子的理想选择。就异戊二烯类化合物而言,C5单元由乙酰-CoA通过甲羟戊酸(mevalonate,MVA)途径合成,或由乙酰-CoA和3-磷酸甘油醛(glyceraldehyde 3-phosphate,G3P)通过4-磷酸甲基赤藓糖醇(MEP)途径合成。这些C5单元缩合在线性焦磷酸中间体中,如二甲基烯丙基焦磷酸酯(GPP,C10)和法尼基焦磷酸酯(FPP,C15)。这些焦磷酸盐中间体可通过萜烯合成酶或化学半合成转化产生燃料分子。例如,由磷酸酶或焦磷酸酶可生成异戊二烯醇/戊二烯醇(C5)和法尼醇(C15),以及由萜烯合成酶可以生成蒎烯(C10)、柠檬烯(C10)、法尼烯(C15)和没药烷(C15)[图8-10(a)],然后进行可选的化学氢化。法尼烯和α-蒎烯等长链碳氢化合物可通过萜烯生物合成途径由糖转化而来。这些途径可生成具有异构碳和应变角的产物,从而获得更好的航空燃料特性。事实上,法尼烷是一种源自法尼烯的喷气飞机燃料,其凝固点为-70 ℃,并被批准以10%混入喷气飞机燃料中使用。

反向β-氧化、脂肪酸合成酶(fatty acid synthases,FASs)[图8-9(b)]和聚酮合成酶(polyketide synthases,PKSs)[图8-10(b)]可用于生产长链生物燃料。多模块PKS系统的工程改造已成功调整结合了天然和非天然单元,以生产出预先设计的生物燃料和生物产品。这些途径都具有源自酰基辅酶A(acyl-Coenzyme A,Acyl-CoA)的硫醇载体结合的中间产物。在反向β-氧化中[图8-9(b)],辅酶A直接充当硫醇载体。而在FASs和PKSs中,酰基载体蛋白(ACP)被磷酸泛酰巯基乙胺基(phosphopanteteinyl group)激活,而磷酸泛酰巯基乙胺基又来源于辅酶A。这些途径的另一个共同特点是通过克莱森缩合机制(Claisen condensation mechanism)进行链延伸。每次缩合后,生成的β-酮都会被完全还原,形成亚甲基,最终产物脂肪酸则通过硫酯酶从载体中释放出来。这些羧酸的酯化反应产生脂肪酸甲酯(fatty acid methyl ester,FAME)和脂肪酸乙酯(fatty acid ethyl ester,FAEE)生物燃料,例如辛酸乙酯和癸酸乙酯。来自NADPH或NADH的氢化物取代可将链释放为脂肪醛,再进一步还原为脂肪醇,或脱羧基生成可燃烧的碳氢化合物。或者,硫酯酶将中间产物释放为羧酸。这些游离脂肪酸可通过羧酸还原酶-醛还原酶途径还原成醇,或通过非血红素铁氧化酶、阿魏酸脱羧酶和光驱动脂肪酸脱羧酶等酶脱羧生成碳氢化合物。

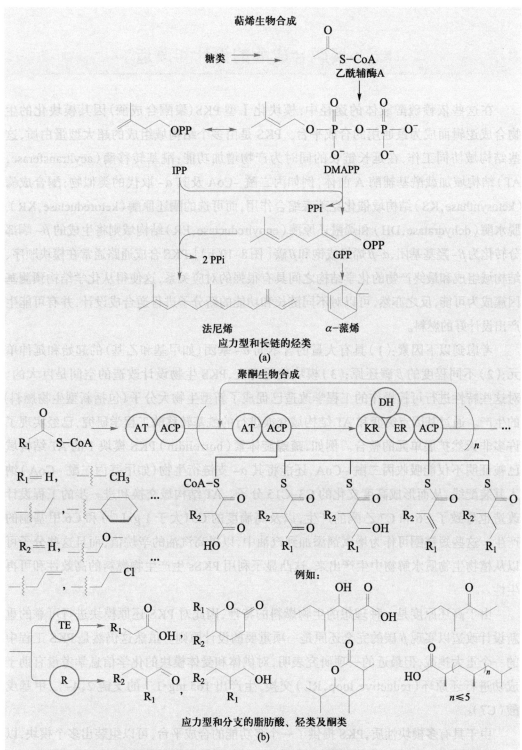

图 8-10 工程改造微生物代谢途径来生产不同链长和结构功能的生物燃料和生物产品

8.8   聚酮合成酶的设计和改造

在这些依赖硫醇载体的途径中,模块化 I 型 PKS(聚酮合成酶)因其模块化的生物合成逻辑而成为最通用的合成平台。PKS 是由多个结构域组成的超大型蛋白质,这些结构域协同工作,在延长链长的同时为产物增加功能:酰基转移酶(acyltransferase,AT)结构域加载酰基辅酶 A 前体,例如丙二酰 –CoA 及其 α– 取代的类似物;酮合成酶(ketosynthase,KS)结构域催化克莱森缩合作用;而可选的酮还原酶(ketoreductase,KR)、脱水酶(dehydratase,DH)和烯酰还原酶(enoylreductase,ER)结构域则将生成的 β– 酮部分转化为 β– 羟基基团、α-β 烯烃或饱和 β 碳[图 8–10(b)]。PKS 合成通路通常在模块顺序、结构域组成和最终产物的化学结构之间具有很强的对应关系,这使得从化学结构预测基因簇成为可能,反之亦然,可以对不同链长和功能的新分子进行逆合成设计,并有可能生产出设计好的燃料。

考虑到以下因素:(1)具有大量的含不同 α– 基团(如甲基和乙基)的起始和延伸单元;(2)不同程度的 β 碳还原;(3)模块数量可变,PKS 生物设计改造的空间是巨大的。对这些特性进行可控操作的工程学改造已促成了新型生物大分子(包括新型生物燃料)的生产。通过基因点突变和 AT 结构域交换进行的酰基转移酶工程学研究,已经实现了许多非天然扩展单元的整合。例如,疏螺旋体素(borrelidin)PKS 模块 1 的 AT 结构域已被证明不仅能吸收丙二酰 –CoA,还能将其 α– 支链衍生物(如甲基丙二酰 –CoA)纳入其装配线,从而形成高度支化的 C3~C15 分子。AT 结构域交换和进一步的工程设计改造也导致了 C6 和 C7 乙酮的产生,以及高滴度的 C5(大于 $1\ g\cdot L^{-1}$)和 C6 甲基酮的产生。这些短链酮可作为增氧剂添加到汽油中,以提高汽油的辛烷值,而且这些分子可以从植物生物质水解物中生产出来,这凸显了利用 PKSs 生产生物燃料的高效性和可再生性。

由于高还原度是一种理想的生物燃料的特性,因此对 PKS 还原模块进行可靠的重新设计改造以实现 β 碳的完全还原是一项重要的设计原则。虽然这仍然是 PKS 工程中的一个重大挑战,但最近的一项研究表明,对供体和受体模块的化学信息学考量有助于成功进行还原环(reductive loop,RL)交换,生产出 $165\ mg\cdot L^{-1}$ 的支链 2,4– 二甲基戊酸(C7)。

由于具有多模块性质,PKS 提供了一个多功能的合成平台,可以组装出多个模块,以实现新型化学品的合理设计和合成。这种多模块系统已成功用于生产预先设计的分子,包括生产具有良好特性的潜在生物燃料乙酮。然而,由于守门结构域和其他不匹配的酶学影响,通常会有副产物生成。

8.9 生物燃料的前景

石油衍生燃料由数百种通过蒸馏获得的碳氢化合物组成。芳香烃、支链烃和脂肪烃的平均碳原子数和含量的差异决定了它们的沸点、凝固点和燃烧能量不同,这反过来又决定了它们的性能和应用范围:较轻的馏分和汽油用于供暖及轻型和中型运输;煤油用于航空航天工业;柴油用于中型和重型运输。

虽然生物乙醇和生物柴油由于其现有的市场需求和技术进步,在不久的将来仍可能是生物燃料的领跑者,但与汽油和柴油相比,它们缺乏化学多样性,这限制了它们的广泛应用。此外,新一代生物燃料分子必须符合以下标准:(1)更高的能量含量(纯乙醇的能量含量仅为汽油的 70%,纯生物柴油为 D2 柴油的 90%);(2)较低的凝固温度(大豆生物柴油的浊点为 1 ℃,而 D2 柴油的浊点在 $-7 \sim -28$ ℃,这使得生物柴油与当前的分布式基础设施不兼容,从而导致了地理和季节的限制);(3)为高度专业化应用量身定制的分子功能,例如用于航空航天的高异构碳数和应变键角。要合成这类分子,需要采用新的生物生产方法来结合复杂的非天然的生物合成途径。合成生物学已被证明有能力在精确控制分子结构和功能的情况下递送目标分子,因此这种多功能性可转化为未来的生物燃料生产方案。

综上所述,有许多可能的途径可以实现可再生、碳中和的生物燃料生产。在过去二三十年的研究中,许多途径已经得到证实和优化。然而,由于缺乏碳税(化石燃料燃烧产生的二氧化碳)和 / 或使用生物燃料的强制规定,建造大型生物燃料生产设施及将农业生产转向生物能源作物生产的成本很高,再加上石油基燃料的成本低廉,所以生物燃料的商业化一直是一个挑战。事实上,压裂法和其他提高化石燃料开采效率方法的出现使情况变得更糟。但幸运的是,许多最初为生产先进生物燃料而研发的技术可以用来生产其他产品。随着这些产品的生产方法变得更加高效,当世界各国政府决定将气候变化置于石油工业之上时,就很容易将这些成果应用到生物燃料的生产之中。

8.10 其他生物能源材料

8.10.1 纳米纤维素

纤维素都是 β-1,4 糖苷键连接的脱水 D- 葡萄糖单元的高分子量均聚物,其中每个单元相对于其相邻单元呈 180° 展开(图 8-1),重复片段通常被认为是葡萄糖的二聚体,称为纤维二糖。在生物合成过程中,范德华力和分子间氢键促进纤维素链的平行堆叠,形成纳米级的基本纤维,并进一步组织成更大的纤维。在这些纳米纤维素纤维中,有纤维素链以高度结晶结构排列的区域,也有包含无定形结构的区域。这些纳米纤维具有独特的结构、良好的机械性能和较低的热膨胀系数,这使其成为先进功能产品的理想构件。研究者们努力从纤维素原料(如高等植物)的细胞壁中提取纳米纤维,或通过细菌合成纳米纤维,从而生成纳米纤维素。目前人们对纳米纤维素的兴趣和研究与日俱增,纳米纤维素已广泛用于光学透明材料、增强聚合物纳米复合材料、仿生材料、模板、传感器和能量收集器等的制备与研发。在各种应用中,用于储能的纳米纤维素的开发受到越来越多的关注,因为纳米纤维素有其自身固有的结构和特性方面的优势,这些优势可大致分为以下六类。

(1)纳米纤维素具有优秀的力学特性,包括 138 GPa 的高杨氏模量和 2~3 GPa 的估测强度,因此可用于开发电极和隔膜的自立式高强度材料。

(2)纳米纤维素具有含羟基的活性表面,因此可以方便地对其进行化学改性,并将其与活性材料相结合。通过调整复合策略和活性材料在复合材料中的比例,可以定制纳米纤维素基复合材料的性能,从而提高其电化学适用性,满足特定应用的需要。

(3)具有高纵横比的纳米纤维素纤维,如从高等植物中提取的纤维或由细菌分泌的纤维,可形成纠缠的网状结构,可用于制造坚固的薄膜 / 气凝胶基材,以进一步开发柔性储能器件。

(4)纳米纤维素具有纳米尺度、高比表面积、热稳定性和易加工性,有可能制造出具有可控孔隙结构的热稳定纳米多孔隔膜,从而同时实现电极的分离并促进离子传输。

(5)纳米纤维素具有碳含量相对较高的理想成分。因此,它是制造碳基多孔材料或碳杂化材料的理想前驱体。这些材料可进一步功能化,用作储能器件的高性能碳电极。

(6)通过不同的制备方法,可以从各种纤维素原料开发具有不同结构和表面化学特性的纳米纤维素。因此,以不同类型的纳米纤维素及其杂化物为构建单元,可以开发出上述五点所述的多种材料或器件。

纳米纤维素在储能应用中的结构和性能优势见表 8-3。

表 8-3　纳米纤维素在储能应用中的结构和性能优势

纳米纤维素特性	性能表现	储能应用
杨氏模量:138 GPa 强度:2~3 GPa	预期力学性能	自立式高强度电极和隔膜
含—OH 侧基的反应性表面	化学改性 / 整合	与电化学活性材料复合
高纵横比 纠缠网状结构	柔性基板	柔性器件

续表

纳米纤维素特性	性能表现	储能应用
纳米级 高比表面积 热稳定性	热稳定 纳米多孔材料	具有可控孔隙结构的隔膜
碳含量相对高的 理想成分	碳基材料前体	碳电极
多种资源和制造方法	多种结构和表面化学特性	构造多种材料或器件

将纤维素衍生物加工成纳米颗粒后,这些新型材料既具有纳米尺寸纤维素的优点,又具有衍生物的新化学功能,将为开发基于纤维素纳米材料的新型储能体系提供新的机遇。在过去的几年里,针对纤维素材料在储能领域的应用,研究者们发表了许多综述。其中一些综述总结了纳米纤维素及其衍生材料在超级电容器、锂离子电池和几种能量转换装置中的应用。

8.10.2 生物燃料电池

1. 生物燃料电池概述

环境问题和气候变化促使人们开发新能源。这些新能源应能支持日常任务和活动中的小型设备,并赋予其自主性。因此在这方面,能量收集的概念越来越受到关注,因为它可以利用周围环境中的燃料为这些设备提供能量,而无须外部电源,从而提高设备的自主性和多功能性。

在近年来开发的能量收集系统中,燃料电池是一种绿色、可持续的新型能源。这种技术的特点是使系统能够通过电化学反应产生能量。除了能将化学能转化为电能外,这些系统还具有可持续性、温室气体排放量低等特点。传统的燃料电池使用金属催化剂,通过燃料氧化还原反应获得电力。通常使用的燃料是氢气和甲醇或乙醇等小分子有机物。燃料在阳极被氧化后,外电路将电子转移到阴极,电子在阴极与氧化剂(通常是氧)发生反应,从而产生电流及 H_2O 和热量。

燃料电池技术具有高效率和高功率密度的优点。然而,实施成本高昂、用于制备催化剂的金属稀缺,以及与电极钝化相关的问题阻碍了燃料电池的广泛应用。开发替代的能源收集和存储系统,例如生物燃料电池,具有广阔的前景。生物燃料电池尤其适用于生物医疗设备。

早在 20 世纪 70 年代,利用葡萄糖等作为燃料从生物体内的生理液中产生电能的相关研究就已经出现了。20 世纪 70 年代初,第一个可植入的非生命葡萄糖生物燃料电池被植入一只狗的腹部,可提供约 $2\ \mu W\cdot cm^{-2}$ 的低功率密度。在同一时期,另一种可提供

$40\ \mu W \cdot cm^{-2}$ 能量的燃料电池也被植入羊的静脉。然而,由于需要使用贵金属催化剂,这项技术的进一步发展受到了阻碍。这种燃料电池中使用的贵金属催化剂(例如铂、钯、铱、金和合金)价格昂贵、存量稀缺且容易中毒。此外,催化剂的特异性和功率密度较低,体系在生物中性 pH 下的电催化活性差,再加上组织的炎症反应,导致该技术的研究几十年来一直处于止步状态。随着 21 世纪纳米材料和纳米技术的进步,尤其是与器件微型化有关的进步,生物燃料电池的研究获得了强劲的发展势头。目前许多研究者正利用纳米科学方面的进展开发生物燃料电池,给医疗器件和智能设备供能。

2. 酶促葡萄糖生物燃料电池的基本原理和操作模式

生物燃料电池可被描述为通过生物基质的化学变化产生电能的系统。为了实现这种转化,需要对构成阳极和阴极的电极进行改造,在其结构中加入催化剂。根据催化剂的不同,生物燃料电池可分为三种类型:(1)非生命生物燃料电池(使用 Pt,Pd,Au 等不是来源于生命物质的催化剂);(2)酶促生物燃料电池(催化剂为酶);(3)微生物生物燃料电池(化学转化由微生物完成);微生物生物燃料电池主要应用于废水处理,同时产生额外的热量和能量。

与其他两种生物燃料电池相比,酶促生物燃料电池的优势在于其能够在温和的反应条件下进行化学转化以获得电能。酶是生物催化剂,可以在人体内找到,能够在生理条件下(37 ℃和 pH = 7 左右)对目标底物进行生化转化。因此,在生物燃料电池中使用酶的主要优势在于它们对目标底物的选择性好、在生理条件下的活性较高,以及电极制备的相对简单性。这些特点凸显了生物燃料电池为电子设备供电的潜力,例如用于植入式或便携式的新型生物医学器件或设备。生物燃料电池(使用葡萄糖或其他生物燃料)除了可用于体内医疗外,还可作为一种能源,为低能耗设备提供动力,例如用于动植物环境控制的设备或用于疾病控制的传感器。

该领域研究最多的生物燃料之一是葡萄糖。葡萄糖在人体血液中的浓度约为 $5\ mmol \cdot L^{-1}$。在酶促葡萄糖燃料电池中,葡萄糖氧化发生在阳极。氧气在阴极起作用,在人体血液中的浓度为 $45\ mmol \cdot L^{-1}$。葡萄糖和氧气存在于人体的血液和细胞外液中,所以葡萄糖生物燃料电池具有无限期工作的潜力,是一种很有前景的技术,图 8-11 展现了葡萄糖在酶促生物燃料电池中转化为能量的过程。基于葡萄糖氧化酶和漆酶的双酶生物电极的生物燃料电池中,葡萄糖氧化酶在阳极进行酶促葡萄糖氧化,而漆酶在阴极进行氧还原。

3. 酶促生物燃料电池面临的挑战

在酶促生物燃料电池的开发过程中,有几个难题需要先解决,才能与目前使用的电池竞争。主要涉及以下问题。

(1)利用固定化策略和蛋白质工程改造,并将适用的理想的材料组合起来,开发出可长期运行的酶促生物燃料电池,为普通电子设备提供能量。

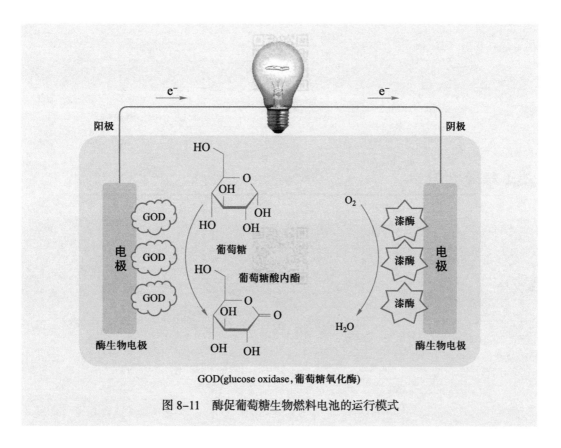

GOD(glucose oxidase, 葡萄糖氧化酶)

图 8-11 酶促葡萄糖生物燃料电池的运行模式

（2）提高酶促生物燃料电池的效率和性能。将设备与储能系统集成，以获得足够的电压为消耗设备供电。

（3）开发可植入的生物燃料电池，使其舒适并适应皮肤和人体组织形态，而且能抵抗日常活动引起的张力和变形。

植入式或便携式酶促生物燃料电池领域的发展可能需要应对不同学科的挑战。应用获得的技术进展和最新知识，将有助于研发和确定新的方法与流程，以取得里程碑式的进步与成果，从而对这项技术进行更深入的研究。

思考题

8-1　生物燃料可分为哪几代？各自的优点和缺点分别是什么？

8-2　纤维素、半纤维素和木质素分别有怎样的结构与化学组成？

8-3　生物质预处理技术主要分为哪几类？

8-4　根据加热速率、温度和固体停留时间等工艺参数，热解可分为哪几类？

8-5　纳米纤维素作为能源材料具有哪些优点？

思考题参考答案

参考文献

读者意见反馈

为收集对教材的意见建议，进一步完善教材编写并做好服务工作，读者可将对本教材的意见建议通过如下渠道反馈至我社。

咨询电话　　400-810-0598

反馈邮箱　　hepsci@pub.hep.cn

通信地址　　北京市朝阳区惠新东街4号富盛大厦1座
　　　　　　高等教育出版社理科事业部

邮政编码　　100029